JN451293

제 2 판

Lab-Volt® 장비를 이용한

전기기기 실험

김 중 기 편저

B.C.Info

머리말

전기기기는 전기에너지를 다른 형태의 에너지로 변환하고 또한 그 역변환도 가능한 장치로서, 에너지 변환형태에 따라 발전기, 전동기, 변압기 등으로 구분하고 있다. 전력용 반도체 소자들의 빠른 진전과 각종 전기에너지 제어기법의 급속한 발전에 힘입어 전기에너지의 응용분야가 점점 확대되고 있으며, 전기에너지의 효율적 이용가치 역시 더욱 높아지고 있다.

본 《전기기기 실험》 교재는 전기공학을 처음 접하는 분이나 산업현장의 전기기기를 운용하는 분들께 실습을 통하여 기초이론을 학습시키고, 또한 응용력을 배양시키기 위한 책이다. 또한 저자의 다년 간 강단에서의 경험을 토대로 Lab-Volt사의 전기기기 실험 장비를 기준으로 삼고 총 36개의 실험 단원을 선정하였다.

본 실험교재의 내용은 1장 직류기, 2장 동기기, 3장 변압기, 4장 3상유도기 및 단상의 순으로 구성되어 있으며, 특히 다음 사항에 유의하였다.

1. Lab-Volt사의 전기기기 실험장비는 구조와 설계에 있어서 시각효과를 증대시켰다.
2. 각 단원마다 전기기기의 기초이론을 정리하여 각 단원에서의 실험 목적을 명시하였다.
3. 실험 중 주의사항을 강조하여 실험자의 안전을 강조하였다.
4. 실험결과치와 이론을 비교 검토하도록 하여 결과가 다른 경우 그 원인을 분석하게끔 하여 기본원리를 강조하였다.

끝으로 산업현장에 사용되고 있는 수많은 전기기기들을 전부 수록하지 못한 점, 내용을 좀 더 이해하기 쉽게 서술하지 못한 점 등등 본 교재에 미비한 점이 다소 있을 것으로 생각된다. 이 점은 독자 분들께서 넓은 마음으로 혜량해주셨으면 한다. 내용 오류 및 누락, 오탈자, 불충분한 내용 등이 있으면 거침없이 지적해주시기 바라며, 지속적으로 교재를 수정 및 보완하여 더 좋게 만들 것을 약속드린다.

본 교재를 만드는 데 물심양면으로 도움을 주신 우리 대학교 학과 교수님들과 주변의 몇몇 분들 그리고 이 책을 편집하는 데 적극적인 도움을 주신 복두출판사의 편집부에 진심으로 감사드린다.

2020년 6월

저자 씀

차 례

1장 직류기

2장 동기기

3장 변압기

4장 유도기

CHAPTER

1

직류기

1.1 직류전동기의 특성 I

1. 실험 목적

(1) 직류전동기/발전기의 구조를 관찰한다.

(2) 직류기의 전기자 및 회전자권선의 저항을 측정한다.

(3) 여러 가지 권선의 공칭전류 용량을 학습한다.

2. 이론적 고찰

직류전동기는 속도조절 응용분야나 높은 토크를 필요로 하는 응용분야에서 그 성능이 탁월하다. 소량의 마력([Hp]) 중에서 무수히 많은 직류전동기는 산업용 자동화 운송 수단이나 기차, 항공기 등에 팬을 구동시키고 공기청정기의 브로워, 히터기, 채벌기, 자동차 와이퍼의 구동창치, 창문 작동장치 등등에 그 사용 범위를 헤아릴 수 없을 만큼 광범위하게 이용되고 있다.

직류전동기의 가장 유용한 기능 중의 하나는 자동차, 버스, 트랙터, 보트 등의 디젤 및 가솔린엔진의 기동용 장치로 사용되고 있다. 직류전동기는 **고정자**(stator)와 **회전자**(rotor)를 포함하는데, 회전자를 보통 **전기자**(armature)라 부른다. 고정자는 각 극당 1개 혹은 그 이상의 권선을 갖고 있으며, 이들 권선은 직류전류를 운송하도록 설계되어 있으며, 이것은 **주자계**(main magnetic field)를 형성한다. 전기자와 그 권선은 자계의 경로 내에 설치되어 있으며, 전류가 권선으로 흐를 때 토크를 발생해서 전동기를 회전시킨다. 전기자권선과 같이 있는 **정류자**(commutator)는 실제적으로 하나의 기계장치이며, 이것은 어떤 고정자 극에서도 전기자전류를 위치에 상관없이 항상 같은 방향으로 전류를 흐르게 한다. 만일 정류자를 사용하지 않는다면 전동기는 회전하지 못할 것이다.

3. 직류기의 구조

직류기는 직류발전기와 직류전동기로 구분하며, 구조상 동일하다. 그 사용 형태에 따라 발전기와 전동기로 구분한다. 직류기의 주요 구성요소는 **전기자**(**회전자**), **계자**(**고정자**), **정류자**, **브러시**로 구분되며, 이들의 역할과 원리는 다음과 같다.

(1) **전기자(Armature)**는 원동기로 회전시켜 자속을 절단하여 유기기기전력을 발생하는 부분이며, 이는 전기자철심과 전기자권선으로 구성된다.

(2) **계자(Field magnet)**는 전기자를 통과하는 자속을 만드는 부분으로, 영구자석이나 전자석을 사용하며, 특수소형을 제외한 대부분 전자석을 사용한다. 이는 계자권선과 계자철심, 자극편 및 계철로 구성된다.

(3) **정류자(Commutation)**는 브러시와 접촉하여 전기자권선에 발생한 교류기전력을 직류기전력으로 변환하는 부분이다. 항상 브러시와 접촉하여 마찰이 생길 뿐 아니라 불꽃 등에 의하여 고온으로 되므로 전기적으로나 기계적으로도 충분히 견고하게 제작되어야 한다.

(4) **브러시(Brush)**는 항상 정류자면과 접촉하여 전기자권선과 외부회로를 연결시키는 역할을 한다. 적당한 접촉저항을 가지고 있으며, 연마성이 적고 정류자면의 손상이 적은 재질로서 기계적으로 견고하고 튼튼해야 한다. 일반적으로 탄소브러시 또는 흑연브러시가 많이 사용된다.

4. 사용 기자재 및 부품

- 직류전동기/발전기 모듈　　EMS 8211
- 전원공급 장치(0 ~ 120[V_{dc}])　　EMS 8821
- 직류전압, 전류계 모듈　　EMS 8412
- 결선리드선　　EMS 8941

5. 실험 순서

☞ 주 의 : 이 실험에서는 고전압이 유기되므로 전원 장치의 스위치를 켠 상태에서 어떤 결선도 하지 마시오. 개개의 실험이 완료된 후 전원공급 장치의 스위치를 끄시오.

1. 전동기, 가감저항기, 단자의 결선에 특별한 주의를 하면서 직류전동기/발전기모듈의 구조를 관찰한다. 이 전동기는 내부 구조를 관찰할 수 있도록 특수하게 설계되었다. 그러나 대부분 산업용 전동기들은 개방구조가 아니다.

2. 전동기의 뒷면에서 관찰해보면;

(1) 전기자권선을 관찰해보라.

(2) 고정자(계자극)를 관찰해보라.

(3) 몇 개의 고정자(계자극)가 있는가? ___________개

(4) 각 고정자극의 계자권선의 작은 지름의 와이어는 많은 권선으로 구성되어 있다. 계자권선을 관찰해보라.

(5) 각 고정자극의 분권계자권선 안쪽에 직권계자권선이 있으며, 큰 지름의 와이어에 수 회 정도 권선이 감겨져 있다. 직권계자권선을 관찰해보라.

3. 전동기의 앞면에서 관찰해보면;

(1) 정류자를 관찰해보라.

(2) 실험에 사용하고 있는 전동기는 대략 몇 개의 정류자 편으로 구성되어 있는가? ___________개

(3) 몇 개의 브러시로 구성되어 있는가? ___________개

(4) 브러시의 중립 위치는 전동기 몸체에 붙은 선으로 표시되어 있다.

(5) 브러시는 브러시 조절레버를 왼쪽 혹은 오른쪽으로 이동시키므로 정류자의 위치를 결정할 수 있다. 만일 양방향 중 어느 방향으로 많이 이동하였으면 중립 위치로 되돌려라.

4. 직류기를 정면에서 관찰해보면;

(1) 분권계자권선은 단자 ___________과 ___________로 연결된다.

(2) 직권계자권선은 단자 ___________과 ___________로 연결된다.

(3) 각 권선의 정격전류는 전동기 명판에 표시되어 있다. 이 사실만으로 분권계자권선과 직권계자권선의 전류값을 기록하라.

(1) ___________[A] (2) ___________[A]

(4) 브러시(정류자편과 전기자권선)는 단자 ___________과 ___________로 연결된다.

5. 분권계자전류를 안전하게 조절하기 위해서 모듈 정면에 계자저항기가 부착되어 있다.

(1) 이 계자저항은 단자 ___________과 ___________으로 연결된다.

(2) 계자저항의 정격저항 값은 몇 ___________[Ω]인가?

6. 전압계-전류계를 이용하여 전동기 각 권선의 저항을 측정해보자. 이 값을 이용하여 권선의 전력손실을 계산할 수 있을 것이다. 전원공급 장치, 직류전류계, 전압계, 직류전동기/발전기모듈을 이용하여 그림 1.1의 회로도를 결선한다.

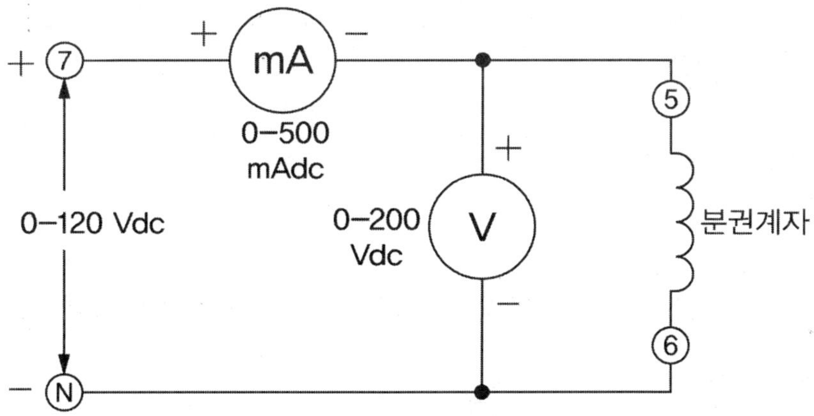

그림 1.1 직류전동기의 분권계자권선 측정

7. 직류전원장치의 스위치를 켜시오.

(1) 직류전류계 0 ~ 500[mA]에 0.3[A]를 지시할 때까지 분권계자권선에 직류전압을 서서히 증가시켜보시오(분권계자권선의 정격전류 값이다).

(2) 이때 분권계자권선에 인가되는 전압을 측정하여 기록하라.

$E_{(분권계자)}$ = ____________ $[V_{dc}]$

(3) 진압을 0으로 하고 직류전원장치의 스위치를 끄시오.

(4) 분권계자권선의 저항을 계산해서 아래에 기록하라.

$R_{(분권계자)}$ = E/I ____________ / ____________ = ______________ [Ω]

(5) 분권계자권선의 손실(I^2R)을 계산해보라.

$P_{(분권계자)}$ = I^2R = ____________ × ____________ = ____________ [W]

8. 그림 1.2와 같이 회로를 결선하시오.

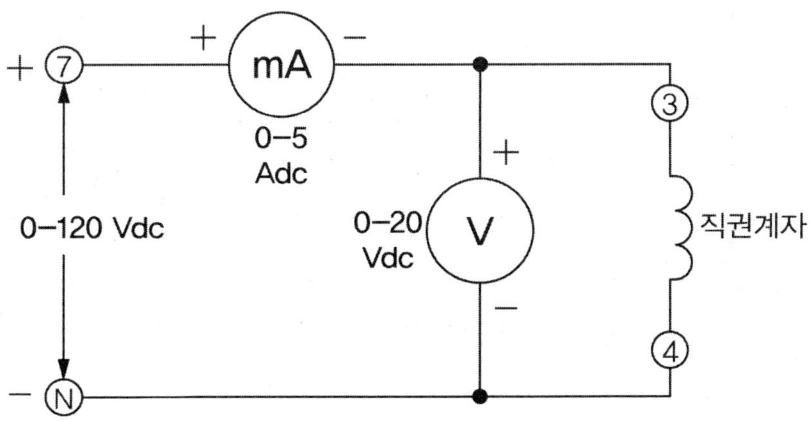

그림 1.2 직류전동기의 직권계자권선 측정

(1) 직권계자권선 대신에 직권계자권선을 500[mA], 직류전류계 대신에 5[A]의 직류전류계로 대체하여 그림 1.2와 같이 회로를 결선하라.

(2) 직류전원장치의 스위치를 켜시오. 전류계 5[A]를 직권계자권선에 연결하고 전류계가 3[A]를 지시할 때까지 직류전압을 서서히 증가시키시오(이 전류값이 직권계자권선의 공칭 전류 값이다).

☞ **주 의 : 이 실험은 수 볼트의 전압이 필요하므로 전압조정에 특별히 주의하시오.**

(3) 직권계자권선 $E_{(\text{직권계자})}$의 전압을 측정하여 기록하시오. ____________[V_{dc}]

(4) 직류 전원장치의 전압을 0으로 한 다음 전원장치의 스위치를 끄시오.

(5) 직권계자권선의 저항을 계산하여 기록하시오.

$R_{(\text{직권계자})} = E/I$ ____________ / ____________ = ____________[Ω]

(6) 직권계자권선의 손실(I^2R)을 계산하여 기록하시오.

$P_{(\text{직권계자})} = I^2R =$ ____________ × ____________ = ____________[W]

9. 그림 1.3에 나타낸 회로도를 결선하시오.

(1) 그림 1.2에 나타낸 회로도에서 직권계자권선 대신에 전기자권선을 결선하시오.

(2) 직류전원장치의 스위치를 켜시오. 직류전류계 5[A]의 전기자권선에 연결하고 전류계가 3[A]를 지시할 때까지 직류전압을 서서히 증가시키시오(이 전류값이 전기자권선의 공칭 전류 값이다).

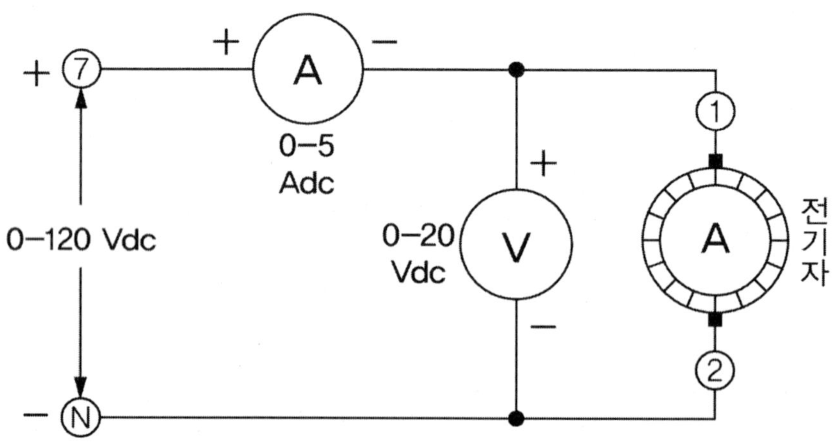

그림 1.3 직류전동기의 전기자권선 측정

(3) 전기자권선에 인가한 전압을 측정하여 기록하시오.

$E_{(전기자권선)}$ = ____________ $[V_{dc}]$

(4) 직류전원장치의 전압을 0으로 한 다음 전원장치의 스위치를 끄시오.

(5) 전기자권선의 저항을 계산하여 기록하시오.

$R_{(전기자권선)} = E/I =$ _______ /_________ =__________ [Ω]

(6) 직권계자권선의 손실(I^2R)을 계산하여 기록하시오.

$P_{(직권계자)} = I^2R =$ ________ × _________ = __________ [W]

10. 전기자권선을 왼쪽으로 90° 회전시키시오.

(1) 브러시는 이제 서로 다른 정류자 편들과 접촉함을 알 수 있을 것이다.

(2) 실험 9의 순서를 반복하시오.

E = __________ [V], R = _________ [Ω], P = ___________ [W]

11. 전기자를 15° 더 왼쪽으로 회전시키시오.

(1) 실험 9의 순서를 반복하시오.

E = __________ [V], R = _________ [Ω], P = ___________ [W]

학 습 평 가

1. 만일 분권계자권선이 직류 120[V]에 여자된다면 전동기의 분권계자전류는 몇 [A]인가?

   $I_{(분권계자전류)}$ = ____________[A]

2. 만일 전동기의 직권 계자권선에 3[A]의 전류가 흐른다면 그 결과 전압강하는 몇 [V]인가?

   $E_{(직권계자권선)}$ = ____________[V]

3. 만일 계자저항이 분권계자권선에 직렬로 연결되어 있고, 직류 120[V]가 인가된다면 전동기로부터 얻을 수 있는 분권계자전류의 변화량은 어떻게 되는가?

   $I_{(최소치)}$ = ____________[A], $I_{(최대치)}$ = ____________[A]

4. 전동기의 모든 권선 및 정류자도 동(구리)선으로 만든다. 그 이유는 무엇인가? 아래에 설명하시오.

   ____

   ____

   ____

5. 전동기의 브러시를 구리(동) 대신 탄소로 만들고 있다. 그 이유는 무엇인가? 아래에 설명하시오.

   ____

   ____

   ____

6. 만일 직류전동기의 직권계자권선에 120[V] 직류전압이 직접 인가되었다면 어떤 현상이 발생하는가?

(1) 몇 [A]의 전류가 흐르는가? I = ______________[A]

(2) 전력손실은 몇 [W]가 발생하는가? P = ______________[W]

(3) 전력손실은 전부 열로 변환되는가?

(4) 만일 전류가 수분동안 정지된다면 권선에는 어떤 현상이 발생하겠는가? 설명하시오.

7. **공칭전류**, **공칭전압**이 의미하는 것은 무엇인가? 아래에 설명하시오.

8. 만일 전동기의 전기자권선과 직권계자권선에 120[V]의 직류전압이 직렬로 연결되었다면 **기동전류**(starting current) (I_S)는 몇 [A]인가?

9. 브러시를 포함한 전기자 저항값은 실제적으로 전기자의 모든 회전위치에서 서로 같은가? 같다면 그 이유를 설명하시오.

1.2 직류전동기의 특성 II

1. 실험의 목적

(1) 브러시의 중립위치 선정법을 학습한다.

(2) 기본적인 전동기권선의 결선법을 학습한다.

(3) 직권, 분권전동기의 운전특성을 학습한다.

2. 이론적 고찰

직류전동기를 운전하기 위해서는 전기자권선에 전류를 흘려야 한다. 고정자는 분권권선 혹은 직권권선에 의해서 자계(자속)를 형성해야 한다. 직류전동기에 의해 발생된 토크는 전기자전류와 고정자자속에 직접적으로 비례하여 토크가 발생된다. 반면에 전동기의 속도는 주로 전기자전압과 고정자자속에 의해서 결정된다.

전동기의 발생토크: $\tau = \dfrac{PZ}{2\pi a}\phi I_a = K\phi I_a \ [\mathrm{N{\cdot}m}]$

전동기의 속도는 전기자에 공급되는 전압이 증가하면 속도는 증가하고, 고정자자속이 감소할 때 전동기속도는 증가한다.

전동기의 속도: $N = K\dfrac{V - I_a R_a}{\phi} \ [\mathrm{rpm}]$

실제로 전동기의 고정자 자계에 예기치 못한 완전손실이 생기면 전동기속도는 위험한 정도까지 도달할 수 있다. 직류전동기는 과속도 조건에서 분해할 수 있는 것으로 알려져 있다. 그러나 이 실험에 이용한 동기전동기는 이러한 과속운전 시 위험에 대비하여 견고하고 튼튼하게 만들었으며, 또한 과속도 방지 장치를 내장하고 있다.

3. 직류전동기의 결선법과 원리

직류전동기는 직류전원을 전기자에 공급하여 기계동력(회전토크)으로 변환시키는 장치이며, 그 구조는 직류발전기와 동일하다. 직류전동기는 전기자권선에 흐르는 전류와 자계 사이에 전자력이 발생하며, 전기자도체는 **플레밍의 왼손법칙(Fleming's left hand rule)**에 따라 힘을 받아 전기자가 회전하게 된다. 또한 직류전동기는 계자권선의 전원공급방식에 따라 타여식과 자여식으로 구분한다. 직류기의 중요한 특성은 속도특성과 토크(출력)특성이 있다. 전동기의 단자전압 (V)과 계자전류 (I_f)가 일정할 때 부하전류 (I)와 전동기 속도 (N)의 관계를 나타낸 것이 속도특성이며, 단자전압 (V)과 계자전류 (I_f)가 일정할 때 부하전류 (I)와 발생토크(회전력, τ)의 관계를 토크특성이라 한다.

3-1. 직류분권전동기의 속도특성

직류전동기의 속도 $N = k\frac{V - I_a R_a}{\phi}$ [rpm]이므로 계자전류 (I_f)가 일정하면 자속 (ϕ)도 일정하다. 즉, 속도는 $V - I_a R_a$에 비례관계가 성립한다. 전기자전류(I_a)에 비해 계자전류(I_f)는 매우 적으므로 분권전동기 등가회로 상에서 부하전류 (I)와 전기자전류 (I_a)의 관계 ($I \fallingdotseq I_a$)가 성립한다.

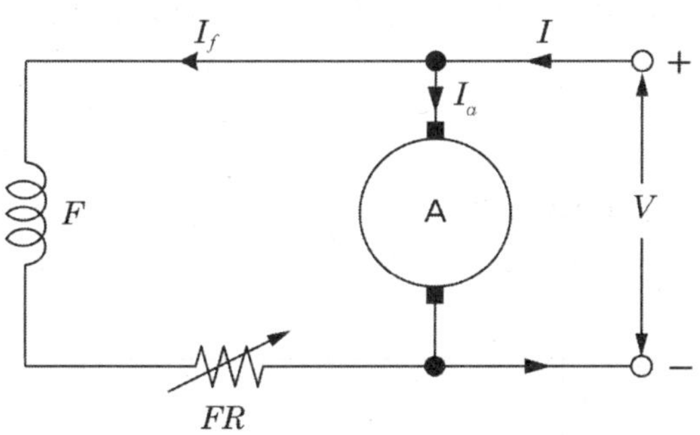

(a) 분권전동기의 등가회로

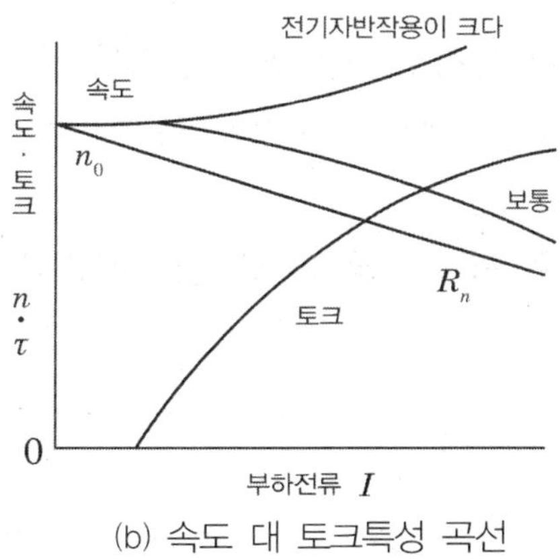

(b) 속도 대 토크특성 곡선

그림 1.4 분권전동기의 속도특성

3-2. 직류분권전동기의 토크특성

직류전동기의 토크($\tau = k\phi I_a$ [N·m])에서 토크 τ는 전기자전류 I_a [A]와 자속 ϕ[Wb]에 비례한다. 그러나 부하가 현저히 증가하면 전기자반작용이 증가하기 때문에 이로 인해 자속 ϕ[Wb]은 감소하며, 분권전동기의 토크곡선은 부하전류에 따라서 선형적으로 증가하지 않고 부하전류가 어느 정도 이상 흐르면 전기자반작용의 영향으로 아래쪽으로 약간 기울게 된다.

4. 사용 기자재 및 부품

- 직류전동기/발전기모듈 EMS 8211
- 전원공급 장치(0 ~ 120[V_{dc}], 120[V_{dc}], 0 ~ 120[V_{ac}]) EMS 8821
- 직류전압, 전류계 모듈(0 ~ 200[V_{dc}]) EMS 8412
- 결선리드선 EMS 8941
- 교류전압계 모듈(0 ~ 100[V_{ac}]) EMS 8426
- 핸드타코미터 EMS 8920

5. 실험 순서

☞ **주 의 : 이 실험에서는 고전압이 유기된다. 전원장치의 스위치를 켠 상태에서 어떤 결선도 하지 마시오. 개개의 실험이 완료된 후 전원공급 장치의 스위치를 끄시오.**

5-1. 브러시의 중립 위치를 찾는 법

1. 교류전류를 이용하여 직류전동기의 브러시 중립 선정법을 알아보자. 여러분들이 사용하고 있는 전원공급 장치, 직류전동기/발전기모듈을 그림 1.5에 표시한 회로도에 결선하시오. 전원공급 장치의 전단 4와 중성점 N을 이용하여 출력전압을 0 ~ 120 [V]로 서서히 변화시켜보시오.

☞ **주 의 : 지금 이 순간은 전원을 공급하지 마시오.**

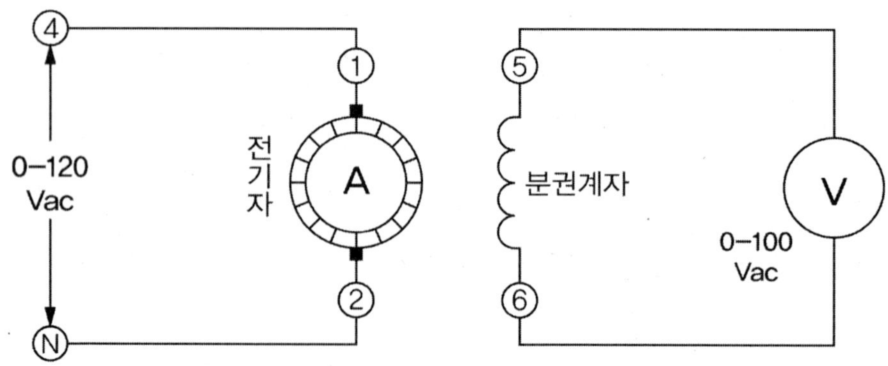

그림 1.5 직류분권전동기의 결선도

2. 직류전동기/발전기를 앞으로 4[Inch] 정도 앞쪽으로 당겨서 빼내시오. 그리고 모듈의 정면 표면판 뒤의 브러시 위치 조정레버를 시계방향으로 끝까지 돌리시오. 전동기를 원상태로 밀어 넣지 마시오(뒤에 브러시를 다시 움직여야 할 것이다).

3. 전원공급 장치의 스위치를 켜시오. 전원공급 장치의 전압계 스위치를 4－N 위치에 두시오. 분권계자권선에 연결된 전압계가 대략 80[V_{ac}]를 지시할 때까지 출력전압 조절레버를 조절하시오. 분권계자권선에 공급하는 교류전압은 전기자를 통하여 교류 전류에 의해서 유기될 것이다.

4.

(1) 모듈의 정면 뒷면을 주의 깊게 조사하여, 브러시를 정반대 방향으로 이동시키시오. 반시계 방향으로 브러시를 최대로 이동시키면 계자권선에 인가되는 교류 유기전압이 0 가까이 감소하다가 다시 서서히 증가함을 알 수 있을 것이다.

(2) 유기전압이 0이 되는 위치에 브러시를 설정하시오. 그 위치가 직류전동기/발전기의 브러시 위치가 중립이 되는 지점이다.

☞ **주 의 : 직류전동기/발전기를 사용할 때마다 브러시 위치를 중립에 두어야 한다.**

(3) 전원공급 장치의 전압을 0으로 돌린 다음 전원장치의 스위치를 끄시오. 직류전동기/발전기를 다시 원위치로 밀어 넣은 후 회로를 단락(disconnect)시키시오.

5-2. 직류직권전동기의 결선법

5. 전원공급 장치를 이용하여 직류전압전류계, 직류전동기/발전기모듈을 그림 1.6에 표시한 회로도를 결선하시오. 그림과 같이 전기자권선과 계자권선을 직렬로 연결하고 입력전압을 인가하시오.

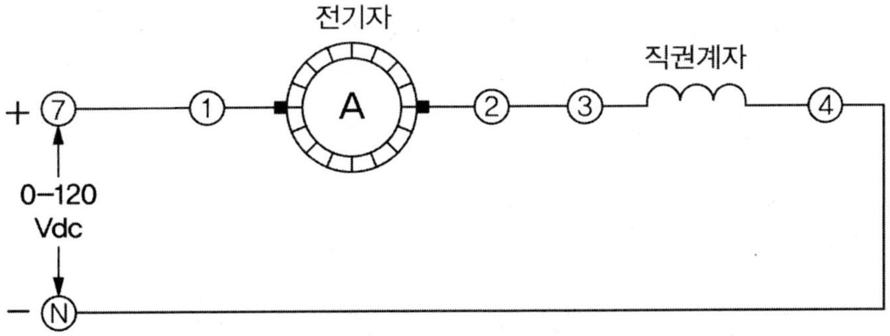

그림 1.6 직류직권전동기의 결선도

6. 전원공급 장치의 스위치를 켜시오. 전원공급 장치의 전압계 스위치를 7－N 위치에 놓은 다음 출력전압을 120 [V_{dc}]으로 조정하시오.

7.

(1) 전동기가 빠르게 회전하는가? 예 ___________ 아니오 ______

(2) 회전속도계를 이용하여 전동기가 분당 몇 [rpm]으로 회전하는지 측정하고 기록하시오.
전동기 회전속도 N = ________________[rpm/min]

8.

(1) 전원공급 장치의 전압을 감소시키면 전동기속도에 어떤 현상이 발생하는지 아래에 설명하시오.

(2) 회전방향(시계방향, 반시계방향)을 관찰할 수 있을 때까지 전압을 감소시켜보시오.
회전방향 시계방향 ____________, 반시계방향 ___________

(3) 전원공급 장치의 전압을 0으로 돌린 후 전원공급 장치의 스위치를 끄시오.

---

9. 그림 1.7에 나타낸 회로도를 결선하시오.

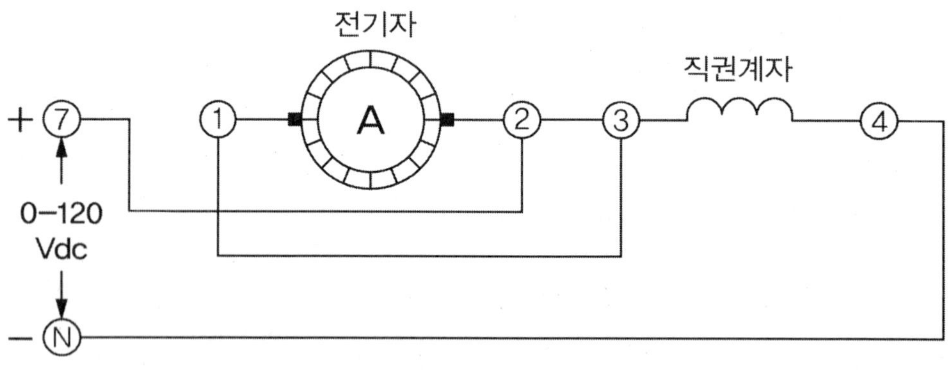

그림 1.7 직류직권전동기의 결선도

10. 실험 순서 6~8까지를 반복하여 실험하시오.
전동기 회전속도 N = ________________[rpm/min]
회전방향 시계방향 ____________, 반시계방향 ________________

11. 직렬 연결된 직류전동기의 회전방향을 변화시킬 수 있는 것은 어떤 것들이 있는지 설명하시오.

5-3. 직류분권전동기의 결선법

12. 그림 1.8에 표시한 것처럼 회로도를 결선하라. 그림에서 알 수 있는 것처럼 계자저항(가변저항)은 분권계자권선과 직렬로 연결되어 있고, 이것은 전기자권선과는 병렬로 연결되어 있다.

13.

(1) 계자저항기(가감저항기)를 최저 저항값에 맞추시오.(대략 시계방향으로 최대한 돌렸을 경우 0 [Ω]이 된다)

(2) 전원공급 장치의 스위치를 켠 후 직류전압이 120 [V]가 되도록 조정하시오.

(3) 회전속도계를 이용하여 직류전동기의 회전수를 측정한다.

분당회전수 = ____________[rpm/min]

(4) 계자저항(가감저항)값이 최대가 되도록 조정하시오.(대략 최대 저항값 300 [Ω] 정도다.)

분권전동기의 회전수 = ___________[rpm/min]

(5) 이때 전동기의 회전방향을 관찰하여 기록하시오.

회전방향 시계방향 _____________, 반시계방향 ____________

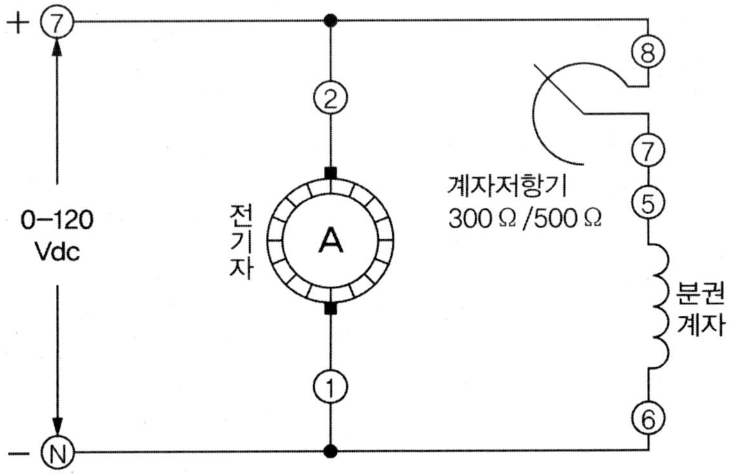

그림 1.8 분권전동기의 결선도

14.

(1) 전원공급 장치의 전압을 0으로 돌리고 전원공급 장치의 스위치를 끄시오.

(2) 전원공급 장치의 연결 리드선을 바꿈으로써 전기자에 공급되는 전원의 극성을 역으로 하여 결선하시오.

15. 실험 13의 순서를 진행하고 그 결과를 비교해보시오.

(1) 회전방향의 변화가 발생하는가? ________________

(2) 전동기 회전속도에 변화가 발생하는가? ______________

(3) 전원공급 장치의 전원을 0으로 돌린 후 전원장치의 스위치를 끄시오.

16. 그림 1.6과 같이 전원공급 장치의 연결 리드선을 바꾸어보시오. 그런 다음 전기자의 결선만을 역으로 하시오.

17. 실험 13의 순서를 진행하고 회전방향이 어떻게 변화되는지 비교해보시오.

회전방향 ______________________

18.

(1) 전동기가 운전 도중 분권계자권선(5 혹은 6) 단자들 중에서 하나의 리드선을 제거함으로써 분권계자회로를 순간적으로 **개방**(open)하게 된다. 이때 실험 도중에 어떤 계측기나 단자에도 손을 대지 않게 매우 주의하기 바란다. 전동기에 공급되는 전원공급 장치의 스위치를 꺼서 전력을 즉각 차단하시오.

(2) 직류전동기의 분권계자권선에 전력손실이 발생할 경우 어떤 현상이 발생하는지 아래에 설명하시오.

____

____

____

(3) 직류전동기에 직권계자권선을 연결했을 경우에도 동일한 현상이 발생하는지 설명하시오.

____

____

____

19. 그림 1.9에 표시한 회로도를 결선하시오. 전동기의 전기자권선 단자를 전원공급 장치의 직류가변 단자 7－N에 연결하라. 이때 분권계자는 단자 8－N의 120[V]에 연결되어 있다.

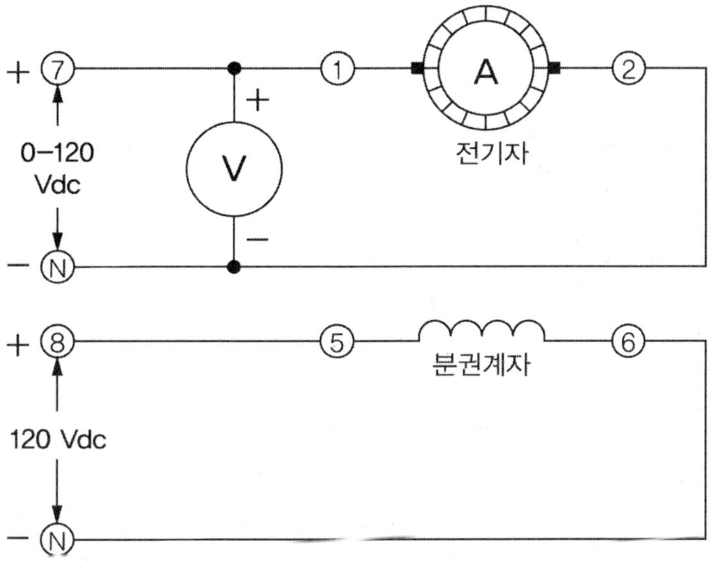

그림 1.9 분권전동기의 결선도

20.

(1) 전원공급 장치의 스위치를 켜고 전기자전압은 전압계에 30[V]를 지시하도록 조정하시오.

(2) 회전속도계를 이용하여 전동기의 속도를 측정하고 각 전압에 대하여 측정한 속도를 표 1-1에 기록하시오.

표 1-1 전기자전압 대 회전속도

전압 E [V]	0	30	60	90	120
속도 v [rpm/min]					

(3) 표 1-1에 주어진 각각의 전압 값에 대한 실험 (2)를 진행하시오. 전압을 0으로 한 후 전원공급 장치의 스위치를 끄시오.

(4) 주어진 그림 1.10에 표 1-1의 측정값을 이용하여 곡선을 그리시오.

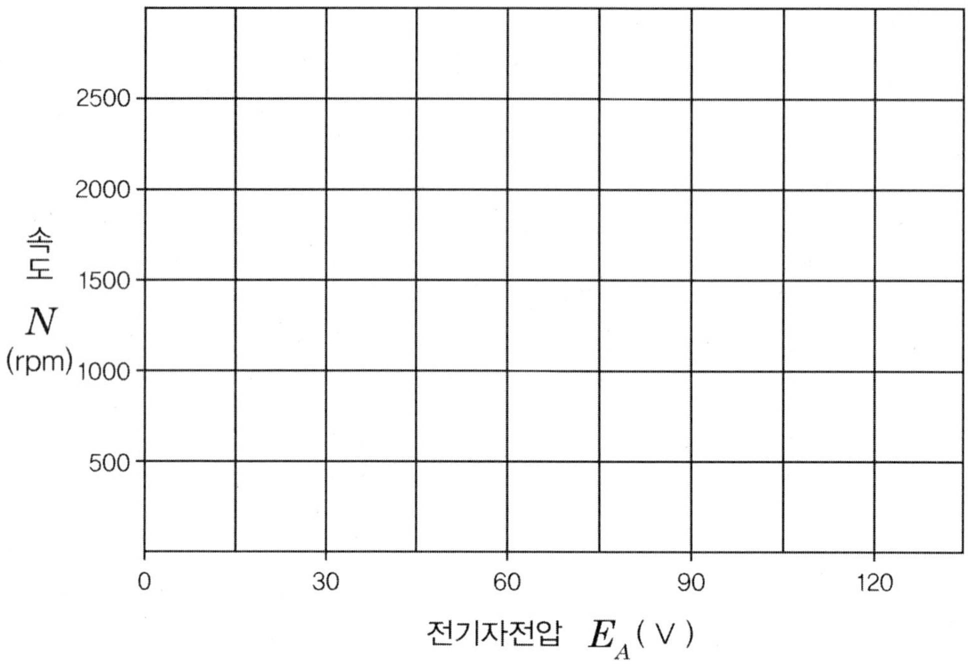

그림 1.10 전기자전압 대 회전수

학 습 평 가

1. 직류전동기에서 브러시의 중립 위치를 찾는 방법을 설명하시오.

2. 만일 전기자만이 **여자**(excited)되었다면 전동기는 회전하는가? 회전을 한다면 아래에 설명하시오.

3. 직류식권전동기를 무부하 상태에서 전력을 공급하는 것은 위험하다. 그 이유를 설명하시오.

4. 직류분권전동기에서 전기자 회전방향을 바꾸는 방법이 2개 있다. 각 방법을 설명하시오.

5. 대형 직류전동기에 계자손실 검출기가 필요한 이유는 무엇인지 설명하시오.

6. 실험 2의 순서에서;

(1) 전동기에 공급되는 전기자전압이 두 배가 되면 전동기의 속도가 두 배로 되는가? 그 이유를 설명하시오.

(2) 계자권선의 전압이 고정되어 있을 경우 분권전동기의 속도는 전기자전압에 비례하는가? 이 사실이 옳다면 아래에 설명하시오.

7. 아래 주어진 내용에 따라 어떻게 결선할 것인지 결선도를 그리시오.

(1) 직류전원공급 장치에 의한 분권전동기 결선도를 그리시오.

(2) 계자저항기를 이용하여 직류전원공급 장치에 의한 분권전동기 결선도를 그리시오.

(3) 직류전원공급 장치에 의한 직권전동기 결선도를 그리시오.

8. 직류전동기의 속도를 변화시키는 두 방법을 설명하시오.

(1)

(2)

9. 8에 주어진 두 방법 중에서;

(1) 어느 방법에서 최대의 속도범위를 얻을 수 있는가?

(2) 어느 방법이 가장 경제적이라 생각하는가?

1.3 직류타여식분권발전기의 특성

1. 실험의 목적

(1) 무부하시와 전부하시에 직류타여자분권발전기의 특성을 학습한다.
(2) 발전기의 포화특성을 학습한다.
(3) 발전기의 전기자전압 대 전기자전류의 관계, 즉 부하특성을 학습한다.

2. 이론적 고찰

직류기(DC machines)는 전동기 혹은 발전기로 동작한다. **전동기**는 **전기에너지**(electrical power)를 **기계에너지**(mechanical power)로 변환하는 장치이고, **발전기**는 **기계에너지**를 **전기에너지**로 변환시키는 장치이다. 따라서 발전기가 전기에너지를 발생하기 위해서는 전기자에 기계에너지가 공급되어야 한다. 계자권선은 일종의 **전자석**(electromagnet)이므로 계자권선에 전류가 흘러야만 비로소 **자계**(magnetic field)가 발생될 것이다. 이 전류를 **여자전류**(excitation current)라 하고, 계자권선에 공급한다. 여자전류가 외부에 독립된 직류전원으로부터 계자권선에 공급하는 방식을 타여식이라 하고, 반면에 여자전류가 발전기 자체의 발생 전원으로부터 계자권선에 공급하는 방식을 자여식이라 한다. 분권계자가 직류전류에 의해 여자될 때 발전기 내부에 자속이 형성된다. 만일 **회전자**(rotor), **전기자**(armature)가 축에 전달된 기계력에 의해 회전하게 된다면 전기자권선은 자속을 절단하여 기전력을 유기하게 될 것이다. 이때 전기자권선에 유기된 전압은 교류이므로 발전기로부터 직류전원을 얻기 위해서 **정류기**(rectifier)가 이용된다.

이 역할을 하는 것이 **정류자**(commutator)와 **브러시**(brush)이다. 전기자권선에 유기되는 교류전압의 크기는 회전속도와 계자권선에 발생하는 자속의 세기에 달려있다.

즉 전기자가 발생하는 유기기전력 $E = \frac{PZ}{2\pi a}\phi N[V]$이 된다.

위 식에서 알 수 있듯이 유기기전력은 자속과 회전수의 곱에 비례하기 때문에 만일 속도가 두 배로 증가하면 유기기전력은 두 배가 될 것이다. 또한 자속이 20[%] 증가하면 유기기전력도 20[%] 증가할 것이다. 비록 타여자발전기가 외부 직류전원이 필요하지만 발전기가 외부 전압조정전원에 신속, 정확하게 응답해야하는 경우나 출력전압을 광범위하게 제어해야하는 경우 등에는 매우 효과적이라 할 수 있다.

발전기에 전기적 부하가 연결되지 않은 경우에는 전류는 흐르지 않고, 발전기 출력단에 전압만을 발생할 것이다. 만일 발전기 출력단에 저항부하가 연결되었다면 전류가 흐를 것이고, 발전기는 부하측으로 전력을 공급하게 될 것이다. 따라서 발전기를 구동시키는 원동기는 추가적으로 기계력을 축을 통해 발전기에 공급시켜야 한다. 이 경우 흔히 전동기 및 발전기에 심한 소음과 진동 그리고 속도감소 등이 발생하게 된다.

3. 직류발전기의 종류

직류발전기는 계자권선의 전원이 전기자권선과 독립되어 있으면 타여식 직류기이며, 계자권선의 전원이 전기자권선의 전원에 의해 계자에 공급하면 자여식으로 구분한다. 자여식은 전기자권선과 계자권선의 접속방식에 따라 직권과 분권 및 복권발전기로 구분한다. 계자권선과 전기자권선이 직렬로 접속되어 있으면 직권발전기, 계자권선과 전기자권선이 병렬로 접속되어 있으면 분권발전기, 계자권선과 전기자권선이 직렬과 병렬로 접속되어 있으면 복권발전기라 한다. 한편 복권발전기는 계자권선과 전기자권선의 접속방식에 따라 내분권복권과 외분권복권으로 구분한다. 또한 두 계자권선(직권, 분권)의 발생자속이 동일 방향으로 작용하면 **가동복권발전기**, 자속의 방향이 서로 반대로 작용하면 **차동복권발전기**라 한다.

3-1. 분권발전기의 전압확립과 무부하 특성

1) 분권발전기의 전압확립 과정

타여식과 달리 **자여식발전기**는 전기자권선에서 발생한 기전력으로 계자전류를 흘리므로 발전기가 회전하기 시작하여 기전력이 발생하지 않은 상태, 즉 계자전류가 흐르지 않을 때는 철심의 잔류자속이 전기자권선을 흐르므로 아주 미약한 기전력이 전기자권선에 발생한다. 이 발생된 기전력이 계자회로의 전원으로 작용하여 계자전류가 흐르고 계자권선의 자속이 발생되며, 발생된 자속이 잔류자속과 동일방향으로 작용하여 더 큰 자속을 발생하는데, 이 자속이 전기자권선에 작용하여 더 큰 기전력을 발생하게 된다. 이 기전력에 의해 더 큰 계자전류가 흘리게 되고, 더 큰 기전력을 발생시킨다. 이와 같은 과정이 반복되어 유기기전력은 계속 상승하여 그림 1.11(b)의 점 P에 도달한다. 그림 1.11(a)은 분권발전기의 등가회로이며, (b)는 자여식발전기의 전압확립과정을 표시한 것이다.

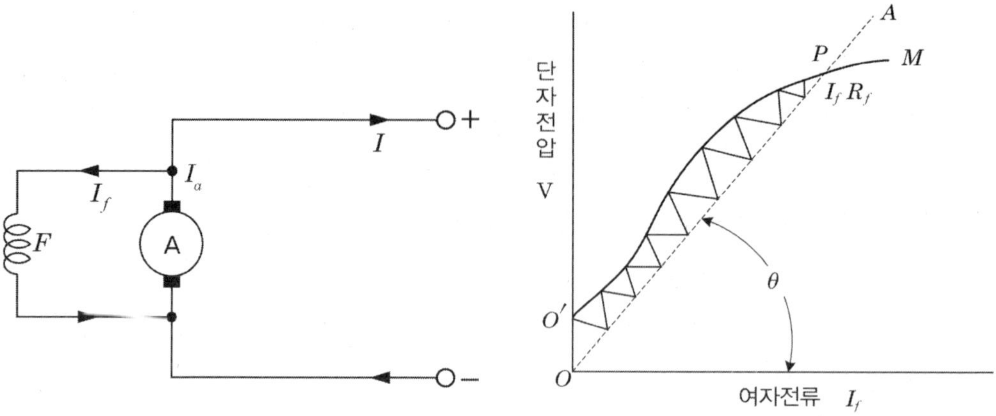

(a) 분권발전기의 등가회로 (b) 분권발전기의 전압확립

그림 1.11 분권발전기의 등가회로와 전압확립 과정

2) 분권발전기의 외부특성

분권발전기의 외부특성곡선은 그림 1.12(b)와 같이 나타난다. **외부특성곡선**은 분권발전기의 계자저항(R_f)과 회전수(N)를 일정하게 한 상태에서 단자전압(V)과 부하전류(I)의 관계를 나타낸 것이다. 발전기 부하가 증가하면 발전기의 전압강하는 전기자저항에 의한 전압강하, 계자저항에 의한 전압강하, 브러시접촉저항에 의한 전압강하(e_b), 전기자반작용에 의한 전압강하(e_a), 이외에 유기기전력이 감소하면 계자전류가 급속히 감소하여 단자전압은 더욱 감소하게 되므로 타여자발전기에 비해 전압강하는 더 크게 된다. 부하가 더욱 증가하면 부하전류는 그림 1.12(b)의 점 m까지 증가한 후 곡선 nm을 따라 급속히 감소하여 $\overline{On}$이 된다.

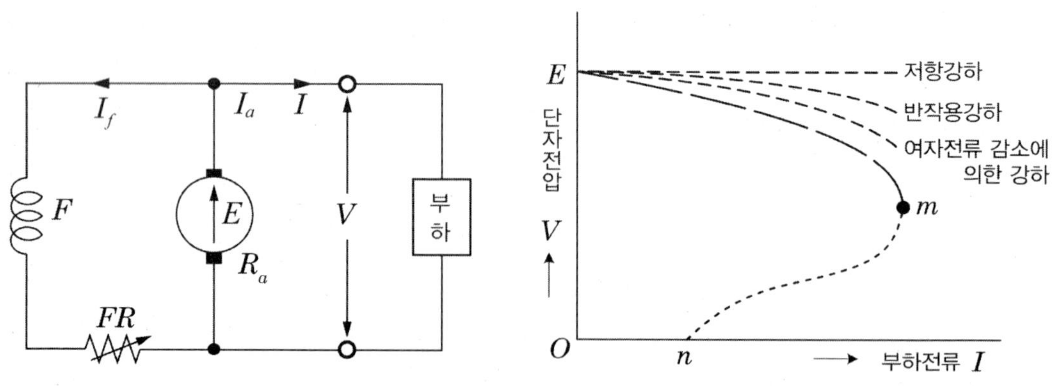

(a) 분권발전기에 부하 인가 시 등가회로 (b) 분권발전기 외부특성곡선

그림 1.12 분권발전기의 외부특성곡선

4. 사용 기자재 및 부품

- 직류전동기/발전기모듈 EMS 8211
- 전원공급 장치 EMS 8821
  (120/208 [V_{ac}], 3ϕ, 120 [V_{dc}], 0 ~ 120 [V_{dc}])
- 직류전압, 전류계 모듈 EMS 8412
  (200 [V_{dc}], 500 [mA], 2.5 [A_{dc}])
- 교류전류계 모듈 (2.5/2.5 [A_{ac}]) EMS 8425
- 동기전동기/발전기모듈 EMS 8241
- 저항 모듈 EMS 8311
- 타이밍벨트 EMS 8942
- 결선리드선 EMS 8941

5. 실험 순서

☞ **주 의 : 이 실험에서는 고전압이 유기된다. 따라서 전원장치의 스위치를 켠 상태에서는 어떤 결선도 하지 마시오. 개개의 실험이 완료된 후 전원공급 장치의 스위치를 끄시오.**

5-1. 무부하 특성

1. 동기전동기는 일정속도로 운전하기 때문에 직류발전기를 기계적으로 구동하는 데 이용되고 있다. 전원공급 장치, 교류전류계모듈, 동기전동기모듈을 이용하여 그림 1.13에 표시된 회로를 결선하시오.

2. 전원공급 장치의 단자 1－2－3은 3개의 고정자권선에 3상전력을 공급한다. 전원공급 장치의 단자 8－N은 회전자권선으로 직류전원을 공급한다. 일반적으로 여자를 얻기 위해서 계자저항 조절손잡이를 적당한 위치에 둔다.

3.

(1) 직류전동기/발전기와 직류전류계모듈을 이용하여 그림 1.14에 표시된 회로를 구성한다.

(2) 발전기의 분권계자 단자 5－6을 전원공급 장치의 가변직류출력 단자 7－N을 연결하고, 직류전류계모듈 50 [mA]을 직렬로 결선한다.

(3) 발전기의 출력(전기자단자 1－2)에 직류전압계모듈 200 [V_{dc}]을 결선하시오.

(4) 타이밍벨트를 이용하여 동기전동기와 직류발전기를 커플링시키시오.

(5) 브러시가 중립위치에 놓여있는가를 확인하시오.

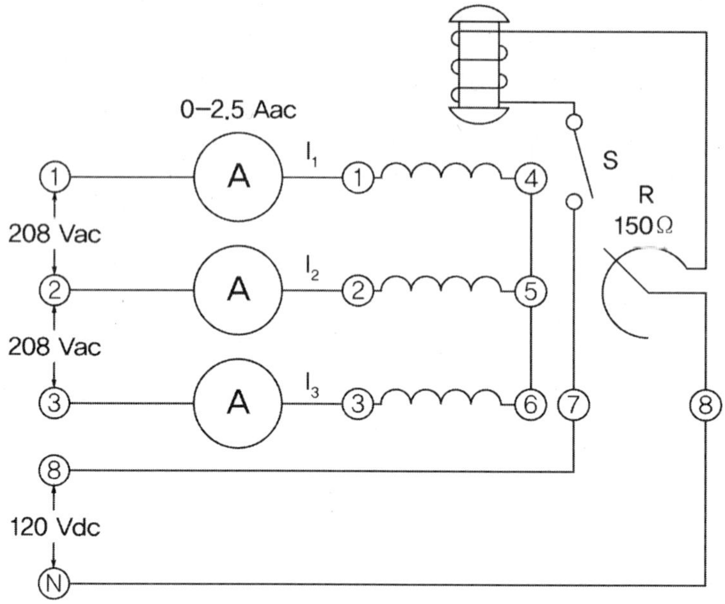

그림 1.13 동기전동기의 회로도

☞ **주 의 : 이 순간에는 전원을 공급하지 마시오.**

4.

(1) 전원공급 장치의 스위치를 켜시오. 동기전동기는 운전하기 시작할 것이다.

(2) 만일 동기전동기의 스위치가 있으면 이 순간에 닫으시오.

(3) 전원공급 장치의 가변전압 조절손잡이를 조정하여 분권계자전류(I_F [A])를 변화시키시오.

(4) 표 1−2에 주어진 각각의 계자전류[I_F]에 대한 전기자전압[E_A]을 측정하여 기록하시오.

(5) 전원공급 장치의 전압을 0으로 한 다음 전원장치의 스위치를 끄시오. 계자전류가 0임에도 불구하고 전기자전압이 약간 존재하는 이유는 무엇인가? 설명하시오.

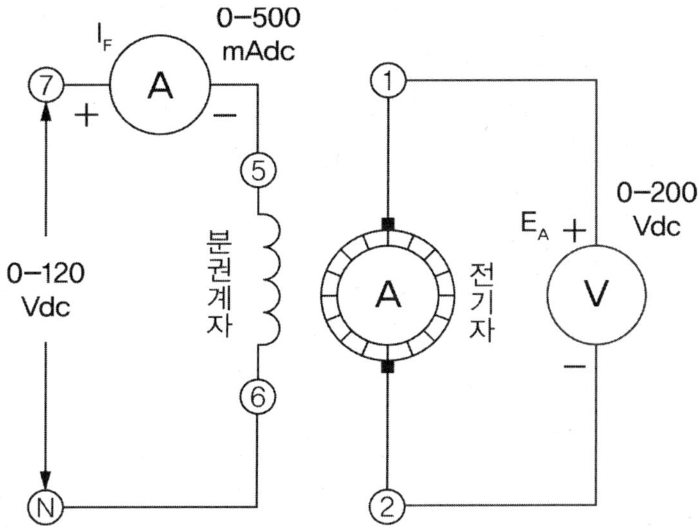

그림 1.14 분권전동기의 결선도

☞ **주 의 : 동기전동기의 여자회로 스위치는 전동기가 운전할 때에 닫아야 한다.**

표 1-2

계자전류(I_F)[mA]	전기자전압(E_A)[V]
0	
50	
100	
150	
200	
250	
300	
350	
400	

5.

(1) 직류발전기의 단자 5－6의 결선을 바꾸어 분권계자권선의 극성을 역으로 하시오.

(2) 전원공급 장치의 스위치를 켠 후 계자권선의 계자전류(I_F)가 300[mA]가 되도록 조절하시오.

(3) 이때 전기자전압의 극성이 바뀌었는가? 예____________, 아니오____________

(4) 전원공급 장치의 전압을 0으로 한 후 전원장치의 스위치를 끄시오.

6.

(1) 직류 200[V] 전압계로 결선을 바꾸시오.

(2) 전원공급 장치의 스위치를 켠 후 계자전류가 300[mA]가 되도록 조절하시오.

(3) 이때 전기자전압을 측정하여 기록하시오.

E_A = ____________ [V]

(4) 바뀐 극성을 제외하고(I_F = 300[mA])는 전기자전압이 실험 4와 동일한 값인가? 이때 전기자전압을 측정하여 기록하시오. E_A = ______________ [V]

(5) 전압을 0으로 한 다음 전원장치의 스위치를 끄시오.

7.

(1) 동기전동기의 고정자단자 1−2−3 중 어느 두 단자를 바꿈으로써 구동전동기의 회전방향은 역으로 될 것이다.

(2) 전원공급 장치를 켠 다음 계자권선의 전류를 300[mA]로 조절하시오.

(3) 전기자전압의 극성이 바뀌었는가? 예__________, 아니오__________

(4) 전압을 0으로 한 다음 전원장치의 스위치를 끄시오.

8.

(1) 직류전압계 200[V]로 바꾸어 결선하시오.

(2) 전기자전압을 측정하여 기록하시오.

E_A = ____________ [V]

(3) 바뀐 극성을 제외하고(I_F = 300[mA])는 전기자전압이 실험 4와 동일한 값인가? 이때 전기자전압을 측정하여 기록하시오. E_A = ______________ [V]

(4) 전압을 0으로 한 다음 전원장치의 스위치를 끄시오.

9. 저항 모듈을 이용하여 그림 1.15에 표시한 회로를 구성하시오. 전체 부하저항이 120[Ω]이 되도록 저항 모듈의 스위치를 조절하시오.

10.

(1) 전원공급 장치의 스위치를 켜시오. 그러면 동기전동기는 동작하기 시작할 것이다.

(2) 발전기가 직류 120[V]를 발생할 때까지 분권계자전류(I_F)를 조절하시오. 이때 계자전류는 1[A] 이하를 지시해야 한다.

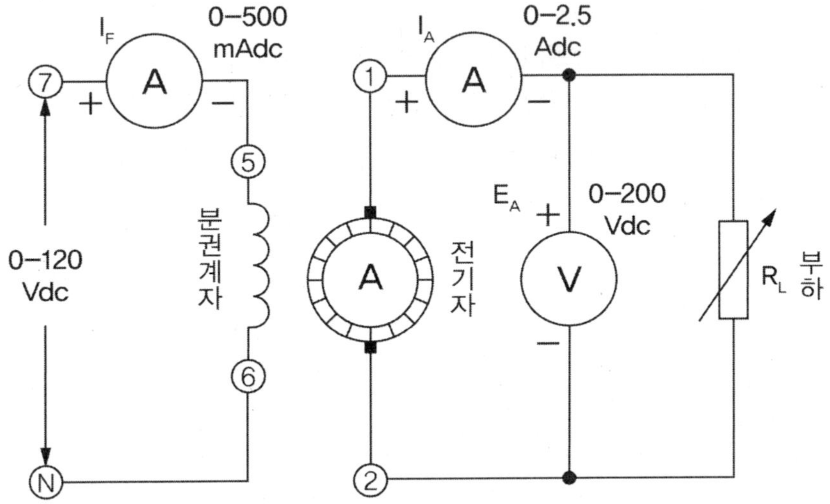

그림 1.15 분권발전기에 부하가 인가된 경우

(3) 이때 계자권선에 흐르는 계자전류를 측정하여 기록한다.

$I_F =$ ________________ [mA]

직류발전기가 정격출력($120[V] \times 1[A] = 120[W]$)일 때 계자전류는 공칭계자전류라 한다.

11.

(1) 실험 10에서 얻은 공칭계자전류는 그대로 유지한 채 표 1-3에 주어진 각각의 부하저항에 대한 값들을 측정하여 기록하시오.

(2) 이때 전기자전류 (I_A), 전기자전압 (E_A)을 측정하여 표 1-3에 기록하시오.

☞ **주 의 : 비록 발전기의 정격출력 전류가 1 [A]라 할지라도 무리가 가지 않는 범위에서 1.5 [A]까지 부하를 증가시킬 수 있다.**

12.

(1) 출력전류(전기자전류)(I_A [A])가 1.5[A]가 되도록 부하를 조절하고, 직류발전기의 단자 6번에서 연결선을 제거한 후 계자전류를 켜고 꺼보시오.

(2) 발전기가 부하측으로 전력을 공급할 때 구동전동기는 더 빨리 회전하는가?

예__________, 아니오__________

(3) 전원장치의 전압을 0으로 한 다음 전원장치의 스위치를 끄시오.

13. 표 1-3에 주어진 각각의 값들에 대한 전력을 계산하여 기록하시오.

14.

(1) 전기자 단자 1－2를 **데드쇼트**(dead short)시키시오.

(2) 계자전류가 0이 되도록 전원공급 장치의 손잡이를 조절하시오.

(3) 전원공급 장치의 스위치를 켜시오.

표 1-3

R_L [Ω]	I_A [A]	E_A [V]	P [W]
∞			
600			
300			
200			
150			
120			
100			
80			
75			

☞ **주 의 : 전기자의 단락으로 인해서 매우 큰 전류가 흐르게 되고 이는 구동전동기를 멈추게 할 만큼의 강한 제동효과가 발생한다.**

(4) 전동기가 멈출 때까지 계자전류 (I_F)를 서서히 증가시키시오.

(5) 전동기가 정지하는 데 필요한 계자전류는 몇 [A]인가?

I_F = ____________[mA]

(6) 전원공급 장치의 스위치를 끄시오.

학 습 평 가

1. 직류분권발전기의 출력 극성을 변화시키는 두 방법이 있다. 이것에 대해서 아래에 설명하시오.

2. 만일 직류발전기가 부하측으로 180[W]의 전력을 전달하였다면 발전기를 구동하는데 필요한 최소 마력 [Hp]는 얼마인가? 아래에 설명하시오.

3. 표 1-2의 측정한 데이터를 이용하여 그림 1.16에 직류분권발전기의 전기자전압 (E_A) 대 계자전류(I_F)의 특성곡선을 그리시오. 그리고 계자전류가 증가함에 따라 곡선 끝 부분이 구부러지는데, 이와 같은 현상은 왜 발생하는지 설명하시오.

4. 표 1-3에 측정한 데이터를 이용하여 직류분권발전기의 전기자전압(E_A) 대 계자전류(I_F)의 전압변동률 곡선을 그림 1.17에 그리시오.

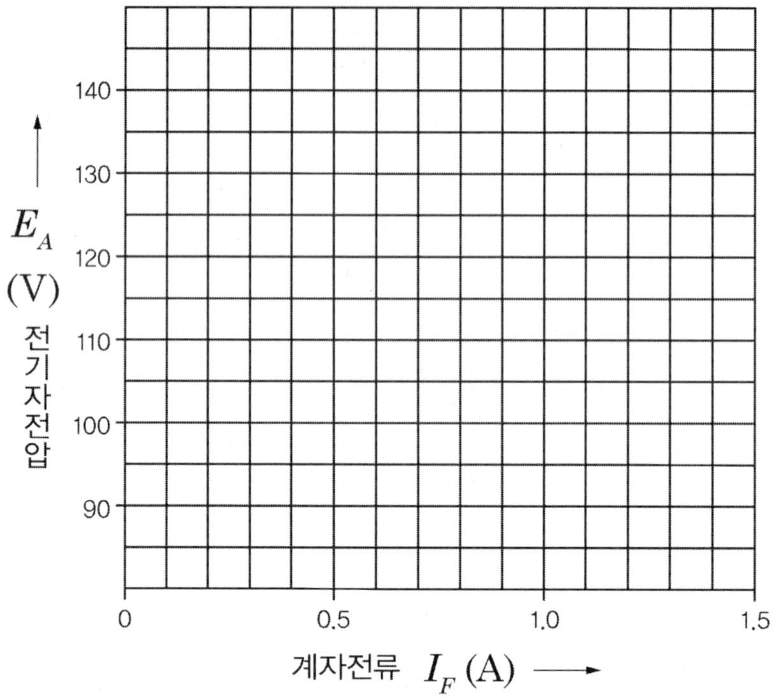

그림 1.16 전기자전압 대 계자전류의 특성곡선

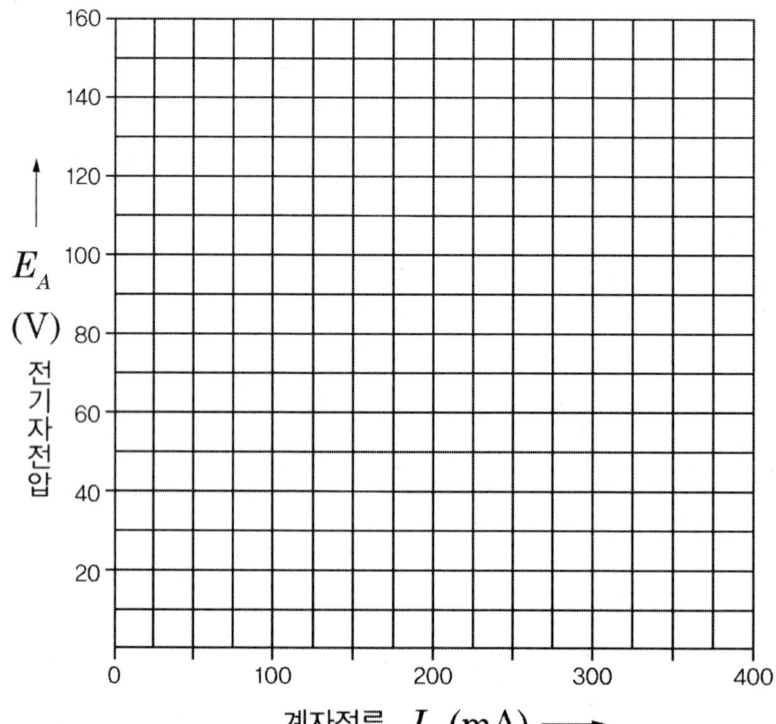

그림 1.17 전기자전압 대 계자전류의 특성곡선

1.4 직류분권발전기의 특성

1. 실험의 목적

(1) 무부하시와 전부하에서 직류자여식분권발전기의 특성을 학습한다.

(2) 자여식분권발전기의 결선법을 학습한다.

(3) 자여식분권발전기의 전기자전압 대 전기자전류의 관계, 즉 부하특성을 학습한다.

2. 이론적 고찰

타여식분권발전기는 그 응용 분야가 광범위하지만, 분권계자를 여자하는 데 외부에서 별도의 직류전원이 필요하다는 단점이 있다. 따라서 현재는 직류자여식분권발전기가 더 많이 이용되고 있다. 계자권선을 발전기 출력단에 어떻게 연결하는가에 따라서 다음과 같이 자여식발전기를 분류할 수 있다. 계자권선이 전기자와 직렬로 연결되면 직권발전기, 전기자와 병렬로 연결되면 분권발전기, 전기자와 직렬 및 병렬로 연결되면 복권발전기로 구분한다. 이와 같이 계자권선의 결선법이 발전기의 특성을 결정한다.

직류발전기들은 모두 동일한 구조로 구성되어있으며, 자여식발전기는 고정자 자극편에 잉여자기로 인해서 전기자에 기전력 유기가 가능하다. 즉 계자전류가 0이라도 전기자가 회전할 때 미소한 전압이 전기자권선에 유기된다. 즉 자여식발전기 중에서 계자권선이 전기자권선과 병렬로 접속된 분권발전기에서는 미소한 계자전류가 계자권선에 흐르는 것이다. 만일 이 미소한 계자전류가 동일한 방향으로 흐른다면 잉여자기가 증가할 것이고, 이로 인해서 전기자전압은 증가할 것이다. 따라서 전기자전압은 빨리 상승하게 된다.

만일 이 미소한 계자전류가 반대방향으로 흐른다면, 잉여자기는 감소하게 될 것이고 이로 인해서 전기자권선의 전압확립은 실패할 것이다. 이 경우에 올바른 방향으로 분권권선을 변환시켜야 한다. 이 실험에서 제안하는 중요한 것을 설명해보기로 한다.

3. 사용기자재 및 부품

- 직류전동기/발전기모듈 EMS 8211
- 전원공급 장치 EMS 8821
  ($120/208\,[\mathrm{V_{ac}}]\ 3\phi,\ 120\,[\mathrm{V_{dc}}],\ 0 \sim 120\,[\mathrm{V_{dc}}]$)

- 직류전압, 전류계 모듈 EMS 8412
  (200 [V_{dc}], 500 [mA], 2.5 [A_{dc}])
- 교류전류계모듈 (2.5/2.5 [A_{ac}]) EMS 8425
- 동기전동기/발전기모듈 EMS 8241
- 저항 모듈 EMS 8311
- 타이밍벨트 EMS 8942
- 결선리드선 EMS 8941

4. 실험 순서

☞ 주 의 : 이 실험에서는 고전압이 유기된다. 전원장치의 스위치를 켠 상태에서는 어떤 결선도 하지 마시오. 개개의 실험이 완료된 후에 전원공급 장치의 스위치를 끄시오.

1. 동기전동기는 일정속도로 운전하기 때문에 직류발전기를 기계적으로 구동하는 데 이용되고 있다. 전원공급 장치, 교류전류계모듈, 동기전동기모듈을 이용하여 그림 1.18에 표시된 회로를 구성하시오.

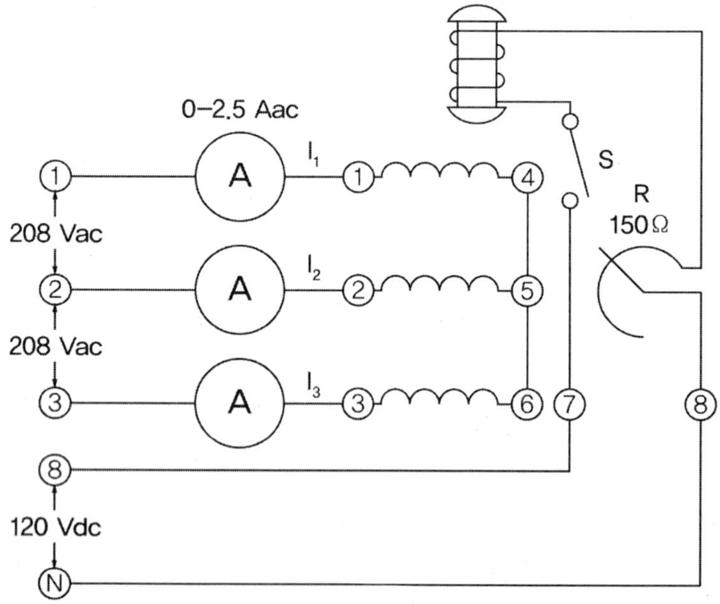

그림 1.18 동기전동기의 회로도

☞ 주의 : 이 순간에 전원을 공급하지 마시오.

2. 전원공급 장치의 단자 1－2－3은 3상 고정자권선으로 3상전력을 공급하고, 전원장치의 단자 8－N은 회전자권선에 고정된 직류전력을 공급할 것이다. 가변계자저항의 조절손잡이를 조절하여 공칭여자전류가 흐를 수 있도록 적당한 위치에서 고정시킨다.

3.

(1) 직류전동기/발전기, 직류전류, 전압계모듈, 저항모듈을 이용하여 그림 1.19에 표시한 회로도를 구성하시오.

(2) 타이밍벨트를 이용하여 동기전동기와 직류발전기를 결합시키시오.

(3) 직류발전기의 가변계자저항을 시계방향으로 최대한 돌려서 저항값이 최소가 되게 하시오.

(4) 브러시가 중립위치에 있는가를 확인하시오.

(5) 저항기의 스위치를 무부하 상태로 두시오(모든 스위치를 개방한다).

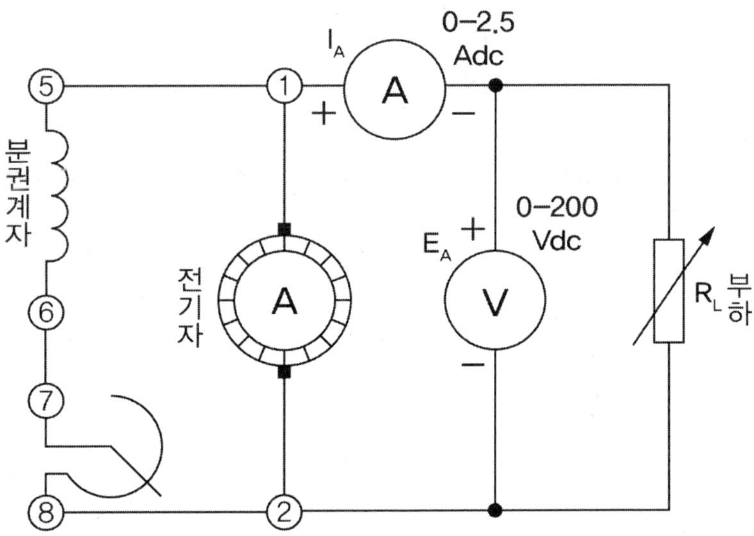

그림 1.19 직류분권발전기에 부하가 인가된 경우

☞ **주의 : 동기전동기의 여자회로 스위치는 전동기가 운전 중일 때 닫으시오.**

4.

(1) 전원공급 장치의 스위치를 켜시오. 이 순간 동기전동기는 기동할 것이다.

(2) 만일 동기전동기에 스위치(S)가 있다면 이 순간에 닫으시오.

(3) 전압 (E_A)이 확립되는가? 예____________, 아니오____________

(4) 만일 전압 (E_A)이 확립되지 않는다면 전원장치의 스위치를 끄고, 분권계자권선의 단자 5－6을 바꾸시오.

(5) 개방회로의 전기자전압 (E_A)을 측정하여 기록하시오.

E_A = ____________ [V_{dc}]

5. 계자가감저항기를 변화시킬 경우 전기자전압 (E_A)의 변화를 관찰하시오. 전압이 변화된다면 그 이유를 아래에 설명하시오.

____

____

____

6.

(1) 전(全)부하저항이 120 [Ω]이 되도록 저항스위치를 설정한다. 발전기의 출력 전압이 직류 120 [V]를 발생할 때까지 분권 계자가감저항기의 저항을 조정한다. 이때 계자전류계는 직류 1 [A]를 지시해야 한다.

(2) 이것이 직류발전기의 정격출력(120[V] × 1[A] = 120[W])을 얻기 위한 올바른 계자가감저항기의 저항을 조절하는 방법이다.

☞ **주 의 : 이 실험의 나머지 실험을 하는 동안 계자가감저항기에 손대지 마시오.**

7.

(1) 표 1-4에 주어진 각각의 부하저항 값을 얻기 위해 부하저항을 조절하시오.

(2) 표 1-4에 주어진 각각의 부하저항 값에 대한 전기자전압 (E_A)과 전기자전류 (I_A)를 측정하여 기록하시오.

(3) 전원장치의 스위치를 끄시오.

(4) 표 1-4에 주어진 각각의 저항에 대한 전력을 측정하여 기록하시오.

☞ **주 의 : 발전기의 정격전류 1 [A]가 공칭출력이라면 발전기에 무리가 없는 범위에서 과부하(50 [%], 1.5 [A])까지 부하를 증가시킬 수 있다.**

8.

(1) 동기전동기의 3상 고정자(단자 1 − 2 − 3) 결선 중 어느 두 단자를 바꿈으로써 기동전동기의 회전방향을 역으로 할 수 있다.

(2) 모든 저항스위치를 열어서 발전기로부터 부하를 완전히 제거하시오.

(3) 전원장치의 스위치를 끄시오.

(4) 발전기의 전압은 확립되는가? 전압이 확립된다면 아래에 설명하시오.

(5) 전원장치의 스위치를 끄시오.

표 4-4

R_L [Ω]	I_A [A]	E_A [V]	P [W]
∞			
600			
300			
200			
150			
120			
100			
80			
75			

학 습 평 가

1. 만일 자여자발전기가 잉여자기를 모두 잃어버린다면 발전기의 출력전압은 확립되는가? 확립된다면 아래에 설명하시오.

2. 자여자발전기가 모든 잉여자기를 잃은 후 발전기를 동작시키려면 어떻게 하면 되는가? 아래에 설명하시오.

3. 시간에 따라서 자여자발전기는 서서히 잉여자기를 잃는가? 잃는다면 아래에 설명하시오.

4. 무부하에서 전부하까지 전압변동의 발생 원인과 전압변동률을 계산하시오.

전압변동률 ε = ____________ [%]

5. 그림 1.20에 전기자전압 (E_A) 대 전기자전류 (I_A)의 관계곡선을 그리시오.

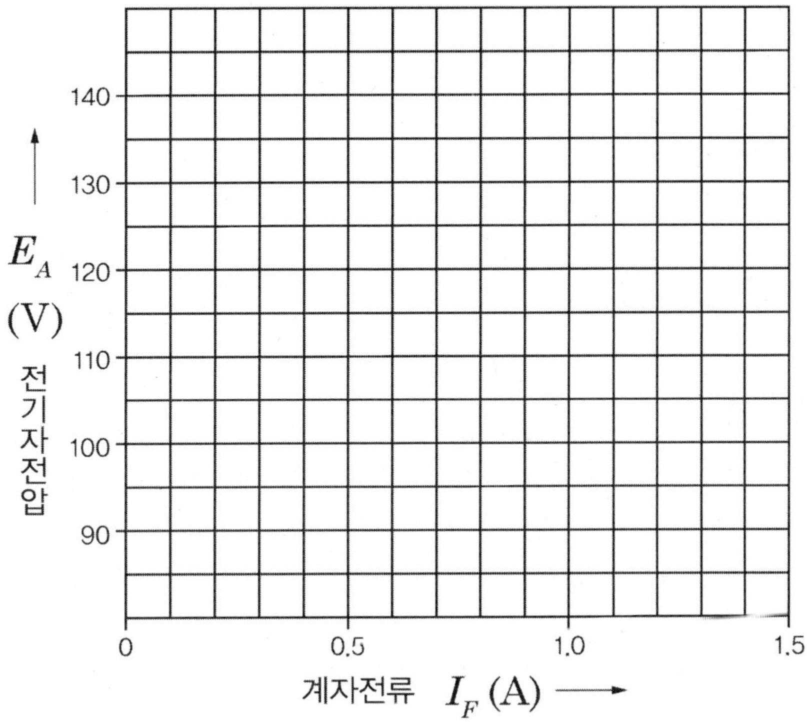

그림 1.20 전기자전압 대 계자전류의 특성곡선

6. 앞에서 실험한 타여자발전기의 전압변동률과 이번에 실험한 자여자발전기의 전압변동률을 비교 설명하시오.

7. 이러한 전압변동률의 차가 발생하는 이유를 아래에 설명하시오.

1.5 직류직권발전기의 특성

1. 실험의 목적

(1) 직권발전기의 특성을 학습한다.

(2) 직권발전기의 결선법을 학습한다.

(3) 직권발전기의 전기자전압 대 전기자전류의 관계, 즉 부하특성을 학습한다.

2. 이론적 고찰

계자권선이 전기자권선에 직렬로 연결된 발전기를 직류직권발전기라 한다. 직권발전기의 계자권선에 흐르는 여자전류는 전기자권선에 흐르는 부하전류와 동일한 전류이다. 이를 그림 1.21에 나타내었다.

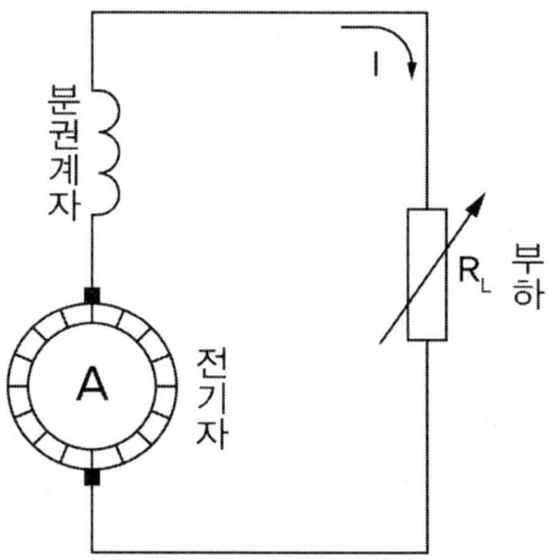

그림 1.21 전기자권선에 부하가 인가된 경우

만일 발전기에 큰 부하가 인가되면 계자전류가 최소가 되어 발전기의 출력전압도 최소가 될 것이다. 또한 개방회로에서 발전기는 잉여자기로 인해 최소 출력전압만을 발생하게 된다. 만일 발전기에 부하전류가 흐르게 되면 여자전류는 증가할 것이고, 자속도 증가되어 발전기 출력전압 역시 증가할 것이다. 직류발전기의 특성에서 전기자전류(I_a), 계자전류(I_f), 부하전류(I)라 하면, $I_a \fallingdotseq I_f \fallingdotseq I$의 관계가 성립한다. 따라서 직권발전기에서 부하전류가 변화하면 발전기 출력전압이 크게 변화된다는 사실을 알 수 있다. 직권발전기는 전압변동이 매우 크기 때문에 전력원으로는 부적합하다. 직권발전기는 직류배전계통에 **선간전압 승압기(line voltage booster)**로 사용된다. 예를 들면 그림 1.22에 나타낸 회로도에서 전원공급 장치는 저항 R_L을 가진 **송전라인(transmission line)**을 통해서 부하 R_L로 직류전원을 공급하고 있다. 부하전압은 선간전류의 크기에 따라 크게 변화한다. 이와 같이 부하전압의 변동은 그림 1.22에 나타낸 바와 같이 발전기의 출력선 간에 직권발전기를 직렬로 추가함으로써 해결할 수 있다.

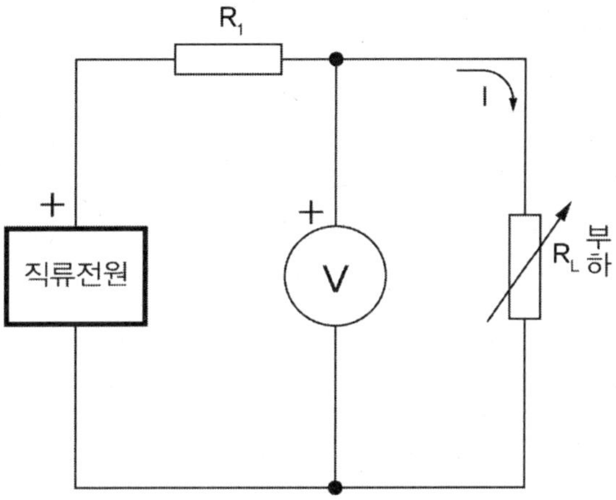

그림 1.22 직권발전기의 원리

그림 1.23에서 직권발전기의 부하전류가 증가함에 따라 발전기의 전압(V_G)는 증가하여 송전선에 접속된 저항(R_L)을 지나 전압강하를 보상할 것이다. 그리하여 부하가 변화해도 상대적으로 일정한 전압을 유지할 수 있게 된다.

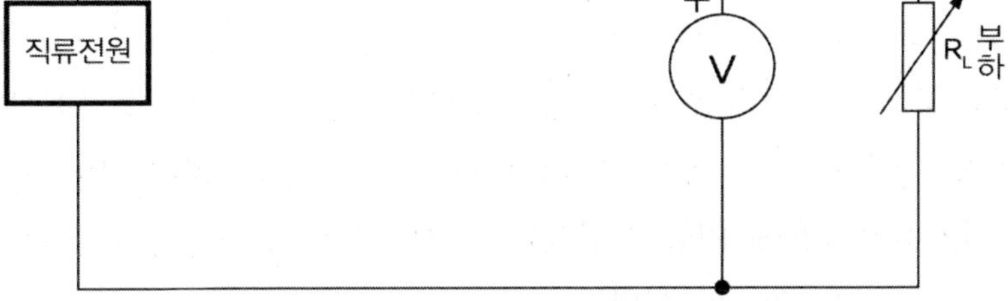

그림 1.23 직권발전기의 출력전압 보상법

3. 직류직권발전기의 무부하 특성

직권발전기가 무부하일 때 발전기의 회로는 개방상태로 전류가 흐르지 않으므로 공극에는 미소 잔류자속만 존재하며, 이로 인해 미소한 기전력이 발생할 뿐 자기여자에 의한 전압확립은 발생하지 않는다. 따라서 그림 1.24(a) 직권발전기의 등가회로 상에서 부하전류(I), 전기자전류(I_a), 계자전류(I_f)는 동일한 전류이므로 발전기가 무부하시 회로의 전류는 $I \fallingdotseq I_a \fallingdotseq I_f \fallingdotseq 0$의 관계가 성립된다.

3-1. 외부특성 곡선

직권발전기에 부하를 접속하면 전기자회로에 전류가 흐르고, 이로 인해 전압의 확립이 일어나므로 부하전류 I[A]가 증가하면, 유기기전력 E[V]이 증가하고, 단자전압 V[V]도 증가한다. 단자전압 V[V]과 유기기전력 E[V] 및 회로의 전압강하를 고려하면 다음과 같이 주어진다.

$$V = E - I(R_a + R_s) - e_b - e_a \ [V]$$

여기서,

E : 유기기전력[V]
V : 단자전압[V]
R_a : 전기자권선의 저항[Ω]
R_s : 직렬계자권선의 저항[Ω]
e_a : 전기자반작용에 의한 전압강하[V]
e_b : 브러시의 접촉저항에 의한 전압강하[V]

그림 1.24(b)의 O′L은 외부특성곡선을 표시한 것이다. 직권발전기의 단자전압과 유기기전력의 관계에서 부하저항이 일정하다면 $R_a + R_f + e_a + e_b$는 일정하므로 이 때 요구되는 단자전압은 OA와 같이 직선이 된다. 외부특성곡선은 E[V]에서 $I(R_a + R_s + e_a + e_b)$를 뺀 것인데, O′에서 시작하여 O′L과 교차점 P까지는 단자전압이 증가하지만, 점 P를 벗어나면 자기회로의 포화현상 때문에 단자전압은 급격히 감소하게 된다. 즉 외부특성곡선에 나타낸 바와 같이 부하전류가 어느 한도를 넘으면 단자전압이 급속히 감소함을 알 수 있다. 이는 부하전류가 어느 한도를 벗어나면 자기회로가 포화되어 오히려 전기자반작용에 의한 전압강하와 전기자회로 전압강하의 증가로 단자전압이 크게 감소하는 것을 알 수 있다.

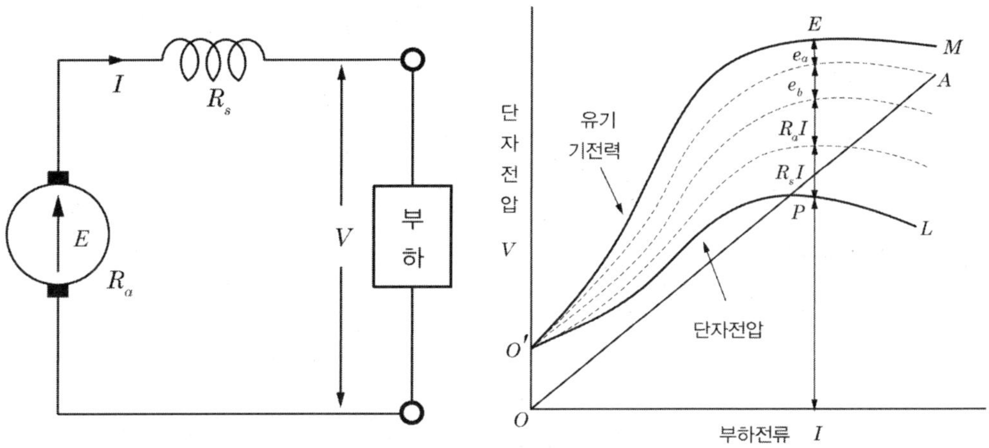

(a) 직권발전기 등가회로　　　　(b) 외부특성곡선

그림 1.24 직권발전기의 외부특성

4. 사용 기자재 및 부품

- 전원공급 장치 　EMS 8821
  (120/208 [V_{ac}] 3ϕ, 120 [V_{dc}], 0 ~ 120 [V_{dc}])
- 직류전압, 전류계 모듈 　EMS 8412
  (200 [V_{dc}], 500 [mA], 2.5 [A_{dc}])
- 교류전류계모듈 (2.5/2.5 [A_{ac}]) 　EMS 8425
- 동기전동기/발전기모듈 　EMS 8241
- 저항 모듈 　EMS 8311
- 타이밍벨트 　EMS 8942
- 결선리드선 　EMS 8941

5. 실험 순서

☞ 주 의 : 이 실험에서는 고전압이 유기된다. 전원장치의 스위치를 켠 상태에서 어떤 결선도 하지 마시오. 개개의 실험이 완료된 후 전원공급 장치의 스위치를 끄시오.

1. 동기전동기는 일정속도로 운전하므로 직류발전기를 기계적으로 구동하는 데 이용된다. 전원공급 장치, 교류전류계모듈, 동기전동기모듈을 이용하여 그림 1.25에 표시한 회로를 구성하시오.

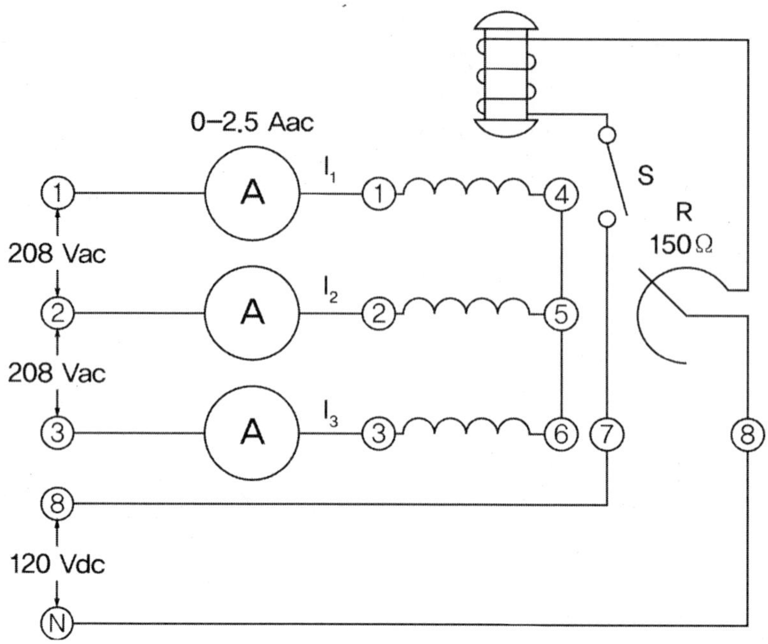

그림 1.25 동기전동기의 회로도

☞ **주의 : 이 순간에 전원을 공급하지 마시오.**

2. 전원공급 장치의 단자 1−2−3은 3상 고정자권선으로 3상전력을 공급한다. 전원장치의 단자 8−N은 회전자권선에 일정 직류전력을 공급한다. 가변계자저항의 조절 손잡이를 조절하여 공칭여자전류가 흐르는 적당한 위치에서 고정시킨다.

3.

(1) 직류전동기/발전기, 직류전류, 전압계모듈, 저항모듈을 이용하여 그림 1.26에 표시한 회로도를 구성하시오.
(2) 타이밍벨트를 이용하여 동기전동기와 직류발전기를 결합시키시오.
(3) 브러시가 중립위치에 있는지 확인하시오.
(4) 저항기의 스위치를 무부하 상태로 하시오(모든 스위치를 개방한다).

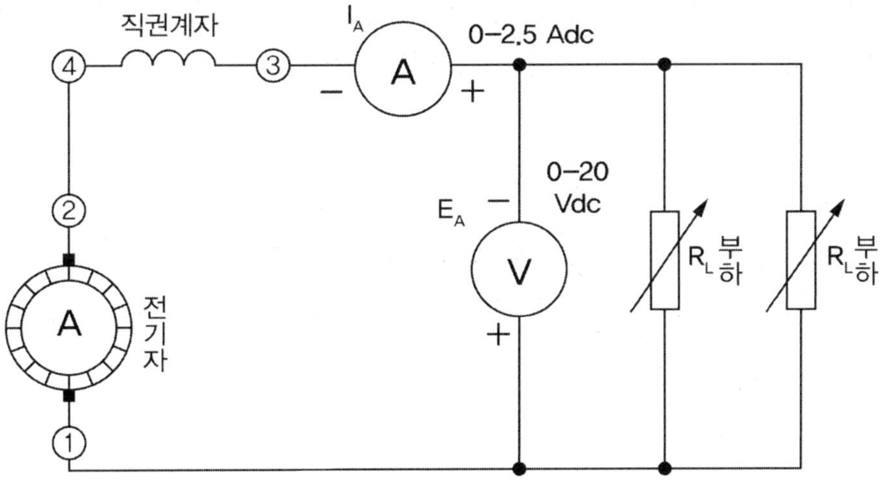

그림 1.26 직권발전기에 부하가 인가된 경우

☞ **주의 : 동기전동기의 여자회로 스위치는 전동기가 운전 중일 때 닫는다.**

4.

(1) 전원공급 장치의 스위치를 켜시오. 이 순간 동기전동기는 기동할 것이다.

(2) 만일 동기전동기에 스위치(S)가 있다면 이 순간에 닫으시오.

(3) 개방회로일 때 발전기의 출력전압을 측정하여 기록하시오.

E_A = ______________ [V_{dc}]

(4) 이 개방회로의 전압은 무엇에 의해서 유기되는가?

5.

(1) 양 저항기모듈의 모든 스위치를 닫아서 회로에 28.5[Ω]를 설정하고 전기자전압(E_A)이 증가하는지 관찰하시오.

(2) 만일 그렇지 않으면 전원장치의 스위치를 켠 다음 단자 3－4의 결선을 바꾸어 연결하시오.

6.

(1) 표 1–5에 주어진 각각의 저항값을 얻기 위해 부하저항을 조절하시오.

(2) 표 1–5에 주어진 각각의 저항값에 대한 전기자전압(E_A)과 전기자 전류(I_A)를 측정하여 표 1–5에 기록하시오.

☞ **주 의 : 발전기의 정격전류 1 [A]가 공칭출력이라면 발전기에 무리가 없는 범위에서 (과부하 50 [%]) 1.5 [A]까지 부하를 증가시킬 수 있다.**

(3) 전원장치의 스위치를 끄시오.

(4) 표 1-5에 주어진 각각의 저항값에 대한 전력(P)를 계산하여 표 1-6에 기록하시오.

☞ **주 의 : 발전기의 정격전류 1 [A]가 공칭출력이라면 발전기에 무리가 없는 범위에서 (과부하 50 [%]) 1.5 [A]까지 부하를 증가시킬 수 있다.**

(5) 전원장치의 스위치를 끄시오.

(6) 표 1-5에 주어진 각각의 저항에 대한 전력을 측정하여 기록하시오.

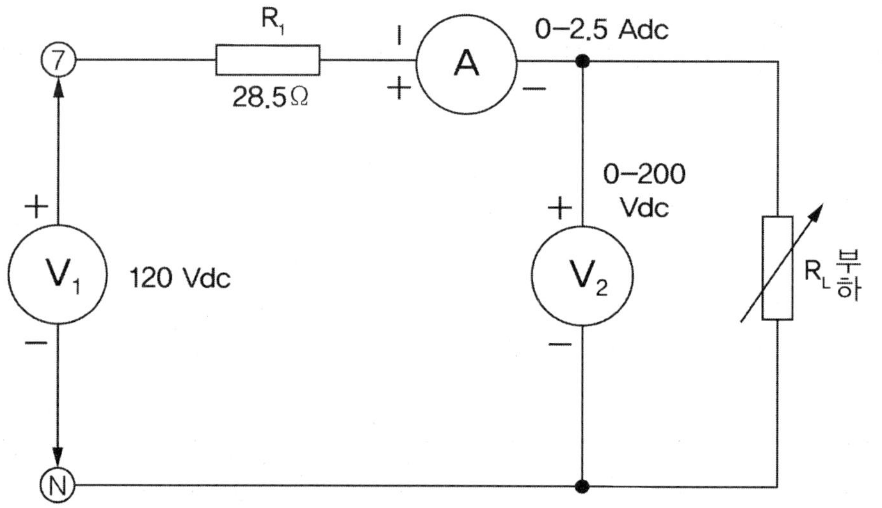

그림 1.27 직권발전기에 부하가 인가된 경우

7.

(1) 그림 1.27에 표시한 회로를 구성하시오(전동기와 발전기의 연결은 그대로 두고 전원장치로부터 동기전동기를 분리시키시오).

(2) 저항 R_1(이것은 송전선로의 저항을 표시함)이 28.5 [Ω]이 되도록 병렬저항기모듈의 모든 스위치를 닫으시오.

표 1-5

R_L [Ω]	I_A [A]	E_A [V]	P [W]
∞			
40.0			
37.5			
35.3			
33.3			
31.5			
30.0			
28.5			

8.

(1) 전원장치의 스위치를 켜고, 그림 1.28의 직류전압계 (V_1)가 120 [V]를 지시하도록 조절하시오.

(2) 표 1-6에 주어진 각각의 저항값을 부하저항기 (R_L)의 저항(세 번째 저항)을 조절하시오. 그리고 모든 저항스위치를 열어서 발전기로부터 부하를 완전히 제거하시오.

(3) 표 1-6에 주어진 각각의 저항값에 대한 전압 (V_2)과 부하전류 (I)를 측정하여 표 1-6에 기록하시오.

☞ **주 의 : 각각의 저항에 대한 값들을 측정하기 전에 입력 전압이 직류 120[V]인지 확인하시오.**

(4) 전압을 0으로 만든 후 전원장치의 스위치를 끄시오.

표 1-6

R_L [Ω]	I_A [A]	V_2 [V]
∞		
600		
240		
150		
100		
80		

9. 부하(R_L)에 대한 전압변동률이 어떻게 되는지 설명하시오.

10.

(1) 그림 1.28에 표시한 회로에 직권발전기를 연결하시오.

(2) 전원장치에서 동기전동기에 전원을 연결하시오.

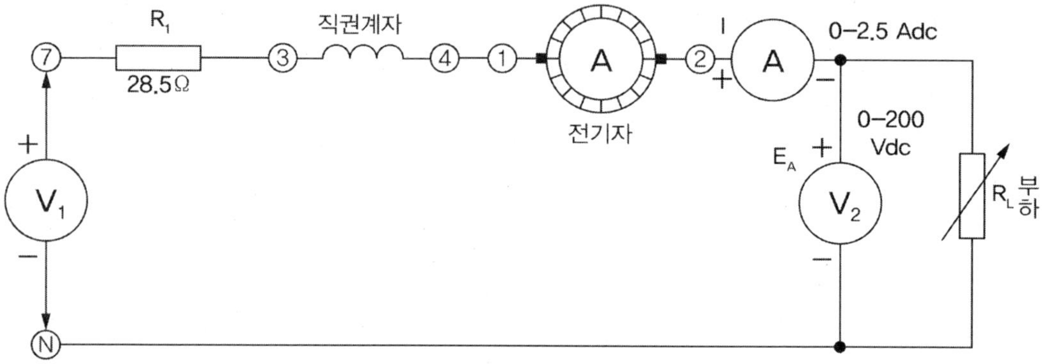

그림 1.28 직권발전기의 결선도

11.

(1) 전원장치의 스위치를 켜시오. 전동기는 기동하기 시작할 것이다.

(2) 부하전압(V_2)이 무부하시의 직류전압 120[V]와 같게 공급전압(V_1)을 조절하시오.

(3) 실험 8번의 순서를 반복하여 그 결과치를 표 1-7에 기록하시오. 공급전압(V_1)은 일정한지 확인하시오.

☞ **주 의 : 만일 부하전압(V_2)의 변화가 실험 8에서보다 크다면 전원장치의 스위치를 끄고, 직권계자권선(단자 3-4)의 결선을 바꾸시오.**

표 1-7

R_L [Ω]	I_A [A]	V_2 [V]
∞		
600		
240		
150		
100		
80		

12. 직권발전기를 추가했을 경우와 추가하지 않았을 경우 전압변동률을 비교하여 아래에 설명하시오.

학 습 평 가

1. 표 1-5의 측정한 데이터를 이용하여 그림 1.29에 전기자전압(E_A) 대 전기자전류(I_A)에 대한 전압변동률 곡선을 그리시오.

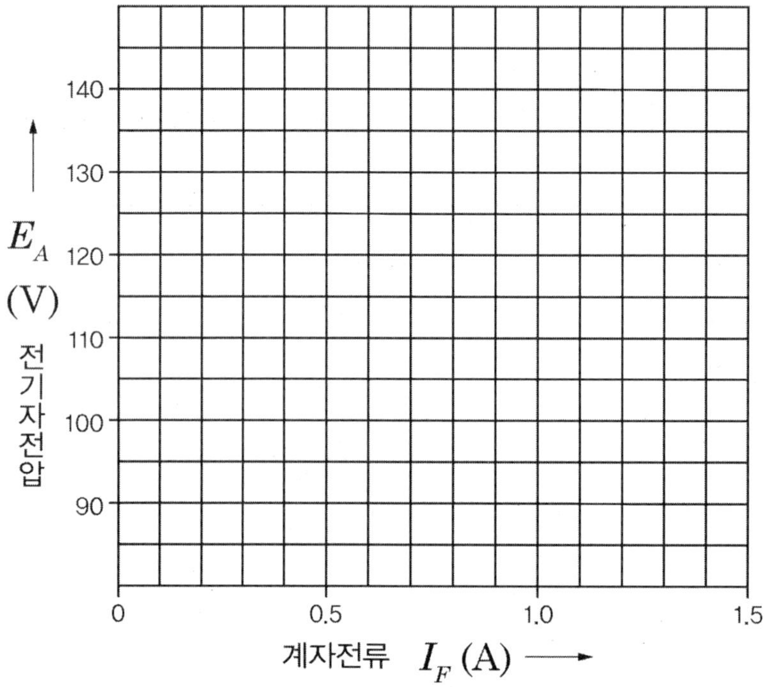

그림 1.29 전기자전압 대 계자전류의 전압변동률

2. 무부하에서부터 전부하 1.0[A]까지 전압변동률을 계산하시오.

전압변동률 ε = ____________________[%]

3. 주어진 각각의 발전기에 대한 특성을 아래에 설명하시오.

(1) 타여자분권발전기 :

(2) 자여식분권발전기 :

(3) 복권발전기 :

(4) 차동복권발전기 :

(5) 직권발전기 :

1.6 직류복권발전기의 특성

1. 실험의 목적

(1) 무부하 및 전부하 상태에서 직류복권발전기의 특성을 학습한다.

(2) 차동복권발전기와 복권발전기의 결선법을 학습한다.

(3) 복권발전기의 전기자전압 대 전기자전류의 관계 즉 부하특성을 학습한다.

2. 이론적 고찰

자여식분권발전기의 단점은 무부하에서 전부하에 이르기까지 부하전류가 변화하면 이에 따라 발전기의 출력전압 역시 변화된다는 것이다. 자여식발전기의 전압변동률이 나쁜 것은 아래 3가지 요인에 기인한다.

(1) 자계의 세기가 감소하면 전기자전압이 감소하고 이 현상은 더욱더 자계의 세기를 약화시켜 이로 인해 전기자전압은 더욱 감소한다.

(2) 무부하에서 전부하에 이르기까지 전기자권선의 동손($P_{cl} = I^2R_a$ [W])으로 인해서 전기자전압 강하가 발생한다.

(3) 구동전동기의 운전속도는 부하에 따라 변화한다(이와 같은 현상은 특히 내부연소 엔진이나 유도전동기 등에 발생한다). 복권발전기의 두 계자권선(직권계자, 분권계자)은 두 자계가 서로 어떻게 작용하는가에 따라 다음과 같이 두 종류의 발전기로 구분할 수 있다.

즉 부하전류가 증가할 때 이 전류는 분권계자권선을 통하여 감소하고 이로 인해 자계의 세기를 감소시킨다. 이와 같은 작용을 하는 발전기를 차동복권발전기라 한다. 반면에 직권계자권선을 지나 흐르는 부하전류가 동일한 양만큼 증가한 경우 이 전류는 자계의 세기를 강하게 한다. 이와 같은 작용을 하는 발전기를 가동복권발전기라 한다.

직권계자권선의 권수가 타당할 때 분권계자에 의해 발생되는 자속의 감소를 보상하기 위해서 직권계자의 자속은 증가될 것이다. 조합된 자속은 변화가 없을 것이며, 부하가 무부하에서 전부하로 변화해도 발전기의 출력전압은 거의 변화가 없을 것이다. 만일 직권계자가 분권계자와 반대방향으로 전기자전류가 흐르도록 접속되었다면 차동복권발전기라 한다. 이 차동복권발전기는 전압변동률은 나쁘지만 일정 출력전압보다 일정 출력전류를 요하는 부하, 즉 **용접용**, **아크등용** 등의 전원으로 주로 사용된다.

3. 복권발전기의 특성

직류복권발전기는 분권발전기의 특성을 갖는 분권계자권선과 직권발전기의 특성을 갖고 있는 직권계자권선이 있으며, 두 계자권선의 특성을 유효적절하게 이용함으로써 그림 1.30과 같이 여러 가지 외부특성을 갖는 복권발전기를 얻을 수 있다. 두 계자권선에서 발생하는 자속의 방향이 같은 방향으로 작용하면 가동복권발전기가 되어 그림 1.30의 B와 같으며, 두 계자의 자속방향이 반대로 작용하면 차동복권발전기가 되어 그림 1.30의 C와 같다.

또한 가동복권발전기는 직권계자와 분권계자가 거의 같게 작용하여 무부하전압과 전부하전압이 거의 같은 특성을 갖는 평복권발전기가 되어 그림 1.30의 A와 같다. 직권계자가 강하여 부하전류의 증가에 따라 단자전압이 상승하는 특성을 갖는 평복권발전기, 분권계자가 강하여 부하전류의 증가에 따라 단자전압이 감소하는 특성을 갖는 부족복권발전기가 있다.

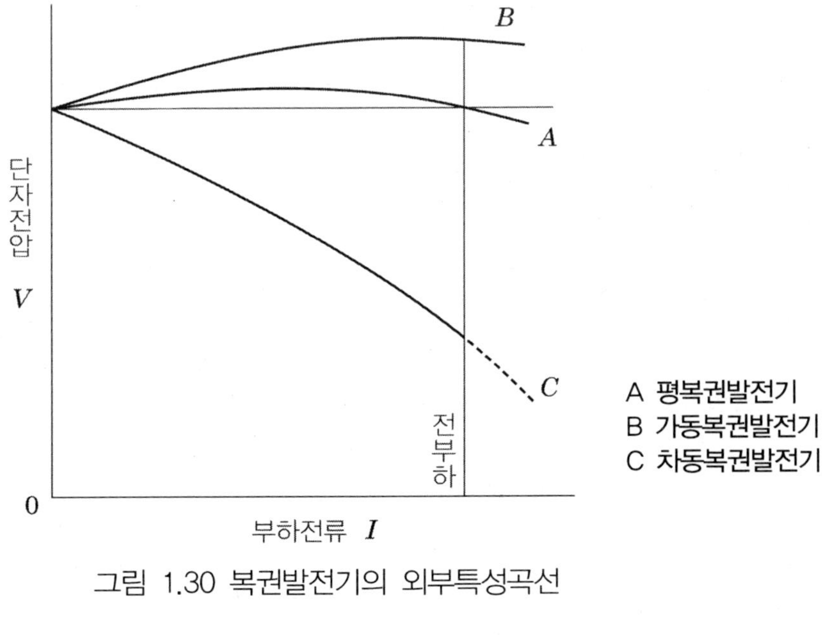

그림 1.30 복권발전기의 외부특성곡선

4. 사용 기자재 및 부품

- 전원공급 장치 EMS 8821
  (120/208 [V_{ac}] 3ϕ, 120 [V_{dc}], 0 ~ 120 [V_{dc}])
- 직류전압계, 직류전류계 모듈 EMS 8412
  (200 [V_{dc}], 500 [mA], 2.5 [A_{dc}])
- 교류전류계 모듈 (2.5/2.5 [A_{ac}]) EMS 8425
- 동기전동기/발전기모듈 EMS 8241
- 직류전동기/발전기모듈 EMS 8211
- 저항 모듈 EMS 8311
- 타이밍벨트 EMS 8942
- 결선리드선 EMS 8941

5. 실험 순서

☞ **주 의 : 이 실험에서는 고전압이 유기된다. 전원장치의 스위치를 켠 상태에서 어떤 결선도 하지 마시오. 개개의 실험이 완료된 후 전원공급 장치의 스위치를 끄시오.**

1. 동기전동기는 일정속도로 운전하므로 직류발전기를 기계적으로 구동하는 데 이용되고 있다. 전원공급 장치, 교류전류계모듈, 동기전동기모듈을 이용하여 그림 1.31에 표시된 회로를 구성하시오.

2. 전원공급 장치의 단자 1－2－3은 3상 고정자권선으로 3상전력을 공급한다. 전원장치의 단자 8－N은 회전자권선에 일정 직류전력을 공급한다. 가변계자저항의 조절손잡이를 조절하여 공칭여자전류가 흐르게 한 다음 적당한 위치에 고정시킨다.

3.
(1) 직류전동기/발전기, 직류전류, 전압계모듈, 저항모듈을 이용하여 그림 1.32에 표시한 회로를 구성하시오.
(2) 타이밍벨트를 이용하여 동기전동기와 직류발전기를 결합시키시오.
(3) 직류발전기의 계자가감저항기의 손잡이를 시계방향으로 최대한 돌려서 계자저항을 최소로 한다.
(4) 브러시가 중립위치에 있는가를 확인하시오.
(5) 저항기의 스위치를 무부하 상태로 하시오(모든 스위치를 개방한다).

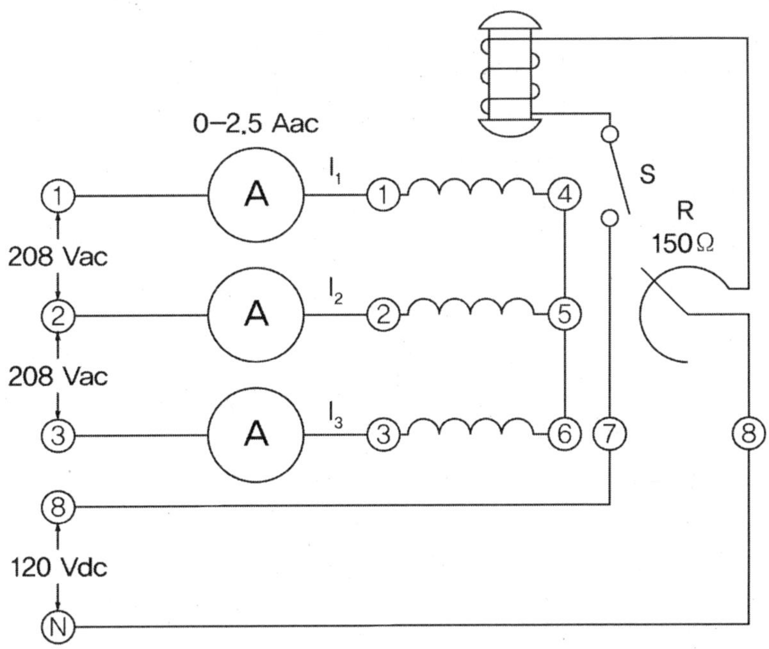

그림 1.31 동기전동기 회로도

☞ **주 의 : 동기전동기의 여자회로 스위치는 전동기가 운전할 때 닫는다.**

4.

(1) 전원공급 장치의 스위치를 켜시오. 이 순간에 동기전동기는 기동할 것이다.

(2) 만일 동기전동기에 스위치(S)가 있다면 이 순간에 닫으시오.

(3) 출력전압 (E_A)이 확립되는가? 확립된다면 측정하여 기록하시오.

E_A = ______________ [V_{dc}]

(4) 만일 전압이 확립되지 않는다면 전원장치의 스위치를 끈 다음 동기전동기의 고정자권선의 연결선 3개 중 2개를 바꾸어 결선하시오.

(5) 개방회로의 전기자전압을 측정하여 아래에 기록하시오.

전기자 출력전압 : E_A = ____________ [V_{dc}]

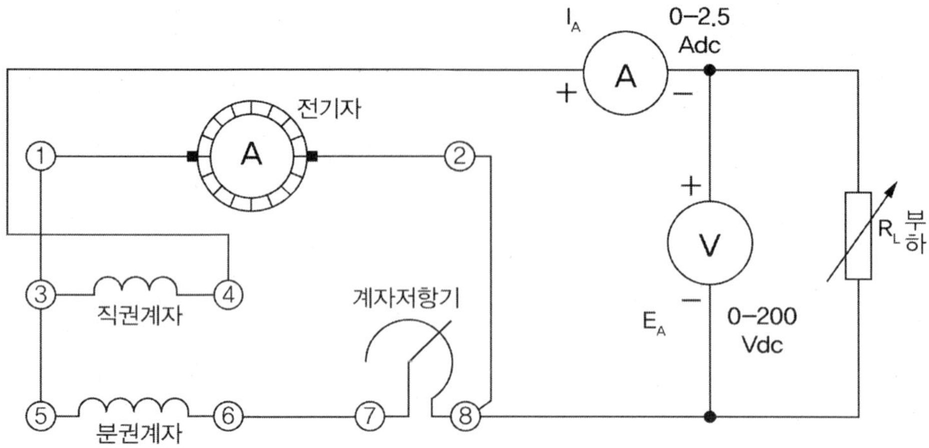

그림 1.32 복권발전기에 부하가 인가된 경우

5. 계자가감저항을 변화시킬 경우 전기자의 출력전압(E_A)이 변화하는가? 변화한다면 그 이유를 아래에 설명하시오.

---

6. 무부하전류 $I_A = 0$ [A]인 경우 전기자 출력전압이 직류 120[V]를 얻을 수 있도록 계자가감저항기를 조절하시오.

☞ **주 의 : 나머지 실험을 위해 계자가감저항기에 손대지 마시오.**

7.

(1) 표 1-8에 주어진 각각의 값을 얻기 위해 부하 저항기의 저항값을 조절하시오.

(2) 표 1-8에 주어진 각각의 부하 저항값에 대한 전기자전압(E_A)과 전기자전류(I_A)를 측정하여 표 1-8에 기록하시오.

(3) 전원장치의 스위치를 끄시오.

(4) 표 1-8에 주어진 각각의 부하 저항값에 대한 전력을 계산하여 표 1-8에 기록하시오.

☞ **주 의 : 발전기의 정격전류 1 [A]가 공칭출력이라면 발전기에 무리가 없는 범위에서 (과부하 50 [%]) 1.5 [A]까지 부하를 증가시킬 수 있다.**

8.

(1) 직권계자로 결선을 바꾼 다음 전기자전류를 반대방향으로 흐르게 하시오.

(2) 그림 1.33에 주어진 회로를 완성하시오.

(3) 학생들이 그림 1.33에 주어진 회로를 올바르게 완성하였는지 확인하시오.

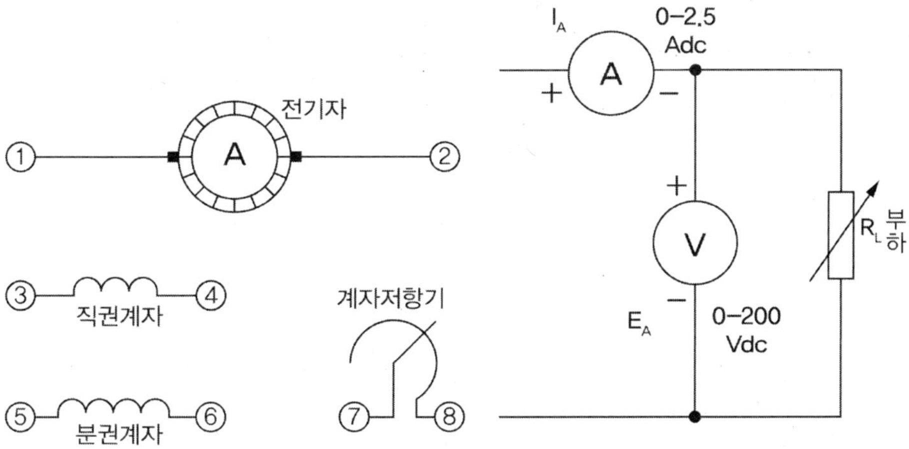

그림 1.33 복권발전기의 결선도

9.

(1) 전원장치의 스위치를 켜시오.

(2) 전기자 출력전압 (E_A)이 직류 120[V]가 되도록 계자가감저항기의 저항을 조절하시오. 이후로는 계자저항기에 손대지 마시오.

표 1-8

R_L [Ω]	I_A [A]	E_A [V]	P [W]
∞			
600			
300			
200			
150			
120			
100			
80			
75			

10.

(1) 표 1-9에 주어진 각각의 부하 저항값을 얻기 위해 부하 저항기를 조절하시오.

(2) 표 1-9에 주어진 각각의 부하 저항값에 대한 전기자 전압 (E_A)과 전기자전류 (I_A)를

측정하여 표 1-9에 기록하시오. 그리고 전원장치의 스위치를 끄시오.

(3) 표 1-9에 주어진 각각의 부하 저항값에 대한 전력을 계산하여 표 1-9에 기록하시오.

표 1-9

R_L [Ω]	I_A [A]	E_A [V]	P [W]
∞			
600			
300			
200			
150			
120			
100			
80			
75			

학 습 평 가

1. 아래에 주어진 항목들 중에서 실험순서 7과 10에 해당되는 것은 다음 중 어느 것인가?
   (1) 차동복권발전기 실험순서 ________________
   (2) 복권발전기 실험순서 ________________

2. 표 1-8에 주어진 각각의 데이터를 참조하여 전기자전압 (E_A) 대 전기자전류 (I_A)의 전압변동률곡선을 그림 1.34에 그리시오.

3. 차동복권발전기는 어느 전압 범위에서 전기자전류 (I_A)가 거의 일정한가?

   ____________ [V_{dc}]

4. 표 1 7에 주어진 각각의 데이터를 참조하여 전기자전압 (E_A) 대 전기자전류 (I_A)의 전압변동률곡선을 그림 1.35에 그리시오.

5. 무부하로부터 전부하 1.0[A]에 이르기까지 전압변동률을 계산하시오.

   전압변동률 ε = ________________ [%]

6. 복권발전기, 자여식발전기, 타여식발전기의 전압변동률을 비교 설명하시오.

7. 복권발전기에서 부하가 증가함에도 불구하고 전기자 출력전압이 강하되지 않는 이유는 무엇인지 아래에 설명하시오.

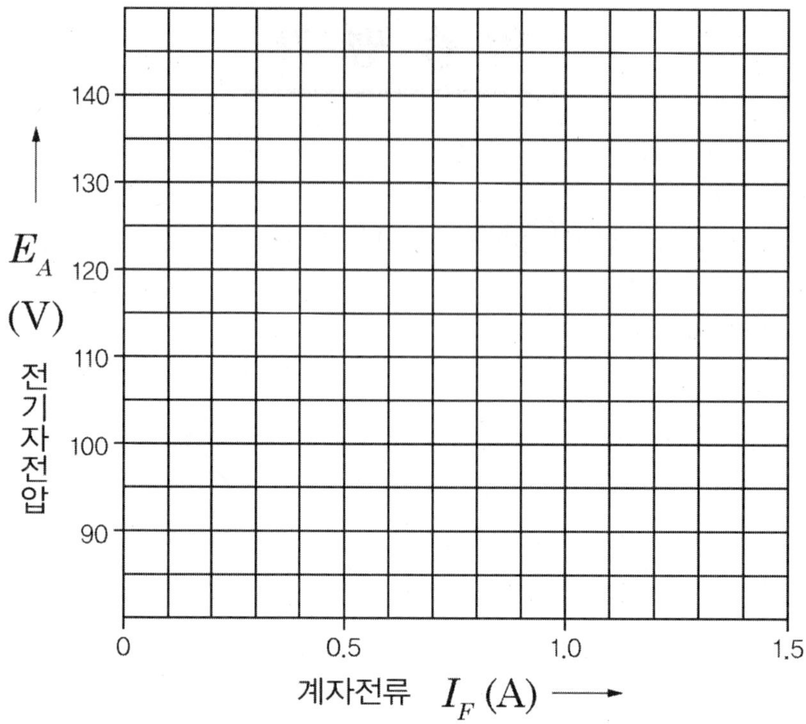

그림 1.34 전기자전압 대 계자전류의 전압변동률

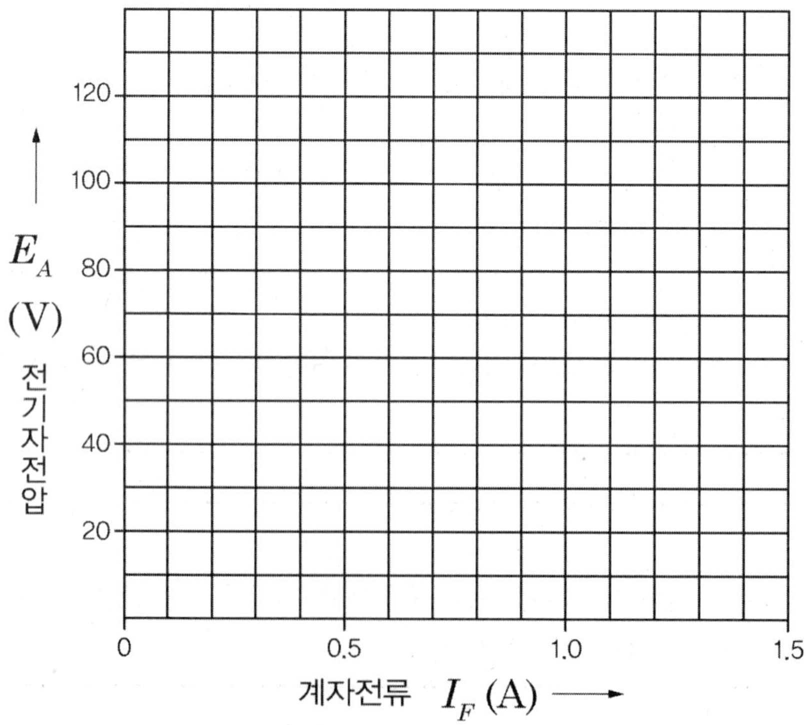

그림 1.35 전기자전압 대 계자전류의 전압변동률

1.7 직류직권전동기의 특성

1. 실험의 목적

(1) 직권전동기의 속도특성을 학습한다.
(2) 직권전동기의 효율을 산정한다.
(3) 직권전동기의 토크특성을 학습한다.

2. 이론적 고찰

직류분권전동기는 전기자전압과 자계가 무부하에서 전부하에 이르기까지 변화가 거의 없기 때문에 일정속도의 전동기라 할 수 있다. 그러나 직권전동기는 분권전동기와는 다르다. 직권전동기의 계자전류는 전기자권선을 지나 흐르는 전류에 의해서 발생되며, 그 결과 전동기 부하가 적을 때는 **약 계자**(전기사권선에 최소전류가 흐름)가 되고, 전동기부하가 클 때는 **강 계자**(전기자권선에 최대전류가 흐름)가 된다.

따라서 전기자전압은 선간전압과 거의 동일하다. 결론적으로 직권전동기의 속도는 전적으로 부하전류에 의해 결정된다. 따라서 직권전동기의 속도는 부하가 큰 경우는 저속도이고, 부하가 경부하이면 속도는 고속도가 된다. 사실 많은 직권전동기들이 무부하 상태에서 동작한다면 고속도로 회전하여 전동기 자체를 소손하게 될 것이다. 또한 매우 빠른 속도로 인해 큰 힘이 회전자를 분리시켜버릴 위험성이 매우 높다. 모든 직류전동기의 **발생토크**($\tau = \frac{PZ}{2\pi a}\phi I_a$[N·m])는 식에 나타난 바와 같이 자속과 전기자전류의 곱에 비례하여 발생한다. 따라서 직권전동기의 경우 기동 시와 같이 전기자전류가 매우 클 때 발생토크는 크게 된다. 그러므로 직권전동기는 큰 관성부하를 필요로 하는 기동에 적합하며, 특히 **전기버스, 기관차** 등의 **구동용 전동기**로서 적합하다.

3. 직권전동기의 특성

3-1. 속도특성

직권전동기는 그림 1.36(a)와 같이 직권계자권선과 전기자권선이 직렬로 접속되어 있으므로 계자전류 I_f[A], 전기자전류 I_a[A], 부하전류 I[A]는 동일하므로 전기자전류는 계자권선에서도 전압강하가 발생한다. 이를 고려한 직권전동기의 속도 n[rpm]는 다음과 같다.

$$N = k\frac{V-(R_a+R_s I_a)}{\phi}\,[rpm]$$

여기서 직권계자권선의 저항 ($R_f\,[\Omega]$), 전기자회로의 저항은 $R_a\,[\Omega]$ 이다.

자속 (ϕ [Wb])는 계자전류 ($I_a \fallingdotseq I_f$)에 따라 결정되며, 전기자반작용을 무시하면 자속 (ϕ [Wb])는 전기자전류 (I_a)와 관계는 포화곡선이 된다. 전기자전류 (I_a)는 적어서 자기회로가 포화되지 않는다면 자속 (ϕ [Wb]) 은 전기자전류 (I_a) 의 정비례 관계가 성립되어 $\phi = kI_a$ 가 된다. 일반적으로 전동기는 $I_aR_a \ll V$ 의 관계가 성립하므로 전기자회로의 전압강하 I_aR_a 는 단자전압 (V [V]) 에 비해 무시하면 다음과 같이 주어진다.

$$N = kV/I_a$$

이 식에서 회전속도 (N) 는 전기자전류 (I_a) 에 반비례 관계다. 부하전류 (I [A]) 가 어느 정도 이상 증가하게 되면 자기회로는 포화하기 때문에 자속 (ϕ [Wb]) 은 부하전류 (I [A]) 에 정비례하여 증가하지 않고 포화현상이 발생하게 되어 자속 (ϕ [Wb]) 은 거의 일정하므로 회전속도 (N) 는 거의 일정하게 된다. 이 관계를 나타내면 그림 1.36(b)와 같다.

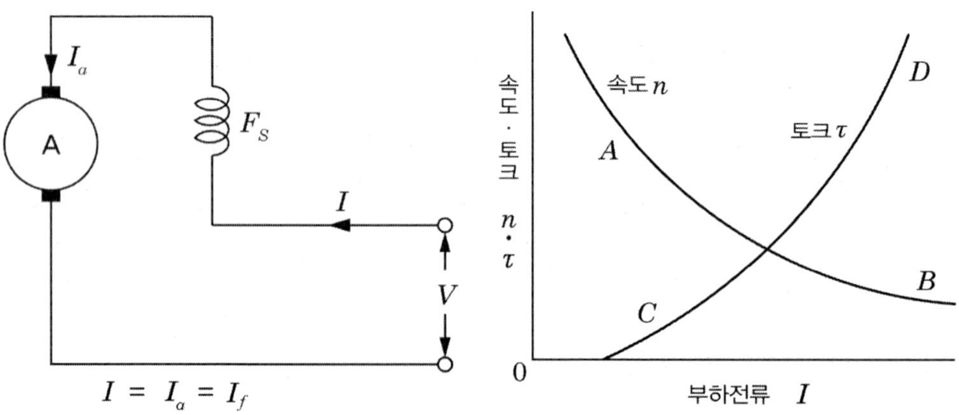

(a) 등가회로 (b) 속도 대 토크특성 곡선

그림 1.36 직권전동기의 속도 대 토크특성

3-2. 토크특성

직류전동기의 토크($\tau = k\phi I_a$ [N·m])는 자속(ϕ)과 전기자전류(I_a)의 곱에 비례한다. 자기회로의 포화현상이 나타나지 않은 경우의 토크($\tau = k\phi I_a = kI_a \cdot = kI_a^2 = kI^2$ [N·m])는 전기자전류, 즉 부하전류의 제곱에 비례함을 알 수 있다. 부하전류($I \fallingdotseq I_a$)가 크지 않을 경우 토크는 부하전류의 제곱에 비례하는 큰 토크를 발생하지만 부하전류 ($I \fallingdotseq I_a$)가 어느 정도 이상 증가하면 자기회로에 포화현상이 발생하므로 자속(ϕ)은 거의 일정하게 되어 토크는 전류에 비례 관계가 성립된다. 이 관계를 나타내면 그림 1.36(b)과 같다.

4. 사용 기자재 및 부품

• 전원공급 장치(120 [V_{ac}], 0 ~ 120 [V_{dc}])	EMS 8821
• 직류전압계 모듈(200 [V_{dc}], 5 [A_{dc}])	EMS 8412
• 교류전류계 모듈(2.5/2.5 [A_{ac}])	EMS 8425
• 직류전동기/발전기모듈	EMS 8211
• 전기동력계모듈	EMS 8911
• 타이밍벨트	EMS 8942
• 회전속도계	EMS 8920
• 결선리드선	EMS 8941

5. 실험 순서

☞ 주 의 : 이 실험에서는 고전압이 유기된다. 전원장치의 스위치를 켠 상태에서 어떤 결선도 하지 마시오. 개개의 실험이 완료된 후 전원공급 장치의 스위치를 끄시오.

1. 전원장치, 직류전동기/발전기, 직류전류, 전압계모듈, 전기동력계모듈을 사용하여 그림 1.37에 주어진 회로를 결선하시오. 타이밍벨트를 이용하여 직류전동기/발전기를 전기동력계와 연결하시오. 전동기가 직권동작을 하게끔 결선되어 있음에 주의하고 (분권계자권선과 가감계자저항기는 사용하지 않음), 전원장치는 가변직류출력을 얻을 수 있는 단자 7－N과 결선되어 있다.

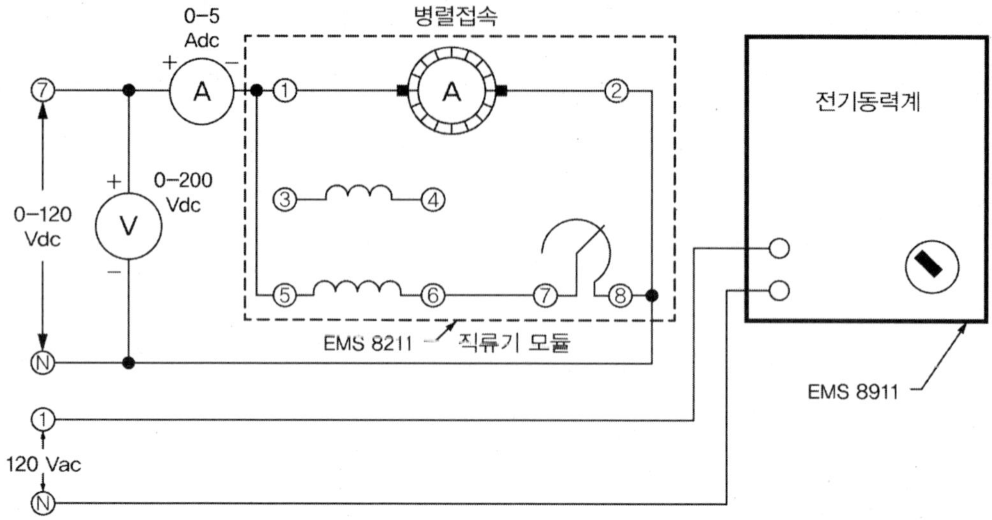

그림 1.37 직류직권전동기 결선도

☞ **주 의 : 이 순간에는 전원을 공급하지 마시오.**

2. 전기동력계의 조절손잡이는 중간위치에 두시오(직류전동기의 기동부하를 공급하기 위함이다).

3.

(1) 전원장치의 스위치를 켜시오. 전동기가 회전하기 시작할 때까지 직류전압을 점차로 증가시키시오. 만일 전동기의 회전자가 시계방향으로 회전하지 않으면 전원장치의 스위치를 끄고 직권계자권선의 연결선을 바꾸어 결선하시오.

(2) 전원장치의 전압 조절손잡이를 조절하여 전압이 정확히 직류 120[V]가 전압계에 나타나게 하시오.

4.

(1) 전기력계의 고정자에 표시한 눈금 스케일에 눈금이 12[lbf·in]가 될 때까지 전기동력계의 조절손잡이를 변화시켜 직권전동기의 부하를 변화시키시오(정확히 직류 120[V]를 유지하기 위해 전원장치를 재조정한다).

(2) 선전류와 전동기속도를 측정(회전속도계를 이용함)하여 그 결과를 표 1-10에 기록하시오.

(3) 직류 120[V]를 유지한 상태에서 표 1-10에 주어진 각각의 토크값에 따른 선전류와 토크를 측정하여 기록하시오.

(4) 전압을 0으로 한 다음 전원장치의 스위치를 끄시오.

표 1-10

E [V]	I [A]	S [rpm/min]	τ [lbf·in]
120			0
120			3
120			6
120			9
120			12

☞ **주 의 : 정확히 토크가 0[lbf·in]인 동안은 전기동력계와 전동기를 연결하지 마시오.**

5.

(1) 그림 1.38의 그래프상에 표 1-10에 측정한 전동기속도 결과를 그려보시오.

(2) 그래프상에 표시한 각각의 점들을 연결하여 곡선을 그려보시오.

(3) 완성된 그래프는 전형적인 직권전동기의 속도 대 토크특성곡선을 나타낼 것이다.

6. 아래에 주어진 식을 이용하여 속도 대 토크 변동률을 계산하시오.(전부하 9[lbf·in])

$$\%\ \text{속도변동률}\ \varepsilon = \frac{(\text{무부하속도}) - (\text{전부하속도})}{\text{전부하속도}} \times 100\,[\%]$$

속도변동률 ε = ________________[%]

7. 전기동력계의 조절손잡이를 시계방향으로 최대한 돌려놓으시오(직권전동기에 최대한 기동 부하를 공급한다).

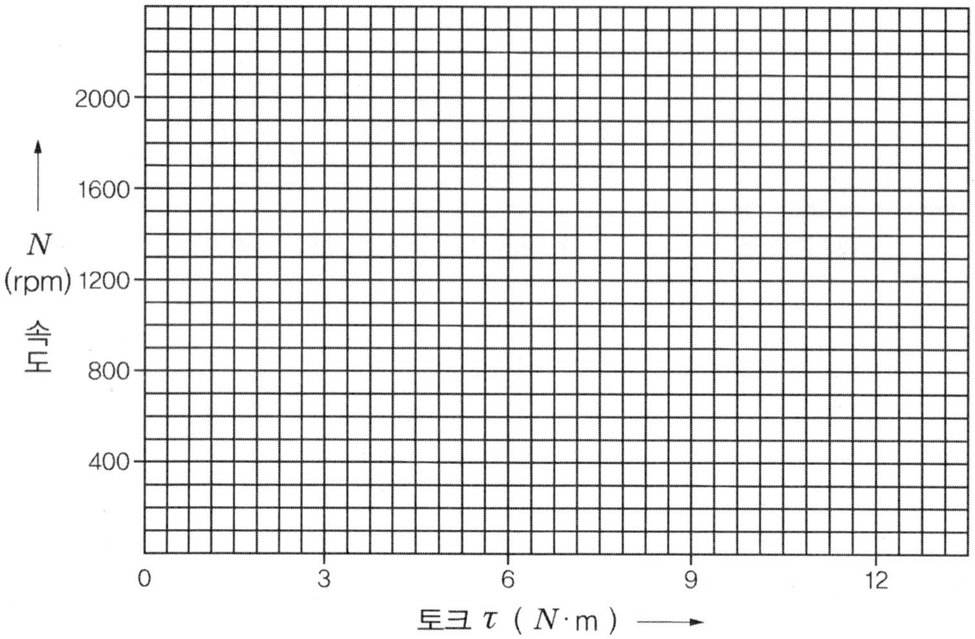

그림 1.38 속도 대 토크특성 곡선

8.

(1) 전원장치의 스위치를 켠 다음 전동기에 선전류가 3[A]가 될 때까지 직류전압을 서서히 증가시키시오. 전동기는 서서히 회전하기 시작할 것이다.

(2) 직류전압과 발생토크를 측정하여 아래에 기록하시오.

E = ______________[V]　　　　τ = ________________[lbf·in]

(3) 전압을 0으로 만든 후 전원장치의 스위치를 끄시오.

9.

(1) 실험 8에서 선전류는 직권전동기의 등가저항에 의해 제한될 것이다.

(2) 만일 직권전동기에 정격전압(120[V])이 공급되었다면 이때 기동전류를 계산하시오.

기동전류 : I_S = ______________________[A]

학 습 평 가

1. 아래에 주어진 식을 이용하여 토크가 9[lbf·in]일 때 직권전동기의 마력 [Hp]을 계산하시오. $Hp = \dfrac{(rpm/min) \times (lbf.) \times (1.59)}{100,000}$

____

____

____

__________마력 $P =$ ____________[Hp]

2. 1[Hp]이 746[W]일 때 평가 1에서 전동기의 등가출력 와트는?

____

____

____

__________출력와트 $P_{OUT} =$ ____________[W]

3. 평가 1에서 전동기의 입력은 몇 와트[W]인가?

____

____

____

__________입력와트 $P_{IN} =$ ____________[W]

4. 평가 2, 3번에서 구한 입력 및 출력을 이용하여 평가 1에서 전동기의 효율을 계산하시오.

____

____

____

__________전동기 효율 $\eta =$ ____________[%]

5. 평가 1에서 전동기의 손실은 몇 와트인가?

____

____

____

______________ 전동기 손실 P_{Loss} = ______________ [W]

6. 일반적으로 직권전동기에서 기동전류는 공칭정격전류보다 얼마나 더 큰가?

____

____

____

______________ 기동전류 I_S = ______________ [A]

7. 아래의 관점에서 분권전동기와 직권전동기를 서로 비교 설명하시오.

계산법 :

기동토크 τ_S = [lbf·in]

계산법 :

기동전류 I_S = [A]

계산법 :

효율 η = [%]

계산법 :

속도변동률 ε = [%]

1.8 직류분권전동기의 특성

1. 실험의 목적

(1) 분권전동기의 속도특성을 학습한다.
(2) 분권전동기의 토크특성을 학습한다.
(3) 분권전동기의 효율을 산정한다.

2. 이론적 고찰

모든 직류전동기의 속도는 전기자전압과 자계의 **강약**에 의해 좌우된다. 분권전동기에 있어서 전기자권선과 같이 계자권선은 직류전원에 병렬로 접속되어 있다. 만일 직류 선간전압이 일정하다면 전기자전압과 자계의 세기도 일정할 것이다. 따라서 분권전동기는 일정한 속도로 운전하게 된다. 다른 에너지 변환장치와 마찬가지로 분권전동기도 효율이 100[%]는 되지 못한다. 이것을 다시 말하면 전동기에 공급되는 모든 전력이 100[%] 변환되지는 못한다는 것이다. 입력과 출력 사이의 전력의 차는 열의 형태로 소모되며, 이들 손실을 **기계적인 열손실**이라 말한다. 이들 손실은 부하와 더불어 증가하며, 결과적으로 전동기가 기계적으로 에너지 변환하는 과정에서 열을 얻게 되는 것이다. 이 실험에서는 분권전동기의 효율 대 속도특성, 효율 대 토크특성을 조사한다.

3. 직류분권전동기의 특성

직류전동기의 중요한 특성은 속도특성과 토크(출력)특성이 있다. 전동기의 단자전압 (V)과 계자전류(I_f)가 일정할 때 부하전류(I)와 전동기속도(N)의 관계를 나타낸 것이 속도특성이며, 단자전압(V)과 계자전류(I_f)가 일정할 때 부하전류(I)와 발생토크(회전력)(τ)의 관계를 토크특성이라 한다.

3-1. 직류분권전동기의 속도특성

직류전동기의 속도 $N = k\dfrac{V - I_a R_a}{\phi}$ [rpm]이므로 계자전류(I_f)가 일정하면 자속

(ϕ)도 일정하다. 즉 속도는 $V-I_aR_a$에 비례관계가 성립한다. 전기자전류(I_a)에 비해 계자전류(I_f)는 매우 적으므로 분권전동기 등가회로 상에서 부하전류(I)와 전기자전류(I_a)의 관계($I \fallingdotseq I_a$)가 성립한다.

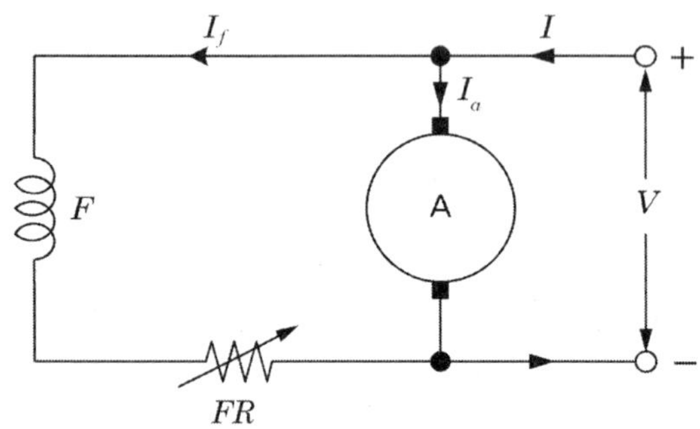

(a) 분권전동기의 등가회로

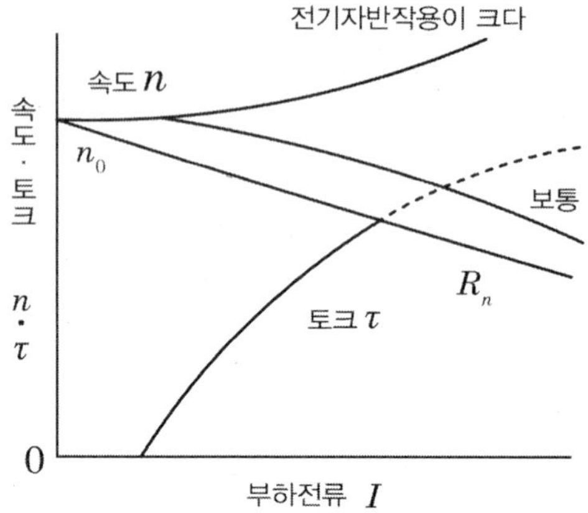

(b) 속도 대 토크특성 곡선

그림 1.39 분권전동기의 속도특성

3-2. 직류분권전동기의 토크특성

직류전동기의 토크($\tau = k\phi I_a$[N·m])에서 토크(τ)는 전기자전류(I_a[A])와 자속(ϕ[Wb])에 비례한다. 그러나 부하가 현저히 증가하면 전기자반작용이 증가하기 때문에 이로 인해 자속 (ϕ[Wb])은 감소하기 때문에 분권전동기의 토크(τ)곡선은 부하전류에 따라서 선형적으로 증가하지 않고 부하전류(I)가 어느 정도 이상 흐르면 전기자반작용의 영향으로 아래쪽으로 기울게 된다. 이들 관계를 나타내면 그림 1.39(b)와 같다.

4. 사용 기자재 및 부품

- 전원공급 장치(120[V_{ac}], 0 ~ 120[V_{dc}]) EMS 8821
- 직류전압계 모듈(200[V_{dc}], 5[A_{dc}]) EMS 8412
- 직류전동기/발전기모듈 EMS 8211
- 전기동력계모듈 EMS 8911
- 타이밍벨트 EMS 8942
- 회전속도계 EMS 8920
- 결선리드선 EMS 8941

5. 실험 순서

☞ **주 의 : 이 실험에서는 고전압이 유기된다. 전원장치의 스위치를 켠 상태에서 어떤 결선도 하지 마시오. 개개의 실험이 완료된 후 전원공급 장치의 스위치를 끄시오.**

1. 전원장치, 직류전동기/발전기, 직류전류계, 전압계모듈, 전기동력계모듈을 사용하여 그림 1.40에 주어진 회로를 결선하시오.

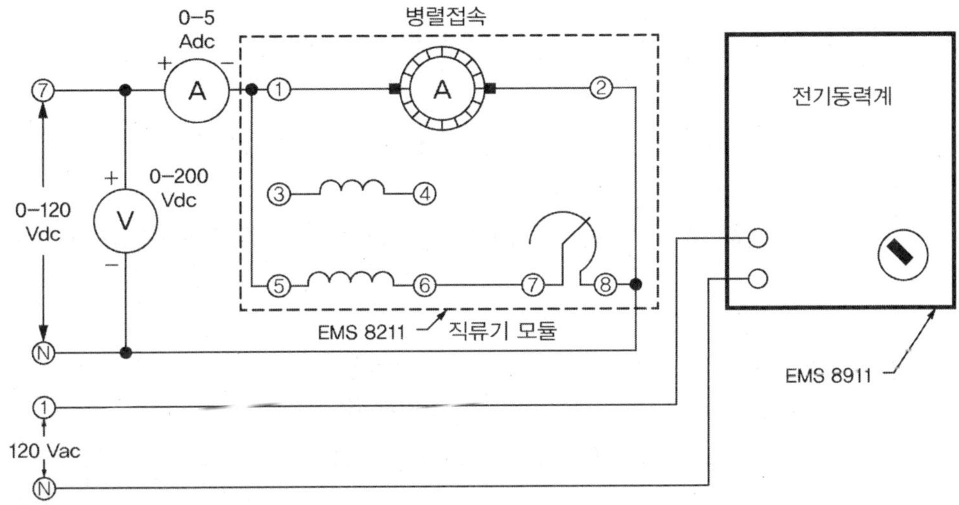

그림 1.40 직류분권전동기 회로도

☞ **주 의 : 이 순간에는 전원을 공급하지 마시오.**

전동기는 분권계자권선을 동작시키기 위해서 연결하였으며, 전원공급 장치의 가변 직류전원 출력(단자 7－N)으로 연결한다. 전기동력계는 전원장치의 고정된 교류전원 120[V] (단자 1－N)로 연결한다. 그림 1.40에 표시한 것처럼 타이밍벨트를 이용하여 전기동력계와 전동기/발전기를 연결한다.

2. 분권계자가감저항기의 조절손잡이를 시계방향으로 최대한 돌려놓으시오. 이것은 분권계자권선에 최대한 여자전류를 공급하기 위함이다. 그리고 브러시가 중립위치에 있는지를 확인하시오.

3. 전기동력계의 조절손잡이를 최대한 반시계방향으로 돌려놓으시오. 이것은 직류전동기에 기동부하를 최소로 하기 위함이다.

4. 전원장치의 스위치를 켜시오. 직류전압계가 120[V]를 지시할 때까지 출력전압을 조절하시오. 회전방향에 주의하면서, 만일 전동기의 회전방향이 반시계방향으로 회전한다면 전원장치의 스위치를 끈 다음 분권계자권선의 결선을 바꾸시오.

5.

(1) 전동기가 무부하 상태에서 여러분들이 가지고 있는 속도측정기로 측정하여 회전속도가 1800[rpm/min]을 지시할 때까지 분권계자 가감저항기의 저항을 조절하시오(전압계상에 정확히 120[V]를 지시하는지 확인한다).

☞ **주 의 : 이후의 실험을 하는 동안 가감계자저항기에 손을 대지 마시오.**

(2) 전동기의 회전속도가 1800[rpm/min]이 되었을 때 전류계상에 선전류가 몇 [A]인지 측정하여 표 1-11에 기록하시오.

☞ **주 의 : 토크가 정확히 0[lbf·in]일 때 전기동력계와 전동기를 연결하지 마시오.**

표 1-11

E [V]	I [A]	S [rpm/min]	τ [lbf·in]
120			0
120			3
120			6
120			9
120			12

6.

(1) 전기동력계의 외부에 표시된 눈금이 3[lbf·in]이 될 때까지 전기동력계의 조절손잡이를 변화시키면서 직류전동기에 부하를 공급하시오.(정확히 직류 120[V]를 유지하기 위해서 필요하다면 전원장치를 다시 조절하시오)

(2) 선전류와 전동기속도를 측정하여 표 1-12에 기록하시오.

(3) 정확히 직류 120[V]를 유지하면서 표 1-12에 주어진 각각의 토크값에 대해서 선전류와 전동기속도를 측정하여 기록하시오.

(4) 전압을 0으로 돌린 후 전원장치의 스위치를 끄시오.

7.

(1) 표 1-12에 나타낸 전동기 속도 결과치를 이용하여 그림 1.41에 그리시오.

(2) 각 점들을 연결하여 속도곡선을 그리시오.

(3) 완성된 그래프는 전형적인 분권전동기의 속도 대 토크특성곡선을 나타낼 것이다. 다음 실험, 즉 직류직권전동기와 복권전동기에 대한 그래프 또한 비슷하게 나타날 것이다. 각각의 다른 형태의 전동기에 대한 속도 대 토크특성곡선을 비교 검토하시오.

8. 아래에 주어진 식을 이용하여 속도 대 토크변동률을 계산하시오(전부하=9[lbf·in]).

$$\%\text{속도변동률}:\ \varepsilon = \frac{(\text{무부하 속도}) - (\text{전부하 속도})}{\text{전부하 속도}} \times 100\ [\%]$$

속도변동률: ε = ________________ [%]

표 1-12

E[V]	I[A]	S[rpm/min]	τ[lbf·in]
120			0
120			3
120			6
120			9
120			12

9. 전기동력계의 조절손잡이를 최대한 시계방향으로 돌려놓으시오(이것은 분권전동기에 기동부하를 최대한 공급하기 위함이다).

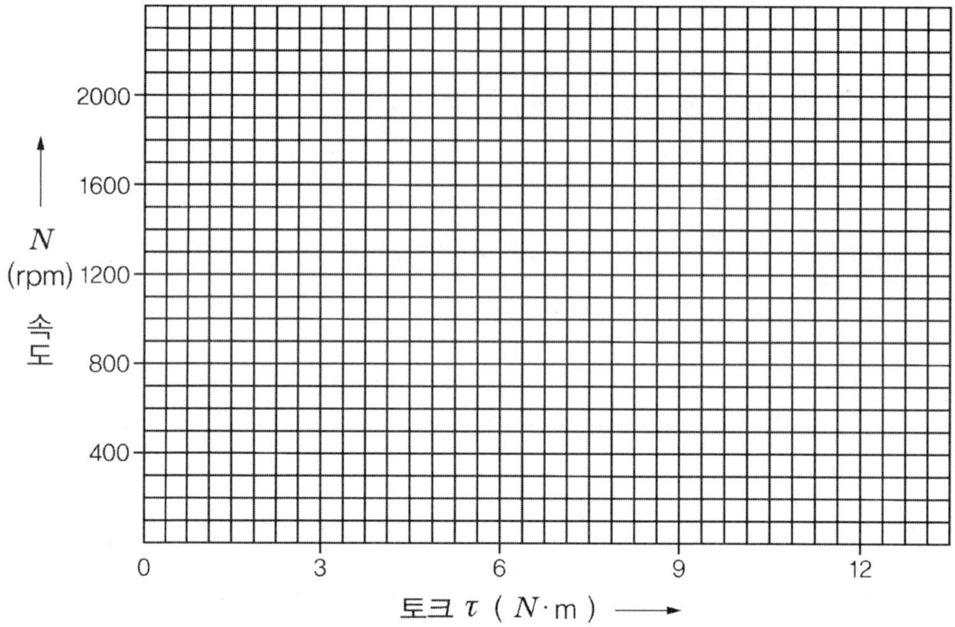

그림 1.41 분권전동기의 속도 대 토크특성 곡선

10.

(1) 전원장치의 스위치를 켠 다음 전동기에 선간전류(선전류)가 3[A]가 될 때까지 직류전압을 서서히 증가시킨다. 따라서 전동기는 서서히 회전하기 시작할 것이다.

(2) 이때 직류전압과 전동기의 발생토크를 측정하여 아래에 기록하시오.

E = ______________ [V]　　　　$\tau =$ ______________ [lbf·in]

(3) 전압을 0으로 만든 다음 전원장치의 스위치를 끄시오.

11.

(1) 실험 10에서 선전류는 분권전동기의 등가직류저항에 의해 제한된다.

(2) 만일 분권전동기에 정격전압(120[V])이 공급되었다면 이때 기동전류를 계산하시오.

기동전류 : $I_S =$ ______________ [A]

학 습 평 가

1. 아래에 주어진 식을 이용하여 토크가 9[lbf·in]일 때 분권전동기의 마력 [Hp]을 계산하시오.

$$\text{Hp} = \frac{(\text{rpm/min}) \times (\text{lbf.}) \times (1.59)}{100{,}000}$$

____

____

____

____________마력 P = ____________[Hp]

2. 1[Hp]이 746[W]일 때 평가 1에서 전동기의 등가출력은 몇 [W]인가?

____

____

____

____________출력와트 P_{OUT} = ____________[W]

3. 평가 1에서 전동기의 입력은 몇 [W]인가?

____

____

____

____________입력와트 P_{IN} = ____________[W]

4. 평가 2, 3번에서 구한 입력 및 출력을 이용하여 평가 1에서 전동기의 효율 [η]을 계산하시오.

____

____

____

____________전동기 효율 η = ____________[%]

5. 평가 1에서 전동기의 손실은 몇 [W]인가?

____

____

______________전동기 손실 P_{Loss} = ______________[W]

6. 위에 나타낸 손실들이 어느 부위에서 발생하는지 아래에 설명하시오.

____

____

____

7. 만일 냉각팬이 전동기축에 부착되어 있다면 손실은 어떻게 되는지 아래에 설명하시오.

____

____

____

8. 손실이 전동기에 있어서 바람직하지 않는 이유를 두 가지 들어 아래에 설명하시오.

____

____

____

9. 기동전류는 일반적으로 전 부하전류보다 얼마나 큰가? 아래에 설명하시오.

____

____

____

1.9 직류복권전동기의 특성

1. 실험의 목적

(1) 복권전동기의 속도특성을 학습한다.
(2) 복권전동기의 토크특성을 학습한다.
(3) 복권전동기의 효율을 산정한다.

2. 이론적 고찰

직류직권전동기가 높은 토크를 발생할 수 있는 것은 경부하 시 전동기가 과속도될 수 있는 경향을 다소나마 경감시켜준다. 또 이러한 단점은 직권계자권선에 분권계자권선을 추가함으로써 해결할 수 있다. 이와 같은 전동기를 일명 가동복권전동기라 한다. 다시 말하면 직류전동기가 **플라이휠(flywheel)**을 부착하여 사용하는 특수한 용도에서는 분권전동기의 정속도 특성이 잘 나타나지 않는데, 그 이유는 전동기속도가 감속하면서 그 운동에너지가 플라이휠에 잘 전달되지 못하기 때문이다.

따라서 이와 같은 응용분야인 **펀치프레스 작업**은 전동기의 감속특성을 요하는 분야 중의 하나이다. 다시 말해서 전동기의 속도는 부하가 증가함에 따라 감소되어야 한다. **축적용 직류복권전동기**는 이와 같은 종류의 작업분야에 적합하다. 직권계자권선은 분권계자권선과 반대방향으로 작용하도록 자계를 형성할 수 있게 직권 계자권선을 연결할 수 있다. 이와 같은 작용을 하는 전동기를 **차동복권전동기**라 한다. 차동복권전동기의 직권계자는 원리상 안정되지 못하기 때문에 그 응용분야도 매우 제한적으로 사용되고 있다. 따라서 차동복권전동기에 부하가 증가하면 전기자전류가 증가하게 되고 이로 인해서 직권계자의 자속을 증가시키는 역할을 한다. 직권계자는 분권계자와 반대로 작용하기 때문에 결과적으로 전체의 자속은 감소하게 되고, 이로 인해 전동기속도는 증가하게 된다. 일반적으로 전동기의 속도증가는 부하를 증가시키는 작용을 하는데, 이것이 전동기의 파손을 초래하기도 한다. 일반적으로 차동복권전동기는 대개 가는 직권계자권선으로 만드는데, 이는 부하 시 분권전동기에서 정상치보다 낮은 계자자속을 형성하도록 보상하여 전동기가 일정속도 운전을 할 수 있게 한다. 일반적으로 차동복권전동기는 특수한 경우를 제외하고는 거의 사용하지 않고 있다.

3. 복권전동기의 특성

3-1. 복권전동기의 속도-토크특성

복권전동기의 등가회로를 그림 1.42(a)에 나타낸 바와 같이 직권계자권선과 분권계자권선을 갖고 있으며, 두 계자권선의 자속이 어떻게 작용하는가에 따라 직권에 가까운 특성을 갖기도 하고, 분권에 가까운 특성을 갖기도 한다. 가동복권전동기는 분권계자가 있으므로 부하가 없어도 계자권선에 의한 자속이 존재하므로 직권전동기와 같이 위험한 무구속속도로 될 염려가 없으며, 또한 직권계자가 있으므로 기동토크도 상당히 크다. 가동복권전동기는 특성이 직권에 가까우면서도 직권전동기와 같이 무구속속도에 도달할 염려가 없어 권상기, 공작기계 등에 주로 사용되고 있다.

차동복권전동기는 직권계자기자력이 분권계자기자력을 상쇄하는 방향으로 작용하므로 부하전류가 증가함에 따라 자속이 감소되어 전동기속도를 상승시키게 된다. 차동복권전동기는 기동토크가 작고, 운전상 안정성이 없어 현재 거의 사용하지 않는다.

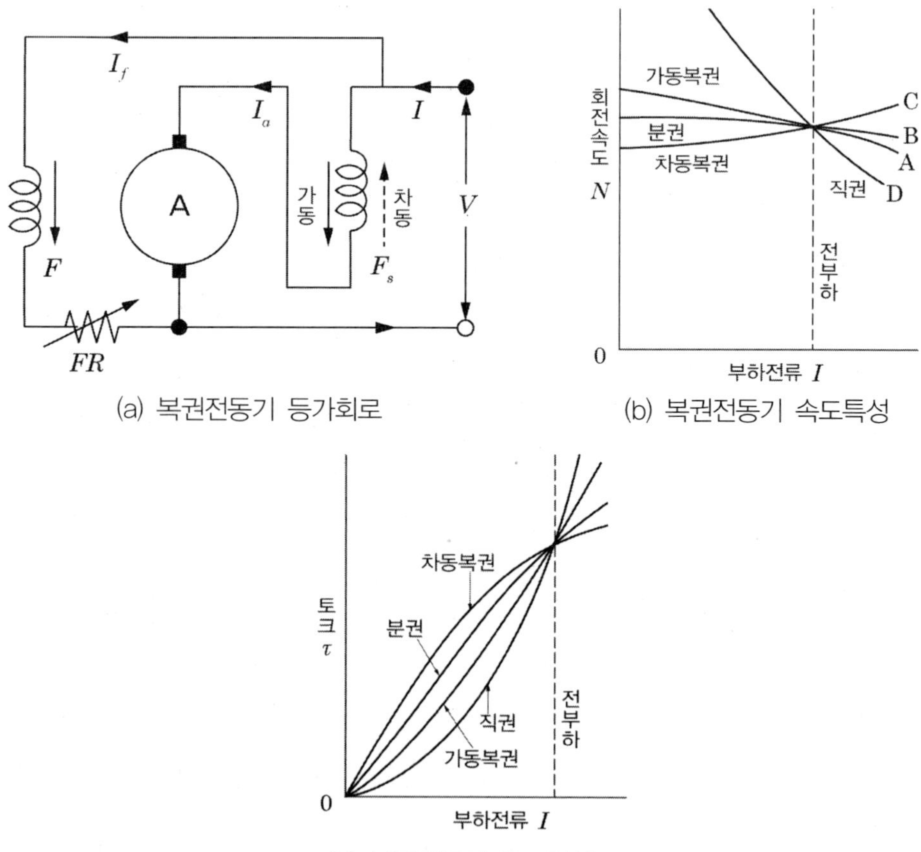

(a) 복권전동기 등가회로

(b) 복권전동기 속도특성

(c) 복권전동기 토크특성

그림 1.42 복권전동기의 속도-토크특성

4. 사용 기자재 및 부품

- 전원공급 장치 (120 [V_{ac}], 0 ~ 120 [V_{dc}]) EMS 8821
- 직류전압계 모듈 (200 [V_{dc}], 5 [A_{dc}]) EMS 8412
- 직류전동기/발전기모듈 EMS 8211
- 전기동력계 모듈 EMS 8911
- 타이밍벨트 EMS 8942
- 회전속도계 EMS 8920
- 결선리드선 EMS 8941

5. 실험 순서

☞ **주 의 : 이 실험에서는 고전압이 유기된다. 전원장치의 스위치를 켠 상태에서 어떤 결선도 하지 마시오. 개개의 실험이 완료된 후 전원장치의 스위치를 켜시오.**

1. 전원장치, 직류전동기/발전기, 직류전류계, 전압계모듈, 전기동력계모듈을 사용하여 그림 1.43에 주어진 회로를 결선하시오. 타이밍벨트를 이용하여 전기동력계와 직류전동기/발전기모듈을 결합하시오. 그림 1.43에서 전동기는 직권동작(분권계자권선과 가감저항기는 사용하지 않았음)을 하도록 결선되어 있으며, 전원장치의 가변직류 출력 단자 7－N으로 연결되어 있다. 전기동력계는 전원장치의 고정된 교류 120 [V] 단자 1－N으로 연결되어 있다.

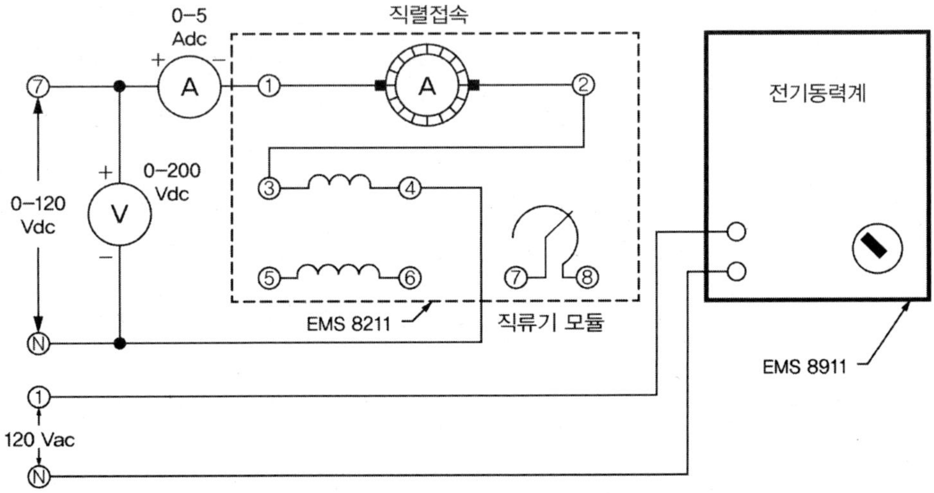

그림 1.43 직류복권전동기 결선도

☞ **주 의 : 이 순간에는 전원을 공급하지 마시오.**

2. 전기동력계의 조절손잡이를 시계방향으로 최대한 돌려놓으시오(이것은 전동기의 기동부하를 최소로 하기 위함이다).

3.

(1) 전원장치의 스위치를 켜시오. 그리고 전동기가 운전할 때까지 직류전압을 서서히 증가하시오. 회전방향에 주의하시오. 만일 전동기가 시계방향으로 회전하지 않는다면 전원장치의 스위치를 끄고 직권계자권선의 결선을 바꾸시오.

(2) 전압을 0으로 만든 후 전원장치의 스위치를 끄시오.

4. 가감저항기와 직렬로 연결된 분권계자권선을 그림 1.44에 나타낸 바와 같이 단자 1-4로 결선하시오.

5. 전원장치의 스위치를 켜시오. 직류전압계가 120[V]를 지시할 때까지 전압을 조절하시오. 만일 전동기가 지나치게 과속도로 운전한다면 이는 차동복권전동기로 작용한 일례이다. 이 경우 전압을 0으로 만든 후 전원장치의 스위치를 끄시오. 가동복권전동기로 작용하기 위해서는 분권계자권선의 결선을 단자 1-4로 바꾸시오.

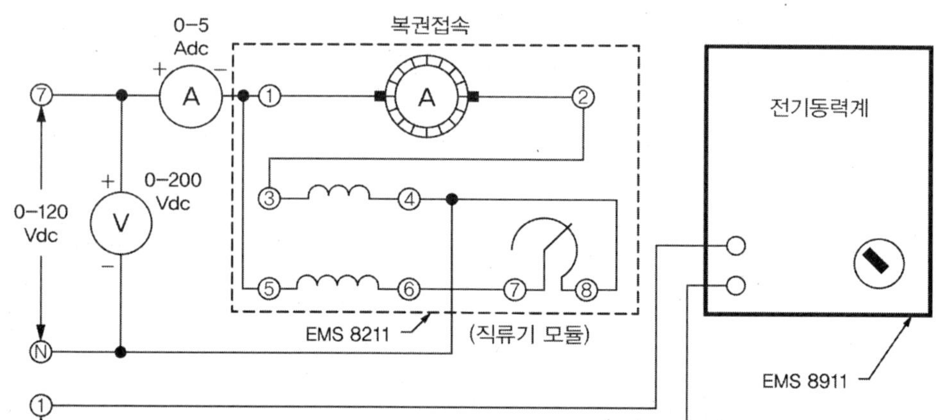

그림 1.44 복권전동기의 결선도

6. 무부하 상태에서 전동기의 속도가 1800[rpm/min]을 지시할 때까지 입력 전압을 조절하시오.

☞ **주 의 : 이후의 실험을 하는 동안 계자가감 저항기에 손을 대지 마시오.**

7.

(1) 전기동력계의 고정자에 표시된 눈금이 3 [lbf·in] 을 지시할 때까지 전기동력계의 조절손잡이를 가변하면서 전동기에 부하를 공급하시오(정확히 직류 120 [V]를 유지하기 위해 필요 시 전원장치를 다시 조절하시오).

(2) 선전류와 전동기속도를 측정하여 표 1-13에 기록하시오.

(3) 입력전압을 직류 120 [V]를 유지하면서 표 1-13에 주어진 각각의 값에 대해 선전류와 전동기 회전속도를 측정하여 기록하시오.

(4) 전압을 0으로 만든 후 전원장치의 스위치를 끄시오.

☞ **주 의 : 토크가 정확히** 0 [lbf·in] **일 때 전기동력계와 전동기를 연결하지 마시오.**

8.

(1) 표 1-13에 나타낸 결과를 이용하여 전동기 회전속도를 그림 1.45에 그리시오.

(2) 각각의 점들을 연결하여 곡선을 그리시오.

(3) 완성된 그래프는 전형적인 직류복권전동기의 속도 대 토크특성을 나타낼 것이다.

표 1-13

E [V]	I [A]	S [rpm/min]	τ [lbf·in]
120			0
120			3
120			6
120			9
120			12

9. 아래에 주어진 식을 이용하여 속도 대 토크변동률을 계산하시오(전부하=9 [lbf·in]).

$$\%\text{속도변동률} \quad \varepsilon = \frac{(\text{무부하속도}) - (\text{전부하속도})}{\text{전부하속도}} \times 100\ [\%]$$

속도변동률 ε = ____________________ [%]

10. 전기동력계의 조절손잡이를 최대한 시계방향으로 돌려놓으시오(이것은 복권전동기에 기동부하를 최대한 공급하기 위함이다).

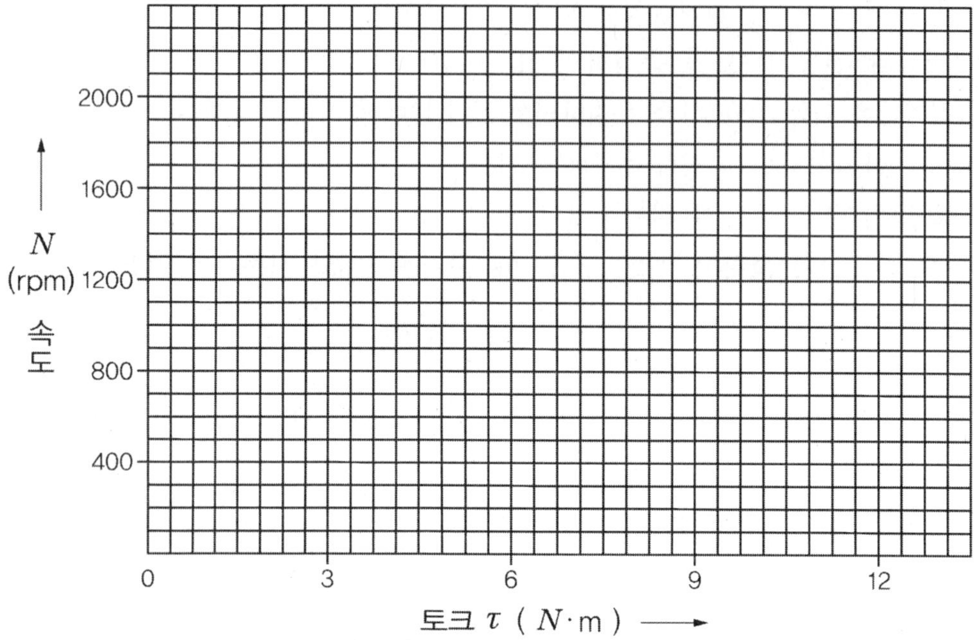

그림 1.45 복권전동기의 속도 대 토크특성 곡선

1.

(1) 전원장치의 스위치를 켠 다음 전동기에 선전류가 3 [A] 가 될 때까지 직류전압을 서서히 증가시키시오. 이때 전동기는 서서히 회전하기 시작할 것이다.

(2) 이때 직류전압과 전동기의 발생토크를 측정하여 아래에 기록하시오.

E = ___________[V]　　τ = ____________[lbf·in]

(3) 전압을 0으로 만든 후 전원장치의 스위치를 끄시오.

12.

(1) 실험 11에서 선전류는 복권전동기의 등가직류 저항에 의해 제한될 것이다.

(2) 만일 복권전동기에 정격전압(120 [V])이 공급되었다면 이때 기동전류를 계산하시오.

기동전류 : I_S = ________________[A]

학 습 평 가

1. 아래에 주어진 식을 이용하여 토크가 9[lbf·in]일 때 복권전동기의 마력 [Hp]을 계산하시오. $\text{Hp} = \frac{(\text{rpm/min}) \times (lbf) \times (1.59)}{100{,}000}$

____

____

____

__________마력 P = __________[Hp]

2. 1[Hp]이 746[W]일 때 평가 1에서 전동기의 등가출력은 몇 [W]인가?

____

____

____

__________출력와트 P_{OUT} = __________[W]

3. 평가 1에서 전동기의 입력은 몇 [W]인가?

____

____

____

__________입력와트 P_{IN} = __________[W]

4. 평가 2, 3번에서 구한 입력 및 출력을 이용하여 평가 1에서 전동기의 효율 [η]을 계산하시오.

____

____

____

__________전동기 효율 η = __________[%]

5. 평가 1에서 전동기의 손실은 몇 [W]인가?

______________ 전동기 손실 P_{Loss} = ________________ [W]

6. 위에 나타낸 손실들이 어느 부위에서 발생하는지 아래에 설명하시오.

7. 복권전동기는 직권전동기보다 운전특성이 안정되어 있으며, 가동특성 또한 직권전동기에 비해서 양호하다. 그 이유를 아래에 설명하시오.

8. 아래에 주어진 관점에서 볼 때 복권, 분권, 직권전동기에 대해서 각각을 비교 설명하시오.

(1) 기동토크 (τ_s)

(2) 기동전류 (I_s)

(3) 효 율 (η)

(4) 속도변동률 (ε)

CHAPTER

2

동기기

2.1 동기전동기의 특성 I

1. 실험의 목적

(1) 3상 동기전동기의 구조를 관찰한다.

(2) 3상 동기전동기의 기동특성을 학습한다.

2. 이론적 고찰

동기속도(synchronous speed) (N_S)로부터 유래된 전동기가 **동기전동기**(synchronous motor)이며, 여기서 동기속도란 **고정자**(stator)의 **회전자계**(rotating magnetic field)의 속도를 의미한다. 즉 동기속도란 극수[P]와 전원주파수[f]에 의해 결정되는 속도이며, 이를 표시하면 아래 식과 같이 주어진다.

$$N_S = \frac{120 \cdot f}{P} \text{ [rpm/min]} \fallingdotseq \frac{2 \cdot f}{P} \text{ [rps/sec]}$$

유도전동기와 마찬가지로 동기전동기도 회전자계를 이용한다. 반면에 유도전동기와는 달리 동기전동기의 발생토크는 **회전자**(rotor) 내의 **유기전류**(induction current)에 좌우되지 않는다는 것이다. 동기전동기의 동작원리를 다음과 같이 간단히 설명할 수 있다.

다상 교류전원을 동기전동기의 전기자권선에 인가하면 회전자계가 발생하고, 직류전원을 회전자권선에 인가하면 고정된 자계가 발생한다. 동기전동기는 이와 같이 두 자계가 서로 상호간에 작용하여 회전자가 회전자계와 동일한 속도, 즉 동기속도로 회전할 수 있게 구성되어 있다. 만일 부하가 회전자 축에 인가된다면 회전자의 속도가 순간적으로 동기속도보다 떨어지다가 다시 동기속도로 계속 회전할 것이다. 회전자 속도의 감소는 회전자와 회전자계를 고무밴드로 결합하는 것과 유사하다. 따라서 과부하는 고무밴드를 팽창시키는 원인이 되어 회전자 위치가 고정자계를 벗어나지만, 회전자는 계속 동일한 속도로 회전할 것이다. 만일 전동기에 매우 큰 부하가 인가되었다면 회전자는 회전자계와 동기화를 벗어나서 더 이상 동기속도로 회전하지 않을 것이다. 이와 같은 상태를 전동기가 과부하 상태에 있다고 말한다.

동기전동기는 **자기기동**(self starting) 전동기는 아니다. 따라서 일반적으로 동기전동기의 회전자는 중량이 크기 때문에 완전 정지 상태에서 회전자계가 회전자를 **자계구속(magnetic lock)**하여 회전하는 것은 불가능하다. 이런 이유 때문에 모든 동기전동기를 구동할 때는 몇몇 종류의 기동기가 필요하다. 단순한 기동기로는 다른 전동기로 동기속도 90[%] 가까이 회전자를 회전시켜서 전동기를 기동하는 것이다. 동기전동기의 회전자가 회전자계와 동일한 속도로 회전을 시작하면 기동전동기를 단락시킨다. 이는 전동기의 회전자를 농형유도권선으로 동작하게 하는 것으로, 일반적으로 사용되고 있는 기동법이다. 이 유도권선은 회전자를 유도전동기와 거의 비슷하게 동기속도로 회전하게 한다. 전동기가 동기속도에 도달한 후 농형유도전동기로 동작하게 하는 이유는 갑작스런 부하변화에 의해 발생되는 **회전자발진(rotor oscillation)**을 감소할 수 있기 때문이다. 동기전동기/발전기는 농형회전자 형태를 포함하고 있다.

3. 동기전동기의 구조와 특성

3-1. 동기전동기의 구조

동기기기는 전기자(stator)를 회전시키는가, 계자(field magnate)를 회전시키는가에 따라 회전진기자형과 회선계자형으로 구분한다. 일반적으로 동기기기는 용량이 크고, 중량이 크며, 전기자권선의 고전압유기와 3상결선의 복잡성 등의 문제로 인해 회전계자형을 주로 사용하고 있다. 그러나 소용량의 동기기는 회전전기자형을 사용하기도 한다. 이 장에서는 회전계자형을 중심으로 동기기기의 구조를 살펴보기로 한다.

회전자(rotor)는 계자철심(field core), 계자권선(field winding), 회전자계철(rotor yoke), 축(shaft)로 구성되며, 고정자(stator)는 전기자철신(armature core), 전기자권선(armature winding), 고정자틀(stator frame)로 구성되고, 그 밖의 구성 요소들로 여자기(excitor), 베어링(bearing), 통풍장치, 급유장치, 슬립링(Slip ring), 브러시(brush), 제동권선(damper winding) 등으로 구성된다.

3-2. 3상동기기의 특성

1) 3상동기기의 회전자계 발생 원리

3상동기기의 전기자권선 Ⅰ, Ⅱ, Ⅲ 에 그림 2.1(a)와 같이 평형 3상교류가 인가되면 그림 2.2(b)의 A 순간에는 Ⅰ 상의 최대전류 (I_m)가 흐르며, Ⅱ, Ⅲ 상에는 $-I_m/2$ 의 동일전류가 흐른다. 합성기자력은 그림 2.1(c)의 A와 같이 된다.

A의 위치에서 60^0 만큼 이동한 B의 순간에는 Ⅲ 상권에 $-I_m$ 이 흐르고 Ⅰ, Ⅱ 상권에 $I_m/2$의 전류가 흐른다. 이때 합성기자력은 그림 2.1(c)의 B와 같다. 그림 2.1(b)의

C, D순간의 합성기자력은 그림 2.1(c)의 C, D와 동일하게 된다. 따라서 A, B, C, D는 1/2 회전한 것과 동일하다.

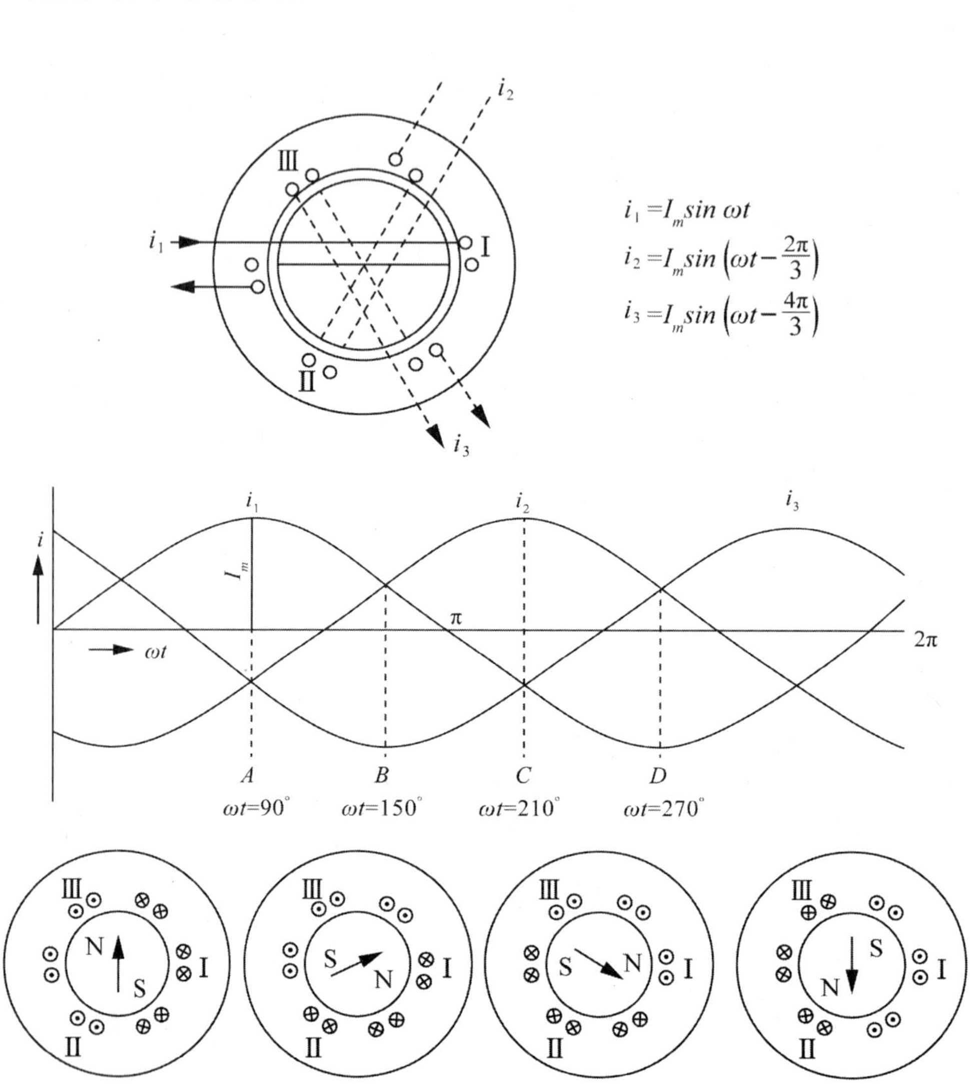

그림 2.1 3상동기기의 3상회전자계 원리

2) 3상동기기의 기동특성

동기전동기는 원리상 동기속도로 회전할 때만 토크를 발생하므로 기동순간 발생토크는 0이므로, 동기전동기의 기동법으로 자기기동법과 기동전동기법으로 구분한다.

① 자기기동법(Self starting method)

자기기동법은 제동권선에 의해 기동토크를 이용하는 방법이다. 전기자권선에 3상전압을 인가하면 회전자계가 발생하고, 제동권선은 유도전동기의 2차권선에 의해 기동토크를 발생한다. 이 경우 정격의 전(全)전압을 인가하면 큰 기동전류가 흐르지만 기동토크는 매우 적다. 따라서 기동토크를 적당한 값으로 유지하면서 전류를 억제하기 위해 기동변압기, 기동보상기, 직렬리액터 또는 변압기의 탭에 의해 정격전압의 30 ~ 50 [%] 정도의 저압을 인가하여 기동하는 방법들이 이용된다. 또 기동 시에는 회전자속에 따라서 계자권선 내부에 고압을 유기하여 절연을 파괴할 염려가 있기 때문에 계자권선을 여러 개로 분할하여 개방해두거나 저항을 통해 단락시킬 필요가 있다. 이와 같은 방법으로 전동기를 기동시키고 전동기가 동기속도 가까이 도달하면 계자권선을 여자시키고, 인입토크에 따라서 동기속도에 진입하게 된다. 동기속도 가까이 되면 공급전압을 정격전압으로 유지시킨다.

② 기동전동기법(Starting motor method)

기동전동법은 동기전동기의 축에 직결한 전동기를 이용하여 기동하는 것으로, 기동용 전동기는 직류전동기, 유도전동기, 유도동기전동기 등이 이용되고 있으며, 기동용전동기의 극수는 동기전동기의 극수보다 2극 적은 유도전동기를 주로 이용한다.

4. 사용 기자재 및 부품

- 전원공급 장치 (0 ~ 120/208 [V_{ac}] 3ϕ, 0 ~ 120 [V_{dc}]) EMS 8821
- 교류전류계 모듈 (2.5/8/25 [A_{ac}]) EMS 8425
- 교류전압계 모듈 (120/250 [V_{ac}]) EMS 8426
- 동기전동기/발전기 모듈 EMS 8241
- 전기동력계 모듈 EMS 8911
- 타이밍벨트 EMS 8942
- 회전속도계 EMS 8920
- 동기화스위치 모듈 EMS 8621
- 결선리드선 EMS 8941

5. 실험 순서

☞ **주 의 : 이 실험에서는 고전압이 유기된다. 전원장치의 스위치를 켠 상태에서 어떤 결선도 하지 마시오. 개개의 실험이 완료된 후 전원공급 장치의 스위치를 끄시오.**

1. 전동기, 슬립링(slip ring), 가감저항기, 연결단자, 결선 등에 특별히 주의를 하면서 동기전동기/발전기 모듈의 구조를 관찰한다. 이 전동기는 내부 구조를 관찰할 수 있도록 특수하게 설계되어 있다.

2. 전동기 뒷면에서부터 전동기를 관찰해보면;

(1) 두 개의 슬립링과 브러시를 찾아보시오.

(2) 브러시는 이동할 수 있는가?

예______________, 아니오______________

(3) 두 회전자권선은 회전자 축 내의 슬롯을 통해 두 슬립링은 외부와 연결되어 있다.

(4) 회전자에 직류제동권선(DC damper winding)을 찾아보시오(이것은 단지 두 권선이 있으며, 이 권선은 기자력(magnetomotive force)이 상쇄되는 방향으로 연결되어 있으며, 따라서 4극을 만든다).

(5) 제동권선 아래 있는 4개의 돌극(salient poles)을 찾아보시오.

(6) 고정자권선을 찾아보시오. 이 고정자권선이 3상 농형유도전동기와 권선형유도전동기의 고정자권선과 동일한 것에 주의하시오.

3. 전동기모듈의 앞면을 관찰해보면 :

(1) 3개의 분리된 고정자권선은 단자 __________과 __________, 단자 __________과 ____________, 단자 __________과 __________로 연결되어 있다.

(2) 고정자권선의 정격전압은 몇 [V]인가? E_A = ______________[V]

(3) 고정자권선에 흐르는 전류는 몇 [A]인가? I_A = ____________[A]

(4) 회전자권선은 가감저항기 150 [Ω]을 거쳐 단자 __________과 _________로 연결되었는가?

(5) 회전자권선의 정격전압은 몇 [V]인가? E_F = _______________[V]

(6) 이 전동기의 정격속도 및 정격마력은 얼마인가?

정격속도: N = _____________[rpm/min], 정격마력: P = ____________[Hp]

5-1. 기동특성(starting characteristic)

4. 동기전동기/발전기, 전원장치, 교류전류계모듈을 이용하여 그림 2.2에 주어진 회로를 구성하시오. 3상고정자권선은 Y결선을 하여 전원장치의 3상교류전압 208[V]를 발생하는 단자 1－2－3으로 연결하시오.

5.

(1) 전원장치의 스위치를 켜시오. 전동기가 원활하게 기동하여 보통 유도전동기처럼 운전하는지 주목하시오.

(2) 회전자의 회전방향은 어떤지 확인하시오. 그리고 전기자전류 (I_1)은 몇 [A]인가? 측정 기록하시오.

회전방향: ______________, 1차(전기자)전류: I_1 = ___________ [A]

(3) 전원장치의 스위치를 끈 다음 전원단자 3상 중 두상을 서로 바꾸시오.

(4) 전원장치의 스위치를 켜시오. 이때 전동기의 회전 방향과 1차(전기자전류)를 측정하여 기록하시오.

회전방향: ______________, 1차(전기자)전류: I_1 = ___________ [A]

(5) 전원장치의 스위치를 끄시오.

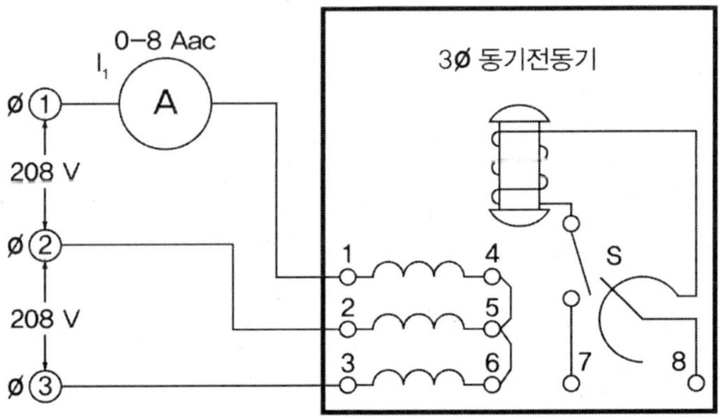

그림 2.2 동기전동기의 기본 결선도

6. 전기동력계와 동기화스위치 모듈을 이용하여 그림 2.3에 주어진 회로를 구성하시오. 타이밍벨트를 이용하여 전기동력계와 전동기를 결합하시오.

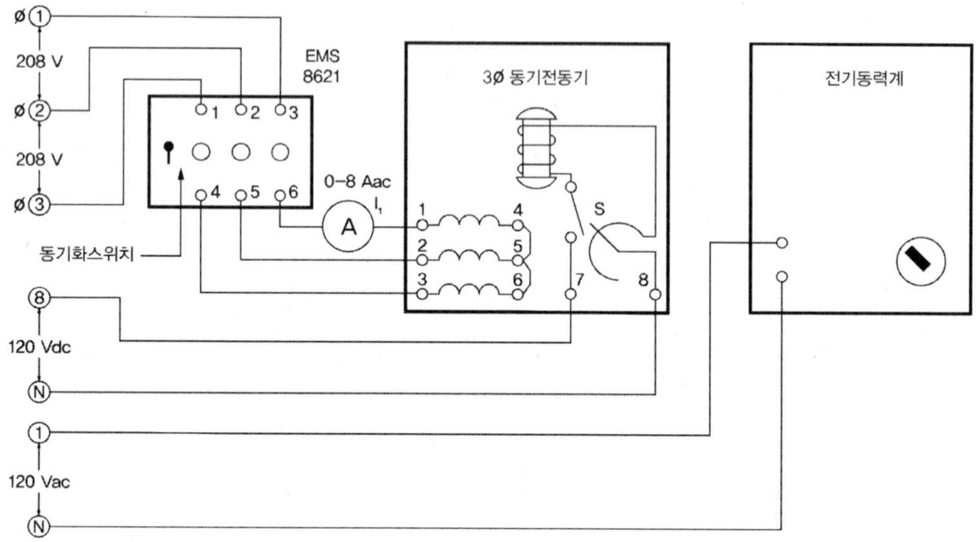

그림 2.3 동기화를 위한 동기전동기의 결선도

7.

(1) 동기화스위치 모듈은 고정자권선에 인가된 3상전력의 온–오프(on–off) 스위치로 사용한다. 스위치를 오프위치에 설정하시오.

(2) 전기동력계는 전원장치의 고정 교류출력 전압 120[V] 단자 1−N으로 연결하시오. 전기동력계의 조절손잡이를 조절하여 여자기가 대략 40[%] 정도에 설정하시오.

(3) 동기전동기의 회전자는 전원장치의 직류출력 전압 120[V] 단자 8−N으로 연결하시오. 가감계자저항기의 저항값을 0으로 조절하시오(조절손잡이를 시계방향으로 최대한 돌리시오).

(4) 만일 동기전동기에 스위치가 있다면 이 순간에 닫으시오.

8.

(1) 전원장치의 스위치를 켜시오. 동기화스위치를 닫고 3상전력을 공급한 후 어떤 현상이 발생하는지 관찰하시오. **이때 10초 이상 전원을 켠 상태로 두지 마시오.**

(2) 어떤 현상이 발생했는지 아래에 설명하시오.

---

(3) 이때 전류계가 지시하는 값은 몇 [A]인가? 아래에 기록하시오.

(4) 동기전동기에 부하가 인가되었으면 계자권선에 직류여자가 공급되었는가?

9.

(1) 동기전동기의 회전자를 전원장치의 가변출력 단자 7－N으로 연결하여 직류전압 0 ~ 120[V]를 공급하시오. 이때 다른 어떤 결선이나, 변화, 제어설정도 하지 마시오.
(2) 가변 출력전압을 0으로 한 후 전원장치의 스위치를 켜시오. 동기화스위치를 닫고 3상 전력을 공급한 후 어떤 변화가 발생하는지 관찰하시오.
(3) 어떤 현상이 발생하는지 아래에 설명하시오.

(4) 동기전동기가 유도전동기처럼 동작하는가? 그렇다면, 아래에 설명하시오.

(5) 전원장치의 계기에 직류전압 120[V]를 지시할 때까지 주의해서 조절하시오.
(6) 어떤 현상이 발생하는지 아래에 설명하시오.

(7) 이 전동기가 동기전동기처럼 동작하는가? 만일 그렇다면 아래에 설명하시오.

(8) 전압을 0으로 만든 후 전원장치의 스위치를 끄시오.

10.

(1) 그림 2.4에 주어진 회로를 구성하시오. 동기전동기가 정상기동 형태로 구성되었는지 관찰하시오(3상 농형유도전동기처럼 되었는가?).
(2) 전기동력계의 제어손잡이를 최대한 시계방향으로 돌리시오(이것은 전동기가 기동 시 최대

부하를 공급하기 위함이다).

(3) 만일 동기전동기에 스위치가 있다면 이 순간에 닫으시오.

11.

(1) 전원장치의 스위치를 켠 다음 최대한 빨리 전기자전압 (E_1), 계자전압 (E_2), 전동기의 기동토크 (τ_s)를 측정하여 아래에 기록하시오. 전원장치의 스위치를 끄시오.

전기자전압: E_1 = ____________ [V], 계자전압: E_2 = ____________ [V]

전기자전류: I_1 = ____________ [A], 기동토크: τ_s = ____________ [lbf·in]

(2) 전동기가 기동토크를 발생 시 필요한 피상전력을 계산하시오.

피상전력: P_a = ________________ [VA]

(3) 전동기가 1800 [rpm/min]으로 운전 시 1/4 마력에 해당되는 전부하 토크를 계산하시오.

전부하토크: τ_{pul} = ______________ [lbf·in]

(4) 전부하토크 대 기동토크의 비를 계산하시오. 비 율: = ____________

(5) 큰 교류전압 E_2가 회전자권선에 유기되는 이유를 아래에 설명하시오.

____

____

____

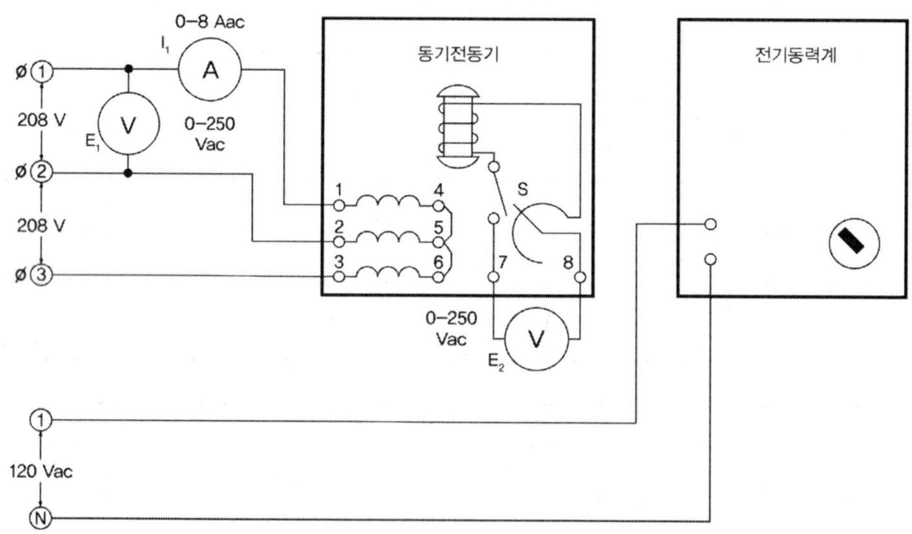

그림 2.4 동기전동기와 전기동력계의 결선도

12. 회로의 결선을 그대로 둔 채 전원장치의 스위치를 켜고, 전기동력계의 조절손잡이를 반시계방향으로 서서히 돌리면서, 부하를 감소시키시오. 전동기는 전 속도로 상승할 것이고 농형유도전동기처럼 운전할 것이다. 이때 유기전압 (E_2)에 미치는 영향을 관찰하시오.

(1) 전동기속도가 증가함에 따라 유기전압 (E_2)이 왜 감소하는지 그 이유를 아래에 설명하시오.

학 습 평 가

1. 동기전동기가 기동하는 동안 주의해야 할 사항은 무엇인가? 아래에 설명하시오.

2. 만일 농형권선을 동기전동기로부터 제거한다면 동기전동기 스스로 기동할 수 있는가?

3. 동기전동기의 회전자권선이 전동기가 기동하는 순간에 왜 외부저항으로 연결되는지 그 이유를 설명하시오.

(1)

(2)

4. 동기전동기의 기동특성을 3상 농형유도전동기와 비교해서 설명하시오.

동기전동기 :

농형유도전동기 :

2.2 동기전동기의 특성 II

1. 실험의 목적

(1) 3상 동기전동기가 어떻게 가변 인덕턴스 또는 가변 커패시턴스로 작용하는지 관찰한다.

(2) 3상 동기전동기에 대한 교류전류 대 직류전류의 특성곡선을 구해본다.

2. 이론적 고찰

교류전동기(alternating motor)가 자계를 형성하기 위해서는 **양**(+)의 **무효전력**(reactive power)이 필요하다는 것을 이미 여러분들은 알고 있을 것이다. 이러한 무효전력은 낮은 **역률**(power factor)을 발생시키는 단점이 있다.

낮은 역률이 바람직하지 못한 이유가 몇 가지 있다. 발전기, 변압기에 공급되는 회로는 **전류전송능력**(current capacity)에 의해 정격 내로 제한하고 있다. 즉, 전달되는 부하 [KW]는 공급하는 부하역률에 직접적으로 비례한다. 예를 들면 역률이 0.7이면 그 시스템에 부하 [KW]를 단지 70[%]밖에 전달하지 못한다는 것이다. 동기전동기가 무부하로 회전자에 직류여자가 없이 동작할 경우는 상당한 양의 무효전력이 필요하다. 이 경우 선전력이 3상 유도성부하로 작용하는가? 회전자가 여자되면 동기전동기 내에 약간의 자계가 형성되고 전기자로 전력을 공급하여 **선전력**(power line)의 감소로 인해 무효전력이 감소하게 된다. 만일 회전자의 전(全)자계가 형성될 때까지 여자된다면 선전력은 오로지 실효전력만을 고정자에 공급하게 되며, 역률은 항상 일정하게 될 것이다. 이 경우 선전력에 관한 동기전동기는 3상 저항부하와 같은 역할을 할 것이다. 만일 회전자가 계속 여자되어 전동기가 필요로 하는 그 이상의 자계를 발생한다면 선전력은 전체 자속을 일정하게 유지하기 위해 부(-)의 무효전력을 고정자에 공급할 것이다. 그러나 **부**(-)의 무효전력은 콘덴서와 같은 작용을 하게 되어 이 순간 선전력은 3상 콘덴서부하와 같은 역할을 하게 된다. 무부하 상태에서 동기전동기는 회전자에 흐르는 직류전류의 량에 의해 결정되는 **가변리액턴스**와 같이 **가변인덕턴스 / 가변커패시턴스**(X_L 혹은 X_C)와 같은 작용을 한다. 동기전동기가 유도전동기에 사용하는 전력 시스템과 동일한 경우 전(全) 시스템의 역률은 개선될 것이다.

3. 3상 동기기의 부하특성

3상 동기발전기의 단자전압(V)은 공극의 자속(ϕ)에 비례하는데 무부하일 때의 자속은 계자기자력에 의해서만 결정되지만, 부하가 인가되면 전기자의 기자력과 계자의 기자력에 의해 결정된다. 따라서 3상 동기발전기의 단자전압은 전기자반작용의 영향을 받아 부하전류와 부하역률에 따라 변화된다. 즉 진상역률의 부하전류가 증가하면 증자작용으로 단자전압이 상승하지만, 지상역률의 부하전류가 증가하면 감자작용으로 단자전압이 감소한다. 역률이 1(100 [%])인 부하전류가 흐르며, 단자전압은 그다지 감소하지 않는다. 그림 2.1은 공급전압(V) 및 계자전류(I_f)를 일정하게 하고 출력과 전기자전류(I) 및 출력과 역률($\cos\phi$)의 관계를 나타낸 것이다. 이 곡선을 **부하특성곡선(load characteristics curve)**이라 한다. 그림 2.5에서 알 수 있는 바와 같이 전기자전류(I)는 부하가 증가함과 동시에 증가하지만 공급전압이 일정하므로 어느 정도까지 증가하면 동기임피던스에 의해 제한되므로 그 이상 증가하지 않는다. 또한 출력이 100 [%] 일 때에 역률을 1로 하면 전부하 이하에서는 과여자가 되므로 앞선 역률이 되고, 부하가 감소하여 경부하에서는 뒤진 역률이 된다.

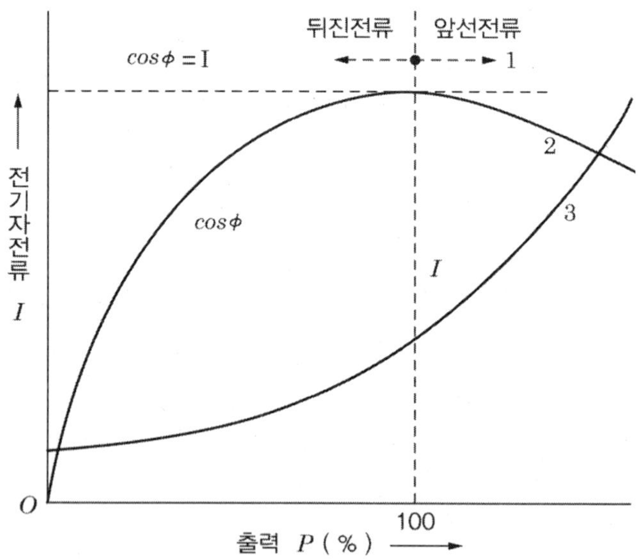

그림 2.5 동기전동기의 부하특성곡선

4. 사용 기자재 및 부품

- 전원공급 장치 (0 ~ 120/208 [V_{ac}] 3ϕ, 0 ~ 120 [V_{dc}]) EMS 8821
- 교류전류계 모듈 (2.5/8/25 [A_{ac}]) EMS 8425
- 교류전압계 모듈 (120/250 [V_{ac}]) EMS 8426
- 동기전동기/발전기모듈 EMS 8241
- 3상전력계 모듈 EMS 8441
- 직류전류계모듈 (0.5/2.5/8 [A_{dc}]) EMS 8412
- 결선리드선 EMS 8941

5. 실험 순서

☞ 주 의 : 이 실험에서는 고전압이 유기된다. 전원장치의 스위치를 켠 상태에서 어떤 결선도 하지 마시오. 개개의 실험이 완료된 후 전원공급 장치의 스위치를 끄시오.

1.

(1) 동기전동기/발전기, 전력계, 전원장치, 전류계, 전압계모듈을 이용하여 그림 2.6에 주어진 회로를 결선하시오. 고정자권선은 3상 전원장치의 출력 단자 1－2－3의 고정된 교류전압 208[V]를 3상전력계를 통해서 결선하시오. 회전자권선은 전원장치의 가변출력 단자 7－N을 통해서 가변직류전압 0 ~ 120[V]이 전류계를 거쳐서 연결된다. 조절손잡이를 조절하여 전압을 0[V]로 조절하시오.

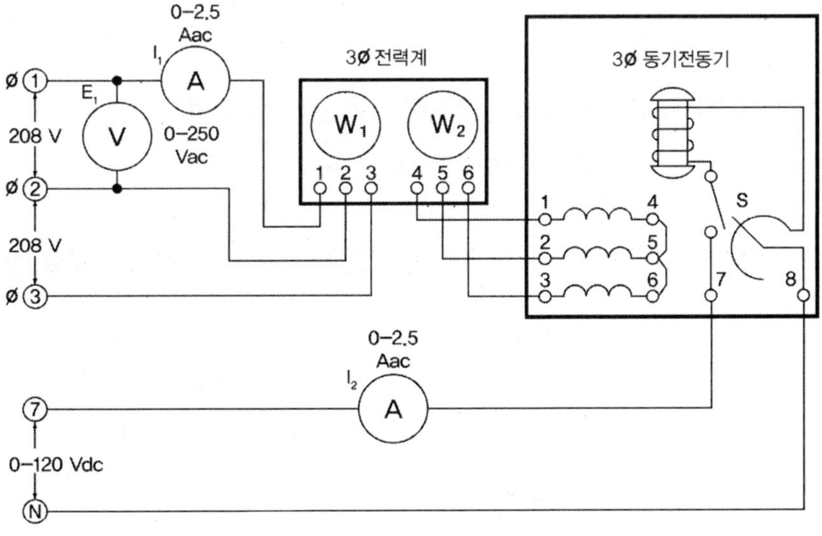

그림 2.6 동기전동기의 결선도

(2) 만일 전동기에 스위치가 있다면 이 순간에 개방하시오.

(3) 계자가감저항기의 저항값을 최소로 하시오(시계방향으로 최대한 돌리시오).

2.

(1) 전원장치의 스위치를 켜시오. 전동기는 기동할 것이다. 이때 교류전류 I_1 [A]의 값은 얼마인가 측정하시오. 동기전동기는 전원장치로부터 **양(+)**의 무효전력을 공급받아서 **인덕턴스**와 같은 작용을 할 것이다.

(2) 만일 전동기에 스위치가 부착되어 있다면 이 순간에 닫으시오.

(3) 교류전류 I_1 [A]이 최솟값을 나타낼 때까지 직류여자를 서서히 증가시키시오. 이때 두 전류계 모두 **양(+)**의 값을 가져야 하고 전원장치에 관한 전동기는 저항과 같이 보일 것이다.

(4) 전기자류 I_1 [A], 계자전류 I_2 [A], 전력 W_1, W_2 [W]를 측정하여 아래에 기록하시오.

전기자전류 최소치: I = ________[A], 계자전류: I_2 = ____________[A]

입력전력: W_1 = ______________[W], 출력전력: W_2 = ____________[W]

(5) 직류여자를 증가시키면 교류전류(전기자 전류) I_1가 다시 증가함을 알 수 있을 것이다. 전동기는 전원장치로부터 **부(-)**의 무효전력을 공급받아서 **커패시턴스**와 같은 역할을 할 것이다.

3.

(1) 직류여자가 0이 되었을 때 전기자전류 I_1 [A], 계자전류 I_2 [A], 전력 W_1, W_2 [W]을 측정하여 표 2-1에 기록하시오.

(2) 표 2-1에 주어진 각각의 계자전류 I_2 [A]에 대해 반복해서 실험하시오. 직류 여자전류가 0.6[A]를 초과할 때 가능한 빨리 측정하시오. 전원을 끈 후 전류가 0.5[A] 이하로 감소할 전류계를 교체하여 측정하시오.

☞ **주 의 : 이때 전류계가 지시하는 전류의 방향에 주목하시오.**

(3) 전압을 0으로 만든 후 전원장치의 스위치를 끄시오.

4. 표 2-1에 주어진 각 계자전류에 대해서 **피상전력**(1.73을 곱한다), **유효전력**, **역률**을 계산하시오.

표 2-1

계자전류 I_2 [A]	전기자전압 E_1 [V]	전기자전류 I_1 [A]	피상전력 P_A [VA]	입력전력 W_1 [W]	출력전력 W_2 [W]	유효전력 P [KW]	역률 P.F
0							
0.1							
0.2							
0.3							
0.4							
0.5							
0.6							
0.7							
0.8							
0.9							

5.

(1) 표 2-1의 결과로부터 회전자전류가 0일 때 무효전력을 계산하여 아래에 기록하시오.

무효전력 = ____________________ Q = ______________[Var]

(2) 이때 역률은 진상인가? 지상인가? 아래에 기록하시오.

진상역률 = ______________ 지상역률 = ______________

6.

(1) 표 2-1의 결과로부터 직류여자전류가 최대일 때 무효전력을 계산하시오.

무효전력 = ____________________ Q = ______________[Var]

(2) 이때 역률은 진상인가? 지상인가? 아래에 기록하시오.

진상역률 = ______________ 지상역률 = ______________

7.

(1) 표 2-1의 결과로부터 고정자전류(전기자 전류)를 최소로 하였을 때 무효전력을 계산하시오.

무효전력 = ____________________ Q = ______________[Var]

(2) 위의 결과를 이용하여 회전자전류(계자전류) 대 전기자전류 및 역률 특성곡선을 그림 2.7에 그리시오.

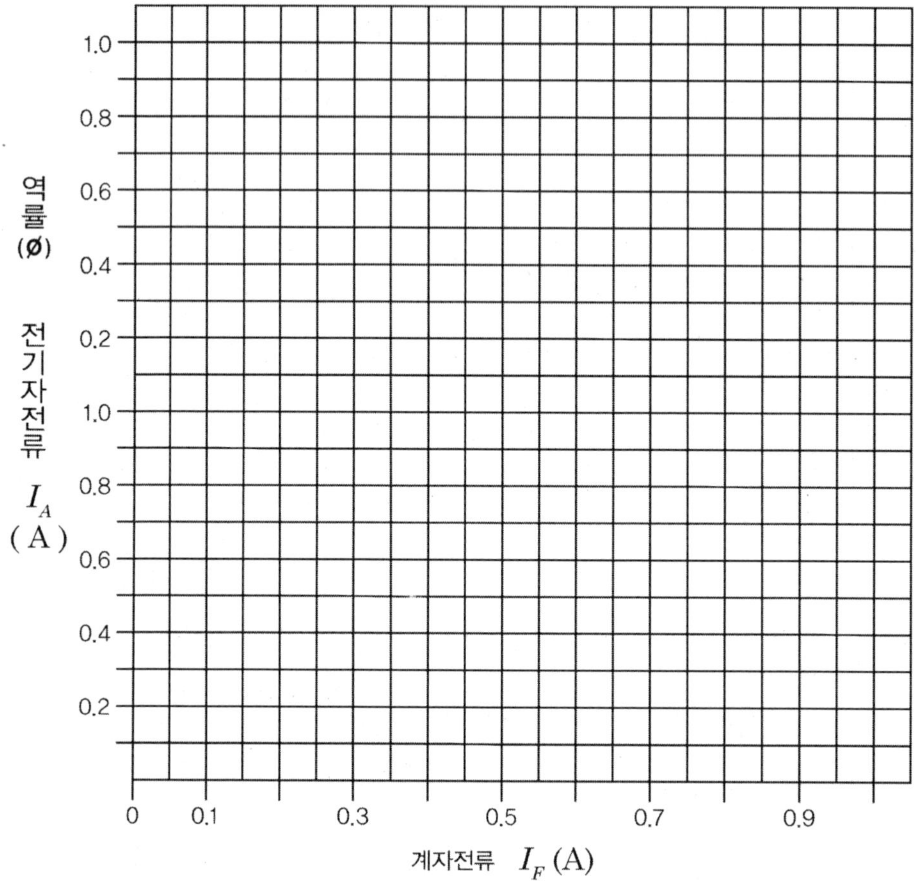

그림 2.7 전기자전류 대 계자전류의 역률 특성

학 습 평 가

1.

(1) 표 2-1의 결과를 이용하여 교류전류값 대 직류전류 값들을 그림 2.8에 나타내시오.

(2) 각 점들을 연결하여 곡선을 그리시오.

(3) 표 2-1의 결과를 이용하여 역률값 대 직류전류 값의 그래프를 그림 2.8에 나타내시오.

(4) 각 점들을 연결하여 곡선을 그리시오.

(5) 두 곡선의 모양에 대해 아래에 설명하시오.

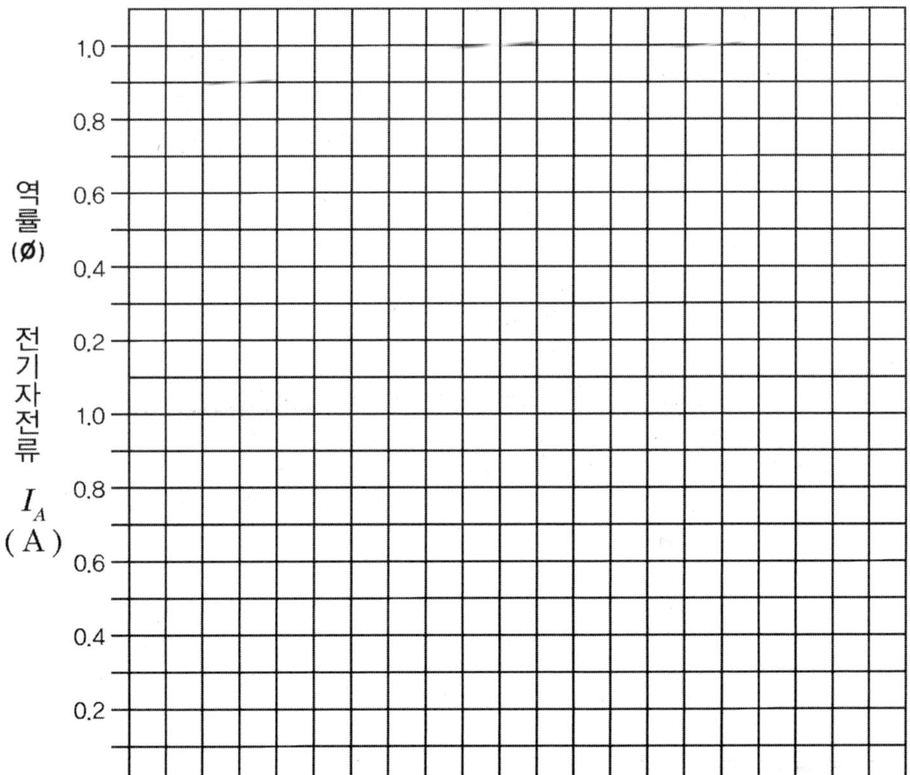

그림 2.8 전기자전류 대 계자전류의 역률 특성

2. 동기전동기를 종종 **동기콘덴서**라 부르는 이유를 아래에 설명하시오.

3. 동기전동기를 종종 **동기인덕턴스**라 부르는 이유를 아래에 설명하시오.

4. 실험 3에서 동기전동기가 운전하는 동안 소비되는 유효전력에 대해 설명하시오.

2.3 동기전동기의 특성 III

1. 실험의 목적

(1) 동기전동기의 무부하특성에 대해 학습한다.

(2) 동기전동기의 **탈출토크**(pull out torque)의 특성을 학습한다.

2. 이론적 고찰

동기전동기를 무부하시 역률의 변화가 가능하듯이 전부하 시에도 역률의 변화가 가능하다. 동기전동기가 일반적으로 역률이 100[%]에 가깝다 할지라도 큰 전기시스템의 전체 역률을 개선하기 위해서 동기전동기가 직류전류에 의하여 **과여자**(over-exciter) 될 수 있다. 동기전동기가 유도전동기 또는 뒤진 역률로 동작하는 다른 장치들과 같이 동일한 시스템에서 동작할 때 동기전동기에 의해 공급되는 **진상무효전력**(leading reactive kilovar)은 **지연무효전력**(lagging reactive kilovar)을 발생하는 유도전동기나 다른 기기들의 전체 전력시스템의 역률을 개선할 수 있다. 유도전동기와 마찬가지로 동기전동기도 일시적으로 과부하가 인가될 수 있다. 그러나 유도전동기와는 달리 동기전동기는 과부하 상태에서도 어느 일정 시점까지는 동기속도를 유지할 것이다. 이 과부하 점을 벗어난 회전자 극들은 전기자와 회전자는 동기화를 잃어버림으로써 동기전동기는 **불구속**(unlock) 상태가 된다. 이 과부하 점을 동기전동기에서는 **탈출토크**(pull out torque)라 부른다. 농형권선을 사용하지 않으면 전동기는 어떠한 토크도 발생하지 못하고 결과적으로 급제동하게 된다. 따라서 동기화를 벗어난 동기전동기는 가능한 빨리 전원공급선을 차단시켜야 한다.

3. 동기전동기의 토크특성

1) 기동토크(Starting torque)

동기전동기는 회전자가 동기속도로 회전하는 경우에만 토크를 발생하기 때문에 동기전동기는 기동토크가 0이 된다. 그래서 기동하는데 보통 제동권선을 기동권선으로 이용하고 이것에 따라 기동토크를 얻을 수 있는 구조로 되어 있다. 즉 동기전동기는 유도전동기로 기동하므로 기동토크는 유도전동기와 비슷하다. **기동토크**(starting torque)란 전동기가 기동순간 회전자 축에서 이용하는 토크를 말한다.

2) 인입토크(Pull-in torque)

동기전동기의 **인입토크**(pull-in torque)는 전동기가 기동하여 동기속도 가까이에서 동기에 진입하기 직전 정격주파수 및 정격전압에서 직류여자를 인가한 경우 전동기 자체 및 전동기에 접속된 부하의 관성을 넘어서 동기에 진입하는 최대토크를 말한다.

3) 탈출토크(Pull out torque)

동기전동기의 **탈출토크**(pull out torque, step out torque)는 전동기가 정격주파수, 정격전압 및 규정의 여자에서 동기속도 운전을 할 수 있는 최대토크를 말한다. 보통 설계된 전동기로 탈출토크는 역률 1.0 에서 정격토크의 150 [%], 앞선 역률 0.8 에서는 정격토크의 200 [%] 정도이다.

4. 사용 기자재 및 부품

• 전원공급 장치 (0 ~ 120/208 [V_{ac}] 3ϕ, 0 ~ 120 [V_{dc}])	EMS 8821
• 동기전동기/발전기모듈	EMS 8241
• 전기동력계 모듈	EMS 8911
• 3상전력계 모듈	EMS 8441
• 교류전류계모듈 (2.5/2.5/8 [A_{ac}])	EMS 8425
• 교류전압계모듈 (250/250 [V_{ac}])	EMS 8426
• 직류전류계모듈 (0.5/2.5 [A_{dc}])	EMS 8412
• 타이밍벨트	EMS 8942
• 결선리드선	EMS 8941

5. 실험 순서

☞ 주 의 : 이 실험에서는 고전압이 유기된다. 전원장치의 스위치를 켠 상태에서 어떤 결선도 하지 마시오. 개개의 실험이 완료된 후 전원공급 장치의 스위치를 끄시오.

1.

(1) 동기전동기/발전기, 전력계, 전기동력계, 전원장치, 전류계, 전압계 모듈을 이용하여 그림

2.9에 주어진 회로를 결선하시오. 고정자권선은 3상 가변전원장치의 출력 단자 4－5－6으로 연결되어 있고, 회전자권선은 전원장치의 고정 직류출력단자 8－N으로 연결되어 있다.

2.

(1) 타이밍벨트를 이용하여 전동기와 전기동력계를 결합하시오.

(2) 전기동력계의 조절손잡이를 반시계방향으로 최대한 돌리시오.

(3) 동기전동기의 가감계자저항기의 저항값을 최대로 하기 위해 반시계방향으로 최대한 돌려놓으시오. 만일 동기전동기에 스위치가 있다면 계속 개방해두시오.

(4) 전원장치의 스위치를 켜시오. 그리고 전압계가 교류전압 (E_1) 208[V]를 지시할 때까지 신속히 조절하시오. 이때 전동기는 기동하기 시작할 것이다.

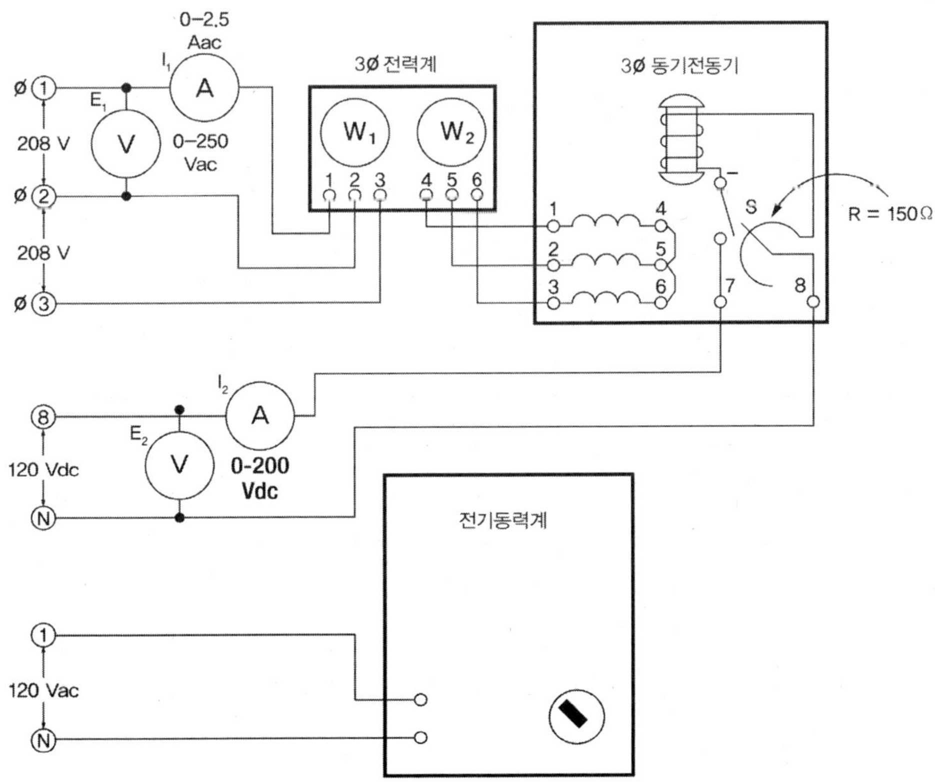

그림 2.9 동기전동기 결선도

3.

(1) 만일 전동기에 스위치가 부착되어 있다면 이 순간에 닫으시오.

(2) 양쪽 전력계 (W_1, W_2)의 값이 동일할 때까지 직류여자(계자전류)를 변화시키는 한편, 전동기의 토크 9[lbf·in]가 될 때까지 계속 증가시키시오. 이때의 역률은 단위역률(unity

power factor)에 해당한다(이때 전기자전류 (I_1)는 역시 최솟값이 된다).

(3) 이때 전기자전류 I_1 [A], 계자전류 I_2 [A], 전력 W_1, W_2 [W], 계자전압 E_2 [V]를 측정하여 아래에 기록하시오.

전기자전류 최소치: $I =$ ________ [A] 계자전류: $I_2 =$ ____________ [A]

입력전력: $W_1 =$ ____________ [W] 출력전력: $W_2 =$ ______________ [W]

계자전압: $E_1 =$ _____________ [V]

4. 실험 3의 직류여자(계자전류)를 변화시키지 않고, 전동기가 동기화를 벗어나는 순간까지 부하를 서서히 증가시키시오. 이때 토크를 측정하여 아래에 기록하시오.

탈출토크: $P_{pul} =$ _______________ [lbf·in]

5.

(1) 토크 9[lbf·in]로 유지한 상태에서 직류여자전류를 0.8[A]로 감소시켰을 때 실험 2와 3의 순서를 반복하시오.

(2) 전기자전류 I_1 [A], 계자전압 E_2 [V], 전력 W_1, W_2 [W]를 측정하여 아래에 기록하시오.

전기자전류 최소치: $I =$ ________ [A] 계자전류: $I_2 =$ ____________ [A]

입력전력: $W_1 =$ ______________ [W] 출력전력: $W_2 =$ ____________ [W]

(3) 전기자전류 (I_1)는 왜 증가하는지 그 이유를 아래에 설명하시오.

---

(4) 이때 역률은 앞서는가? 뒤지는가? 아래에 기록하시오.

앞선다___________________ 뒤진다_____________________

6. 직류여자 전류가 0.8[A]일 때 탈출토크를 측정하여 아래에 기록하시오. 전원장치의 스위치를 끄시오.

탈출토크: $T_{pul} =$ __________________ [lbf·in]

학 습 평 가

1. 실험 3의 결과를 이용하여 동기전동기가 9[lbf·in]의 토크를 발생할 때 아래의 주어진 항들에 대해 설명하시오.

(1) 피상전력

피상전력 P_a = [VA]

(2) 유효전력

유효전력 P = [W]

(3) 무효전력

무효전력 P_{var} = [W]

(4) 마력

마 력 P_{hors} = [Hp]

(5) 역률

역 률 P·F =

(6) 효율

효 율 η = [%]

(7) 직류전력

직류전력 P_{dc} = [W]

2. 전부하토크 대 탈출토크의 비를 산출하시오(실험 3에서).

3. 실험 5의 결과를 이용하여 전동기에 9[lbf·in]의 토크가 인가된 상태에서 동기전동기를 과여자로 운전 시 아래에 주어진 항목들에 대한 특성을 산정하시오.

(1) 피상전력

피상전력 P_a = [VA]

(2) 유효전력

유효전력 P = [W]

(3) 무효전력

무효전력 P_{var} = [W]

(4) 마력

마 력 P_{hors} = [Hp]

(5) 역률

역 률 P.F =

(6) 무효전력

무효전력 P_{var} = [W]

4. 평가 3에서 **무효전력**은 **양**(+)인가? **음**(-)인가?

5. 탈출토크는 직류여자의 정도에 영향을 받는가? 영향을 받는다면 그 이유를 아래에 설명하시오.

2.4 3상 교류발전기

1. 실험의 목적

(1) 3상 교류발전기의 무부하 특성에 대해 학습한다.

(2) 3상 교류발전기의 **단락특성**(short circuit characteristics)에 대해 학습한다.

2. 이론적 고찰

교류발전기에는 동기발전기, 동기교류기가 있으며, 교류기는 엔지니어 문헌상에 서로 교환하여 사용할 수 있다고 보고되고 있다. 또한 동기발전기가 유도발전기보다 훨씬 많이 사용되고 있다. 자주 사용되고 있는 교류기란 용어는 일반적으로 동기발전기를 의미한다.

교류기(alternators)는 현재까지 가장 중요한 전기에너지 원이다. 교류기가 발생하는 교류전압의 크기와 주파수는 전적으로 회전자속도에 의해 결정된다. 따라서 교류기가 발생하는 전압의 크기는 회전자속도와 계자전류의 양, 부하의 역률에 의해 결정된다. 교류기의 회전자속도와 자계가 일정할 경우 직류계자전류가 증가하면 발전기의 출력전압은 직류전류에 비례하여 증가할 것이다. 그러나 직류계자전류가 점진적으로 증가할 경우 자속은 결과적으로 교류기 내의 철을 포화시킬 정도로 충분히 높은 값에 도달하게 될 것이다. 철이 **포화**(saturation)한다는 것은 계자전류의 증가에 비해서 자속의 증가가 미약하다는 것을 의미한다. 교류기가 발생하는 전압은 자계의 세기에 직접적인 관계가 있고, 이것은 포화정도를 측정하는 하나의 수단이 된다. 3상 교류기가 발생하는 전압은 기계적으로 동일한 간격에 위치하기 때문에 상전압은 상과 상 사이의 위상차가 120°씩 발생하게 된다. **전(全)정격전압**(full rated output voltage)을 발생하는 교류기가 갑자기 단락되면 초기에는 매우 큰 단락전류가 발전기 내부에 흐른다. 그러나 만일 단락이 지속된다면 처음 매우 큰 단락전류도 시간이 지남에 따라 안정값으로 떨어지게 된다.

3. 동기발전기의 무부하 및 단락특성

1) 동기기의 무부하특성

동기발전기의 유기기전력 공식 $E = 4.44 k_w w f \phi [V]$ 에서 발전기가 무부하 상태에서 정격속도로 운전하는 경우 E는 ϕ에 비례하므로 계자전류(I_f[A])를 0부터 서서히 증가할 때 유기기전력(E[V])과 계자전류(I_f[A])와의 관계를 표시한 곡선을 **무부하포화곡선(無負荷飽和曲線, no-load saturation curve)**이라 한다. 그림 2.10의 곡선 $\overline{OM}$은 이 곡선을 나타낸 것이며, 전압이 낮은 범위에서 E는 계자전류 I_f에 거의 비례하지만 전압이 증가함에 따라 철심 내부의 포화현상이나, 자기저항이 증가하게 되므로 일정전압을 얻기 위해 보다 큰 계자전류가 필요하다.

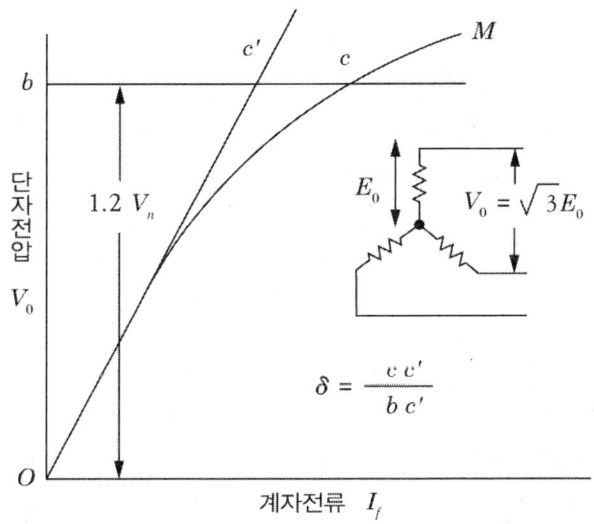

그림 2.10 무부하포화 특성

2) 동기기의 단락특성

3상 동기발전기의 중성점을 제외한 모든 단자를 단락한 상태에서 정격속도로 운전하여 계자전류(I_f[A])를 0부터 서서히 증가시킬 경우 단락전류(I_s[A])와 계자전류(I_f[A])와의 관계를 표시한 곡선을 **3상단락곡선(three phase short curve)**이라 한다. 그림 2.11의 곡선 $\overline{OS}$는 단락곡선을 표시한 것으로 거의 직선임을 알 수 있다. 정격속도에서 무부하정격전압(V_n)을 발생시키는 데 필요한 계자전류(I_f)와 정격전류(I_n)와 같은 영구단락전류(I_s)를 흘리는 데 필요한 계자전류(I_f'')의 관계 비를 **단락비(short circuit ratio)**(K_s)라 한다. 그림 2.11에서 단락비를 표시하면 $K_s = \frac{\overline{Od}}{\overline{Oe}} = \frac{I_f'}{I_f''}$로 표시된다. 단락비($K_s$)의 값은 수차와 엔진발전은 대략 0.9~1.2 정도이며, 터빈발전기는 대략 0.6~1.0 정도이다.

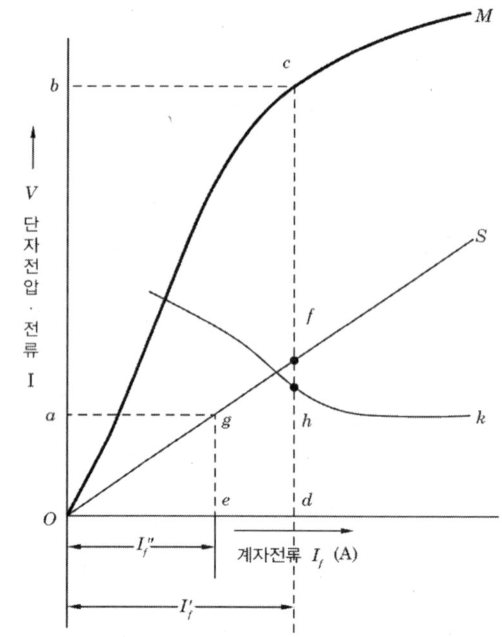

그림 2.11 동기기의 단락특성

4. 사용 기자재 및 부품

- 전원공급 장치(0~120/208[V_{ac}] 3ϕ, 120[V_{dc}]) EMS 8821
- 동기전동기/발전기모듈 EMS 8241
- 농형유도전동기 모듈 EMS 8221
- 동기화스위치 모듈 EMS 8621
- 교류전류계 모듈 (2.5/25 [A_{ac}]) EMS 8425
- 교류전압계 모듈 (250/250 [V_{ac}]) EMS 8426
- 직류전류계 모듈 (0.5/2.5 [A_{dc}]) EMS 8412
- 타이밍벨트 EMS 8942
- 결선리드선 EMS 8941

5. 실험 순서

☞ **주 의 : 이 실험에서는 고전압이 유기된다. 전원장치의 스위치를 켠 상태에서 어떤 결선도 하지 마시오. 개개의 실험이 완료된 후 전원공급 장치의 스위치를 끄시오.**

1. 동기전동기/발전기, 농형유도전동기, 전원장치, 전류계, 전압계모듈을 이용하여 그림 2.12에 주어진 회로를 결선하시오. 농형유도전동기는 동기전동기/발전기를 교류기로 동작시키기 위해서 사용되는 하나의 원동기 역할을 한다. 원동기는 이 실험을 하는 동안 일정하다고 가정한다. 농형유도전동기는 전원장치의 고정된 단자 1−2−3을 통해서 교류전압 208[V]이 인가된다. 동기발전기의 회전자는 전원장치의 가변출력 단자 7−N으로 연결된다.

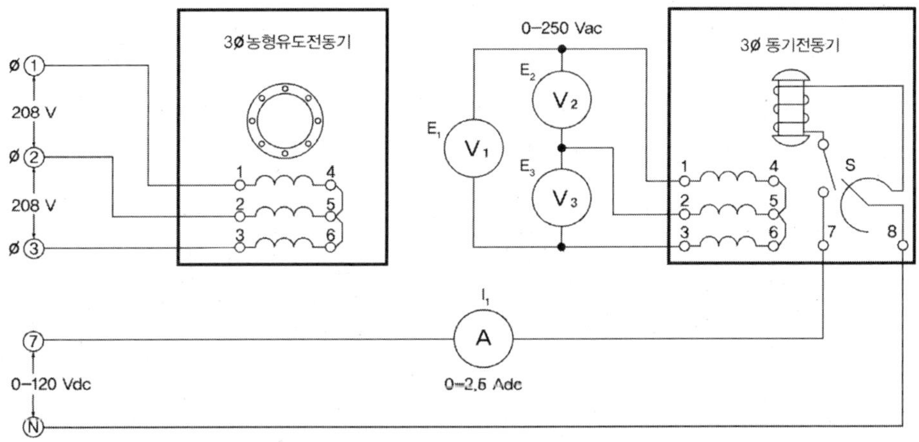

그림 2.12 3상 동기발전기의 결선도

2.

(1) 타이밍벨트를 이용하여 농형유도전동기와 교류기를 결합시키시오.

(2) 동기발전기의 가감계자저항기의 조절손잡이를 시계방향으로 최대한 돌리시오(이것은 저항값을 최소로 하기 위함이다).

(3) 전원장치의 전압 조절손잡이를 반시계방향으로 최대한 돌리시오(이것은 직류전압을 0으로 하기 위함이다).

3.

(1) 전원장치의 스위치를 켜시오. 전동기는 기동하기 시작할 것이다.

(2) 직류여자를 0으로 한 다음 발전기의 전기자전압 (E_1, E_2, E_3)을 측정하여 아래에 기록하시오. (이때 전압계는 가장 낮은 범위를 사용한다)

E_1 = __________ [V], E_2 = __________ [V], E_3 = __________ [V]

(3) 직류여자가 없는 상태에서도 교류발전기가 전압을 발생하는 이유를 설명하시오.

4.

(1) 만일 전동기에 스위치가 부착되어 있다면 이 순간에 닫으시오.

(2) 서서히 직류전류를 $0 \sim 0.1[A]$까지 증가시키시오.

(3) 전압 E_1, E_2, E_3를 측정하여 표 2-2에 기록하시오.

(4) 표 2-2에 주어진 각각의 직류전류 값에 대해 실험 (2)를 반복하시오.

(5) 전압을 0으로 만든 다음 전원장치의 스위치를 끄시오.

표 2-2

I_1 [A]	E_1 [V]	E_2 [V]	E_3 [V]	E_{ac} [V]

5. 표 2-2에 주어진 각각의 직류전류에 대한 교류기의 평균 출력전압을 계산하여 표 2-2에 기록하시오.

6.

(1) 전원장치의 스위치를 켜고 직류 여자전압 $E_1 = 208[V]$이 될 때까지 조절하시오. 그리고 전압 E_2, E_3을 측정하여 아래에 기록하시오.

$E_1 = 208[V]$, $E_2 =$ ____________ [V], $E_3 =$ __________ [V]

(2) 전압 조절레버를 반시계 방향으로 최대한 돌린 후 전원장치의 스위치를 끄시오.

(3) 3개의 교류전압계를 각각의 고정자권선에 연결하시오.

(4) 전원장치의 스위치를 켜시오. Y 결선된 고정자권선의 양단에 발생되는 전압을 측정하여 아래에 기록하시오.

$E_{1,4}$ = ____________[V], $E_{2,5}$ = ____________[V], $E_{3,6}$ = ______________[V]

(5) 전압을 0으로 만든 다음 전원장치의 스위치를 끄시오.

(6) (1)과 (4)의 결과를 비교해보시오. 그리고 일반적인 3상 전원장치로부터 예상할 수 있는 결과를 인가하여 아래에 기록하시오.

예 ____________________ 아니오 ____________________

7. 동기화스위치를 이용하여 그림 2.13에 주어진 회로를 결선하시오. 동기화스위치가 닫혀있을 때는 교류기의 권선이 단락된 상태임을 주목하시오.

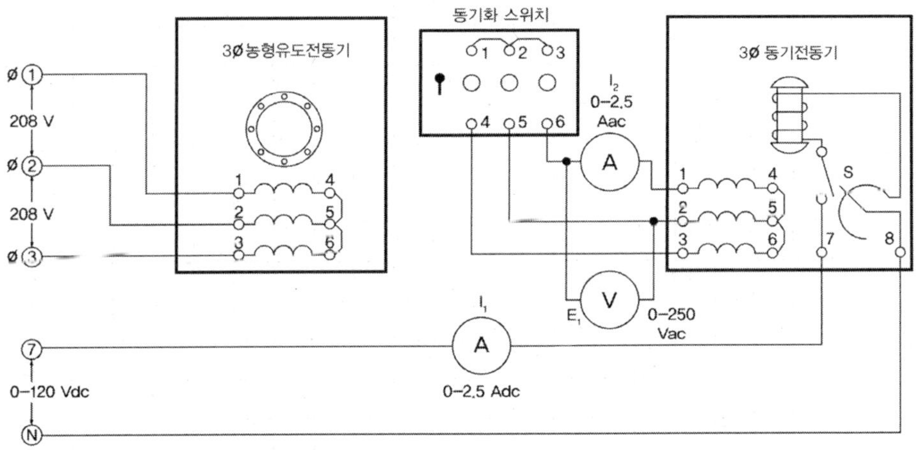

그림 2.13 동기화스위치를 이용한 교류발전기 결선도

학 습 평 가

1.

(1) 표 2-2에 기록된 결과를 이용하여 평균전압 대 직류전류의 비를 그림 2.14의 도표 위에 기록해보시오.

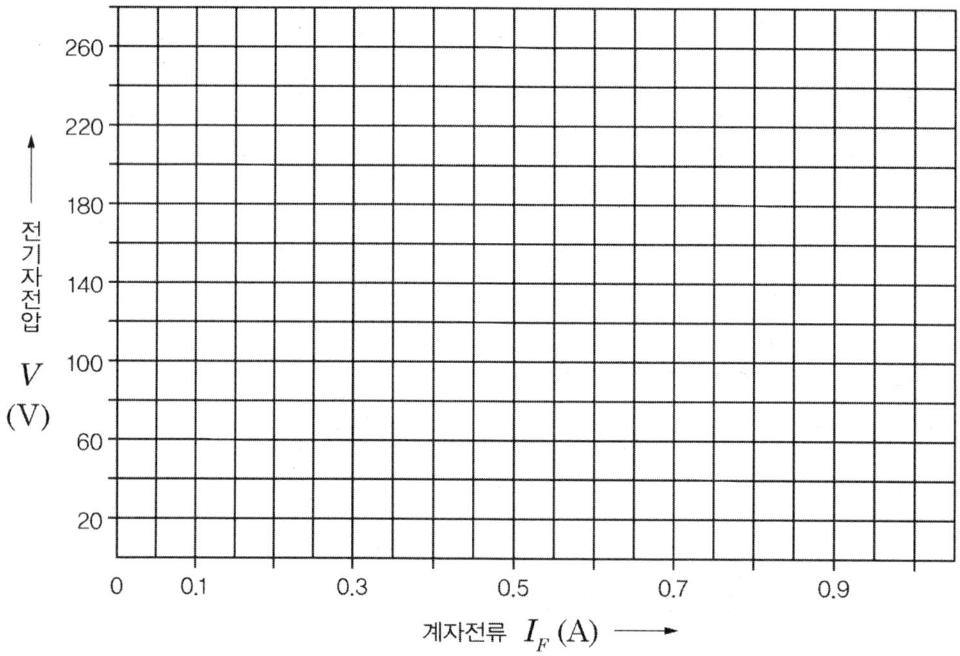

그림 2.14 전기자전압 대 계자전류 특성 곡선

(2) 그려진 곡선은 완만하게 되는가?

(3) 몇 [V]까지 그래프가 직선으로 표시되는가?

(4) 포화곡선의 이음새 부분은 몇 [V]에서 나타나는가? ______________[V_{ac}]

(5) 직류전류가 증가할 때 전압이 느리게 증가하는 이유를 아래에 설명하시오.

____

____

____

2. 포화곡선에서 이음새 부분부터 교류기가 동작하지 않는 이유는 무엇인가? 아래에 설명하시오.

---

3. 타여자직류분권발전기에 비해서 교류기가 **지속적인 단락회로**(short circuit)에 덜 손상되는 이유를 아래에 설명하시오.

2.5 3상 교류발전기의 부하특성

1. 실험의 목적

(1) 3상 교류발전기에 **저항부하**, **용량성부하**, **유도성부하**를 각각 인가하였을 경우 교류발전기의 특성에 대해 학습한다.

(2) 3상 교류발전기에 불평형부하가 인가되었을 경우 출력전압에 어떤 영향을 미치는지 학습한다.

2. 이론적 고찰

3상 교류발전기의 출력전압의 크기는 공극의 전(全)자속의 양에 따라 결정된다. 무부하시 이 자속은 직류여자에 의해서만 결정된다. 그러나 부하 시 공극의 자속은 회전자와 고정자의 **암페어-턴**(ampere-turns)에 의해 결정된다. 고정자의 **암페어-턴**은 **부하역률**(power factor)에 따라 회전자의 **기자력**(MMF)(magnetomotive force)을 감소시키거나 증가시키는 역할을 한다. 고정자기자력은 계자기자력에 중요한 영향을 미치기 때문에 교류기의 전압변동률을 나쁘게 하며, 직류계자전류를 연속적으로 조절해서 교류기가 가변부하 상태에서도 항상 일정한 전압을 유지할 수 있는 역할을 한다. 만일 3상 교류발전기의 3상 중 1상만 과부하가 걸렸다면, 이것은 고정자권선에 IR 혹은 IX_L로 작용하여 전압을 감소시키는 방향으로 작용한다. 이와 같은 현상에 의해 발생한 전압강하는 직류계자전류를 조정한다고 하여 보상할 수 없다. 왜야하면 다른 2상의 전압이 역시 변하기 때문이다. 그러므로 3상 교류발전기에 불평형 부하를 인가하지 말아야한다. 따라서 3상 중 어느 1상에 불평형 부하가 인가되면 전압은 불평형이 더욱 커지게 될 것이다.

3. 3상 교류발전기의 전기자반작용과 부하특성

1) 전기자반작용(Armature reaction)

3상 교류발전기에 부하가 인가되면 전기자권선에 3상 평형교류전류가 흐르고, 이 전기자전류에 의해 발전기는 동기속도로 회전하는 3상 평형회전자계가 발생한다. 이 회전자계가 주 계자기자력의 분포에 영향을 미치는 현상을 전기자반작용(armature reaction)이라 한다.

교류발전기에 인가되는 부하의 성질(저항부하, 용량성부하, 리액턴스부하)에 따라 전기자에 미치는 영향이 다르게 나타나며, 전기자기자력과 계자기자력의 상호 연관성을 표시하면 그림 2.15과 같이 주어진다.

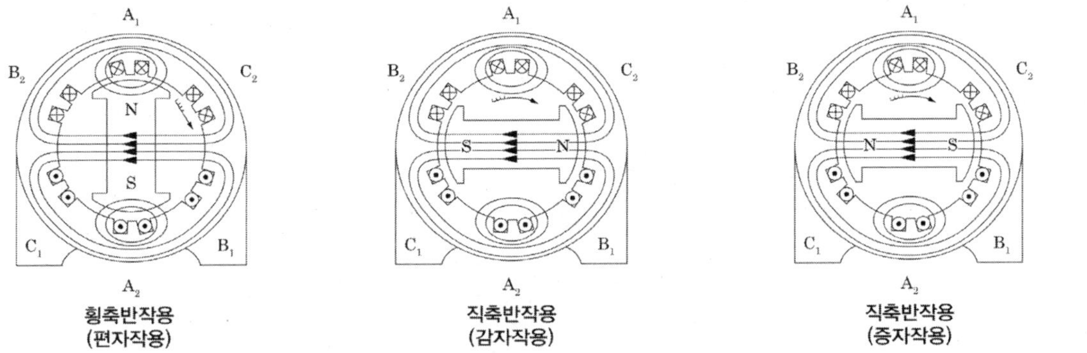

(a) 기전력과 전류가 동상인 경우 (b) 기전력보다 전류가 $\pi/2$ 뒤진 경우 (c) 기전력보다 전류가 $\pi/2$ 앞선 경우

그림 2.15 전기자반작용의 영향

2) 교류발전기의 전기자반작용에 따른 현상

(1) 유효전류에 의한 전기자 반작용

① 전압과 동상의 유효전류가 전기자에 흐르는 경우 ($\cos\theta = 1$)

- 주자극 N과 S의 중앙에 정현파 자속분포 최대가 되어 자속밀도가 최대이다.
- 합성자속의 중심은 회전방향과 반대방향으로 이동한다.
- 교차자화 작용이 발생하며, 횡축반작용이라 한다.
- 전기자기자력과 계자기자력의 상호 연관성을 표시하면 그림 2.16과 같이 주어진다.

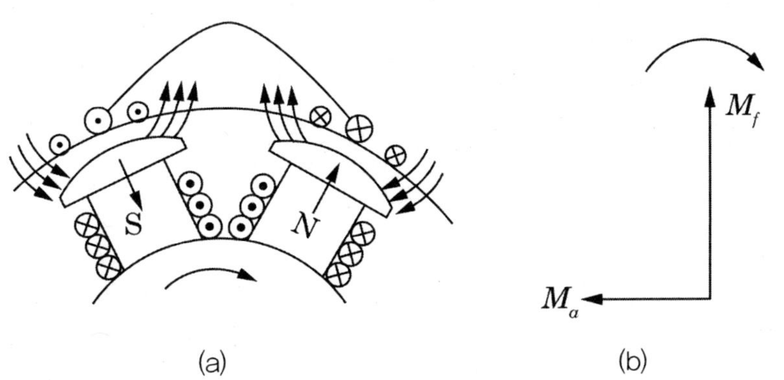

(a) (b)

그림 2.16 전기자기자력과 계자기자력의 작용

② 교류발전기에 유도성부하가 인가된 경우(위상이 $\pi/2$ 뒤진 경우)

- 전기자기자력(M_a)은 감자작용을 한다.
- 전기자기자력(M_a)과 계자기자력(M_f)은 서로 직축반작용을 한다.
- 교류발전기의 유기기전력은 감소한다.
- 전기자기자력과 계자기자력의 상호 연관성을 표시하면 그림 2.17과 같이 주어진다.

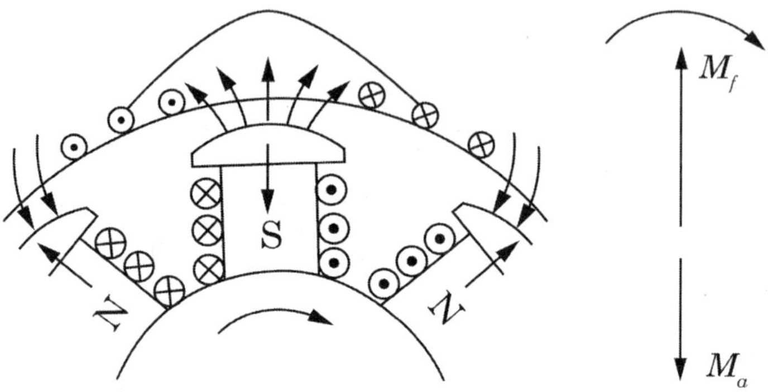

그림 2.17 전기자기자력과 계자기자력의 작용

③ 교류발전기에 용량성부하가 인가된 경우(위상이 $\pi/2$ 앞선 경우)

- 전기자기자력(M_a)은 증자(자화)작용을 한다.
- 전기자기자력(M_a)과 계자기자력(M_f)은 서로 직축반작용을 한다.
- 교류발전기의 유기기전력은 증가한다.
- 전기자기자력과 계자기자력의 상호 연관성을 표시하면 그림 2.18과 같이 주어진다.

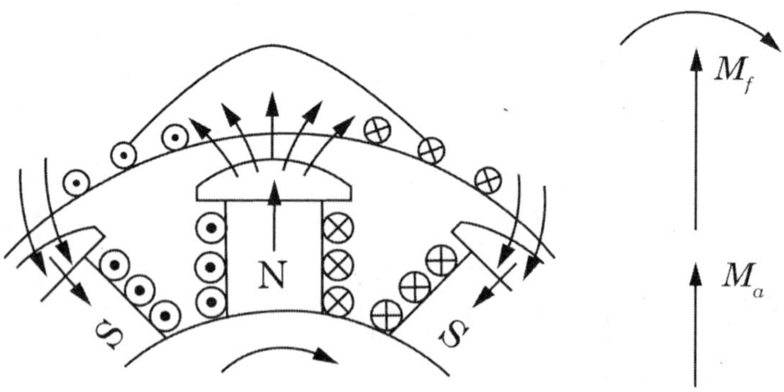

그림 2.18 전기자기자력과 계자기자력의 작용

4. 사용 기자재 및 부품

• 전원공급 장치 (0 ~ 120/208 [V_{ac}] 3ϕ, 120 [V_{dc}])	EMS 8821
• 동기전동기/발전기모듈	EMS 8241
• 직류전동기/발전기모듈	EMS 8211
• 저항 모듈	EMS 8311
• 커패시터 모듈	EMS 8331
• 인덕턴스 모듈	EMS 8321
• 핸드타코미터	EMS 8920
• 교류전류계 모듈 (2.5/25 [A_{ac}])	EMS 8425
• 교류전압계 모듈 (250/250 [V_{ac}])	EMS 8426
• 직류전류계 모듈 (0.5/2.5 [A_{dc}])	EMS 8412
• 타이밍벨트	EMS 8942
• 결선리드선	EMS 8941

5. 실험 순서

☞ 주 의 : 이 실험에서는 고전압이 유기된다. 전원장치의 스위치를 켠 상태에서 어떤 결선도 하지 마시오. 개개의 실험이 완료된 후 전원 공급장치의 스위치를 끄시오.

1. 동기전동기/발전기, 직류전동기/발전기, 저항기, 전원공급 장치, 전류계, 전압계모듈을 이용하여 그림 2.19에 주어진 회로를 결선하시오. 회로에 표시된 바와 같이 부하 저항기는 3상 발전기의 출력단에 Y 결선으로 연결되어 있다. 교류기의 회전자는 전원공급 장치의 가변출력 단자([0 ~ 120 [V_{dc}]]) 7－N으로 연결되어있다. 직류분권 전동기의 권선은 전원장치의 고정출력 단자([120 [V_{dc}]]) 8－N으로 연결되어 있다.

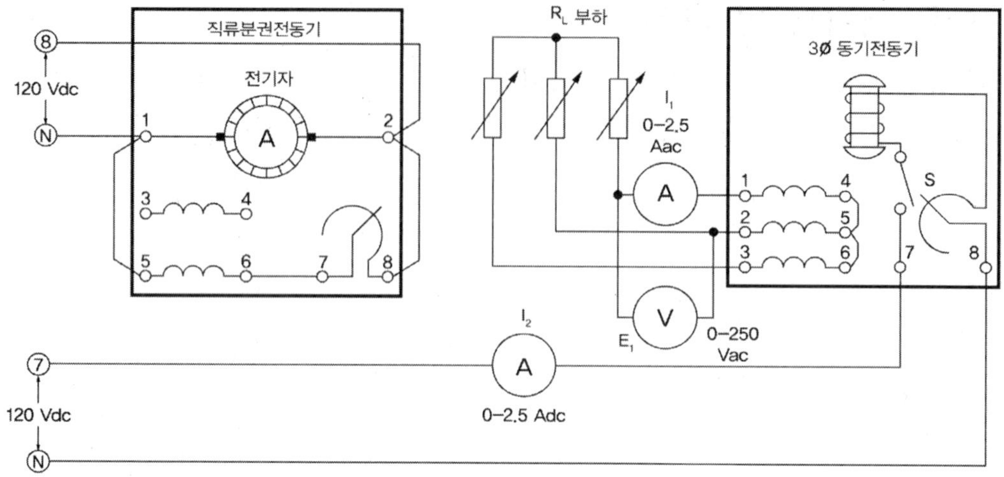

그림 2.19 3상 교류발전기의 결선도

2.

(1) 타이밍벨트를 이용하여 직류 전동기와 교류발전기를 연결하시오.

(2) 직류전동기의 계자 가감저항기를 시계방향으로 최대한 돌리시오(이는 저항을 최소로 하기 위함이다).

(3) 교류발전기의 계자가감저항기를 반시계방향으로 최대한 돌리시오(이것은 저항을 최대로 하기 위함이다).

(4) 각각의 저항 영역을 조절하여 저항값을 300 [Ω]으로 조절하시오.

3.

(1) 전원장치의 스위치를 켜고, 계자가감저항기를 조절하여 전동기의 속도가 1800 [rpm]이 되도록 핸드타코미터로 측정하시오.

☞ **주 의 : 이 속도는 나머지 실험을 다할 때까지 일정하게 유지시키시오.**

(2) 만약 동기전동기에 스위치가 있다면 이 순간에 닫으시오.

(3) 교류발전기의 출력전압 ($E_1 = 208\,[V_{ac}]$)이 되도록 교류발전기의 여자를 조절하시오. 그리고 전부하전류 (I_1, I_2)를 측정하여 아래에 기록하시오.

$I_1 =$ ______________ [A], $I_2 =$ ______________ [A]

(4) 3상 부하저항기의 스위치를 개방하고 교류발전기가 무부하 상태가 되게 한 다음 무부하 전압 (E_1)과 무부하전류 (I_2)를 측정하여 아래에 기록하시오. 이때 전동기의 회전속도가 1800 [rpm]을 유지하는지 확인하시오.

$E_1 =$ ______________ [V], $I_2 =$ ______________ [A]

(5) 전압을 0으로 만든 다음 전원장치의 스위치를 끄시오.

(6) 부하저항을 인가한 상태에서 교류기의 전압변동률을 아래 주어진 공식을 이용하여 계산하시오.

$$\%\text{전압변동률}: \quad \varepsilon = \frac{\text{정격전압}(V_n) - \text{무부하전압}(V_o)}{\text{무부하전압}(V_o)} \times 100\,[\%]$$

___

%전압변동률: ε = [%]

4.

(1) EMS 인덕턴스 모듈을 이용하여 저항부하 대신에 인덕턴스부하로 교체하시오.

(2) 각각의 인덕턴스를 조절하여 리액턴스가 300[Ω]이 되게 하시오.

(3) 실험 3의 절차를 진행하고, 전(全)부하전류 (I_1, I_2)를 측정하여 아래에 기록하시오.

$I_1 =$ ________ [A], $I_2 =$ ________ [A]

(4) 무부하시의 전압 (E_1) 및 무부하전류 (I_2)를 측정하여 아래에 기록하시오.

$E_1 =$ ________ [V], $I_2 =$ ________ [A]

(5) 전압을 0으로 만든 나음 선원장치의 스위치를 끄시오.

(6) 인덕턴스부하를 사용하였을 경우의 교류발전기의 전압변동률을 계산하여 아래에 기록하시오.

$$\%\text{전압변동률}: \quad \varepsilon = \frac{\text{정격전압}(V_n) - \text{무부하전압}(V_o)}{\text{무부하전압}(V_o)} \times 100\,[\%]$$

___

%전압변동률: ε = [%]

(7) 이 인덕턴스부하는 전기자의 기자력을 증가시키는가? 아니면 감소시키는가? 아래에 서술하시오.

___

___

___

5.

(1) 커패시턴스모듈을 이용하여 인덕턴스부하 대신에 커패시턴스부하로 교체하시오.

(2) 각각의 커패시턴스 값을 조절하여 리액턴스가 300[Ω]이 되게 조절하시오.

(3) 실험 3의 절차를 반복하고, 전 부하전류 (I_1, I_2)를 측정하여 아래에 기록하시오.

$I_1 =$ ________ [A], $I_2 =$ ________ [A]

(4) 무부하시의 전압 (E_1) 및 무부하전류 (I_2)를 측정하여 아래에 기록하시오.

E_1 = ______________ [V], I_2 = ______________ [A]

(5) 전압을 0으로 만든 다음 전원장치의 스위치를 끄시오.

(6) 커패시터 부하를 사용하였을 경우 교류발전기의 전압변동률을 계산하여 아래에 기록하시오.

$$\%전압변동률 : \varepsilon = \frac{정격전압(V_n) - 무부하전압(V_o)}{무부하전압(V_o)} \times 100\ [\%]$$

____

____

%전압변동률: ε = [%]

(7) 이 커패시터 부하는 전기자의 기자력을 증가시키는가? 아니면 감소시키는가? 아래에 설명하시오.

____

____

____

6.

(1) 1상당 커패시턴스를 이용한 리액턴스부하가 1,200 [Ω]이 되게 조절하시오. 그리고 전원장치의 스위치를 켜고 회전속도가 1,800 [rpm]이 되게 조절하시오.

(2) 직류여자를 조절하여 교류발전기의 출력전압(E_1 = 208 [V])이 조절하시오.

(3) 600 [Ω]의 리액턴스를 1,200 [Ω]에 병렬 연결하여 커패시턴스부하를 증가시키면 어떤 현상들이 발생하는지 아래에 설명하시오.

____

____

____

(4) 300 [Ω]의 리액턴스를 추가로 병렬 연결시켜 커패시턴스부하를 더욱 증가시키면 어떤 현상들이 발생하는지 아래에 설명하시오.

____

____

(5) 전압을 0으로 만든 다음 전원장치의 스위치를 끄시오.

(6) 만일 여러분들이 정확하게 관찰하였다면 어떤 현상이 발생하는지 아래에 설명하시오.

____

____

7.

(1) 그림 2.20에 주어진 회로도를 결선하시오. 회로도에 표시된 바와 같이 3상 중 1상에만 부하가 연결되어 있다.

(2) 전원장치의 스위치를 켜고 전동기의 가감 계자저항기를 조절하여 전동기속도가 1,800 [rpm]이 되게 조절하시오.

(3) 교류발전기의 직류여자를 조절하여 교류기의 출력전압($E_1 = 208$[V])이 되게 하시오. 다른 두 상의 전압을 측정하여 아래에 기록하시오.

$E_2 =$ ____________ [V], $E_3 =$ ____________ [V]

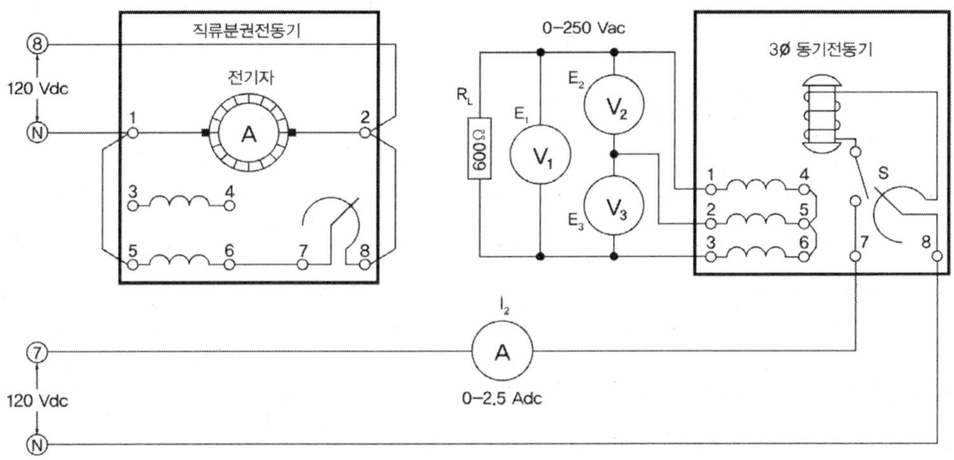

그림 2.20 3상 교류발전기에 불평형부하가 인가된 경우

(4) 전원장치의 스위치를 끄고 다른 어떤 제어단자에 손대지 마시오.

(5) 교류기의 출력전압을 측정하기 위해 3개의 교류전압계를 다시 연결하시오.

(6) 전원장치의 스위치를 켜고, 각 상에 나타난 교류전압을 측정하여 아래에 기록하시오.

$E_{1,4} =$ __________ [V], $E_{2,5} =$ __________ [V], $E_{3,6} =$ __________ [V]

(7) 전압을 0으로 만든 다음 전원장치의 스위치를 끄시오.

(8) 인가한 단상부하가 큰 불평형을 초래하였는가? 하였다면 아래에 기록하시오.

____

____

____

학 습 평 가

1. 교류발전기에 커패시턴스부하를 인가하면 출력전압이 증가한다. 그 이유를 아래에 설명하시오.

2. 교류발전기를 **긴 송전선로**(long transmission line)에 연결하는 것은 위험하다. 이것은 긴 송전선로가 커패시턴스와 같은 작용을 하기 때문이다. 그 이유를 아래에 설명하시오.

3. 교류발전기의 회전자가 높은 역률에서 보다 낮은 역률에서 열손실이 더 크게 발생하는 이유는 무엇인가? 아래에 설명하시오.

4. 만일 어떤 공장에서 전력회사로 큰 단상부하를 3상전력선에 연결하였다면 이 전력선으로 전력을 공급받는 사용자들은 자신들이 사용하고자 하는 부하가 평형 부하일지라도 불평형 3상전력이 될 것이다. 그 이유를 아래에 설명하시오.

2.6 3상 교류발전기의 동기화 특성

1. 실험의 목적

(1) 전력계통에 있어서 교류발전기의 동기화법을 학습한다.
(2) 부적합한 위상 조건이 동기화 과정에 미치는 영향에 대해 학습한다.

2. 이론적 고찰

대전력을 이용하는 시스템에서 주파수는 다양하게 연결된 전체의 회로망으로 전송되며, 수많은 교류발전기들의 회전속도에 의해 결정된다. 이러한 발전기들은 전력이 매우 크기 때문에 이들의 속도를 변화시킬 만한 단일 부하는 없을 것이다. 따라서 전력계통의 주파수는 안정되어야 한다.

어떤 교류발전기가 만일 동일한 주파수에서 작동한나년 여자전력만을 전송할 것이다. 예를 들어 어떤 시스템이 60[Hz]라면 60[Hz]에서 동작하는 교류발전기로부터 전력을 받을 것이다. 이들 양쪽 모두 동일한 주파수에서 정확하게 작동해야 하기 때문에 이 시스템은 별 차이를 느끼지 못할 것이다. 왜냐하면 자동동조는 어떤 교류발전기가 여자 시스템에 연결되었을 경우 연속적으로 일정주파수를 공급해야 하기 때문이다. 대단위 전력시스템에 직결된 교류발전기의 동기화 혹은 무수한 **모선**(infinit buss)에 연결된 교류발전기의 동기화는 소형기어에서 다른 대규모의 기어 혹은 전력으로 아날로그 변환을 한다고 말할 수 있다. 만일 두 기어의 톱니바퀴가 맞물리는 순간 잘 동기화된다면 기어들의 맞물림 자체는 원활히 동작할 것이다. 교류발전기의 동기화란 발전기의 주파수와 전원공급 장치의 주파수가 동일하다는 것을 의미하며, 또한 **상순**(phase sequence)이 동일해야 한다는 것이다. 다시 기어의 예로 돌아가서, 두 개의 기어가 속도는 동일하지만 회전방향이 서로 반대라면 맞물려 돌아가지 못할 것이다. 따라서 주목해야 할 사실은 한 기어의 톱니가 다른 기어의 슬롯과 동일한 상에 일치해야 한다는 것이다. 마지막으로는 두 기어 사이에 맞물려 있어서 톱니 깊이의 결정은 주 기어에 의해 결정된다는 사실이며, 이 현상을 전기적으로 해석하면 교류발전기의 **전압크기**(voltage amplitude)는 전원공급원의 전압크기와 동일해야 한다는 것이다. 이상의 조건들이 만족될 때 교류발전기는 다른 전력계통과 완벽한 동기화가 이루어진다. 그런 다음 교류발전기와 전원공급원 사이의 스위치를 닫아야 한다.

3. 교류발전기의 동기조정

모선에 교류발전기를 접속하여, 여자전류를 인가하고 유기기전력의 크기, 위상, 주파수를 각각 모선측에 대해 동일한 값이 되도록 조정하고 회로의 차단기를 닫아 병렬운전한다. 이때 두 교류발전기의 기전력의 크기, 주파수, 위상 조건이 만족하지 않는 상태에서 차단기를 닫는 순간에 큰 돌입전류가 발생하여, 교류발전기에 큰 기계적 충격을 주어 기계를 소손할 수 있다. 전압은 전압계로, 주파수는 주파수계로 측정이 가능하지만 전압의 위상은 **동기검정기**(synchronoscope)로 측정한다. 동기검정기는 여러 가지 방식이 있지만 가장 간단한 방법은 그림 2.21(a)과 같이 **동기검정등**(synchronizing lamp)을 이용하는 방법이다. 이 방식은 3개의 백열전등 L_1, L_2, L_3 이 그림 2.21과 같이 접속하면 동기기의 유기전압이 모선전압과 거의 같게 되었다고 하면 동기기의 회전수가 동일하지 않는 순간에 전구는 명멸을 거듭하지만 주파수 및 위상이 일치하게 되면 그림 2.21(b)의 벡터도에서처럼 전등 L_1 은 꺼지고 전등 L_2, L_3 는 밝기가 같아진다. 위상이 ϕ만큼 차가 발생하면 그림 2.21(c)와 같이 전등 L_3가 가장 밝고, L_2가 그 다음으로 밝고 L_1 은 희미하게 된다. 주파수가 약간의 차가 발생한 경우에는 그림 2.21(c)의 ϕ가 시간과 함께 변화하기 때문에 전등 L_1, L_2, L_3 는 교호하면서 명멸을 거듭하고 빛이 일정한 방향으로 회전하는 것처럼 보이며, 회전방향은 모선 주파수에 대해서 기동한 동기기의 주파수가 매우 높든가 아니면 매우 낮은가에 따라 반대 현상이 발생한다. 따라서 그림 2.21(b)의 상태에서 순간 차단기를 투입하면 돌입전류는 흐르지 않는다.

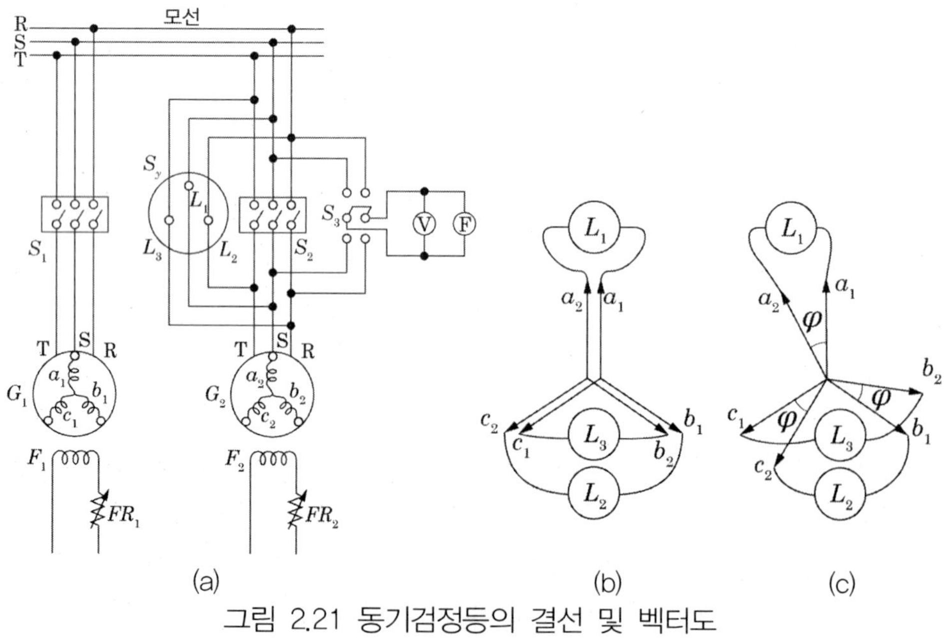

(a) (b) (c)

그림 2.21 동기검정등의 결선 및 벡터도

4. 사용 기자재 및 부품

• 전원공급 장치 (0 ~ 120/208 [V_{ac}] 3ϕ, 120 [V_{dc}])	EMS 8821
• 동기전동기/발전기모듈	EMS 8241
• 직류전동기/발전기모듈	EMS 8211
• 동기화스위치 모듈	EMS 8621
• 핸드타코미터	EMS 8920
• 교류전류계 모듈 (2.5/25 [A_{ac}])	EMS 8425
• 교류전압계 모듈 (250/250 [V_{ac}])	EMS 8426
• 타이밍벨트	EMS 8942
• 결선리드선	EMS 8941

5. 실험 순서

☞ 주 의 : 이 실험에서는 고전압이 유기된다. 전원장치의 스위치를 켠 상태에서 어떤 결선도 하지 마시오. 개개의 실험이 완료된 후 전원공급 장치의 스위치를 끄시오.

1. 동기전동기/발전기, 직류전동기/발전기, 동기화스위치, 전원공급 장치, 전류계, 전압계 모듈을 이용하여 그림 2.13에 주어진 회로를 결선하시오. 회로에 표시된 바와 같이 교류발전기의 출력은 동기화스위치를 통하여 전원공급 장치의 3상 고정출력전압 (208 [V]) 1－2－3 단자로 연결하시오. 또한 교류발전기의 회전자는 전원공급 장치의 직류가변전압(0 ~ 120 [V_{dc}]) 단자 7－N으로 연결하시오. 직류분권전동기는 전원 공급 장치의 고정 출력단자 (120 [V_{dc}]) 8－N으로 연결하시오.

2.

(1) 타이밍벨트를 이용하여 교류발전기와 직류전동기를 연결하시오.

(2) 직류전동기의 계자가감저항기를 시계방향으로 최대한 돌리시오(이것은 저항치를 최대로 하기 위함이다).

(3) 만일 동기전동기에 스위치가 없다면, 교류발전기의 계자가감저항기를 반시계방향으로 최대한 돌리시오(이것은 저항치를 최소로 하기 위함이다).

(4) 동기화스위치를 개방시켜 두시오.

(5) 만일 동기전동기에 스위치가 있다면 이 순간에 닫으시오.

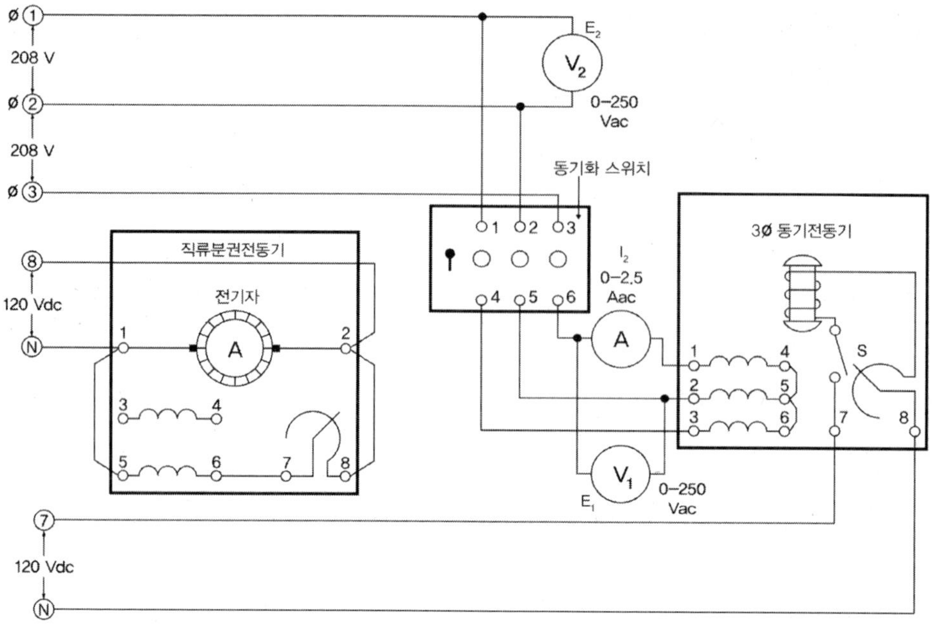

그림 2.22 동기화 스위치를 이용한 교류발전기의 동기화법

3.

(1) 전원장치의 스위치를 켜시오. 전동기의 속도가 1,800[rpm]으로 회전하도록 전원장치의 출력전압을 조절하시오. 그리고 핸드타코미터를 이용하여 측정해보시오.

(2) 전원공급 장치의 공급전원 (E_2)를 측정하여 아래에 기록하시오.

$E_2 =$ ____________ [V]

(3) 만일 전동기에 스위치(S)가 있다면 이 순간에 닫으시오.

(4) 교류발전기의 출력전압 (E_1)이 전원공급 장치의 전원 공급전압 (E_2)과 동일하게 될 때까지 교류발전기의 직류여자를 조절하시오.

☞ **주 의 : 이 두 전압은 나머지 실험이 끝날 때까지 항상 동일해야 한다.**

(5) 3개의 동기화 전구는 온오프를 반복하면서 명멸을 거듭할 것이다.

4.

(1) **비트주파수(beat frequency)**가 매우 낮을 때까지 직류전동기의 속도를 주의 깊게 조절하시오.

(2) 동기화 전등 3개 모두 밝아졌다. 그 다음 동시에 어두워지는가? 아래에 기록하시오.

예____________, 아니오______________

(3) 만일 동기화 전등 3개가 전부 어두워지지 않고 그 다음 동시에 밝아진다면 이는 위상이 잘못된 것이다. 전원장치의 스위치를 끄고 고정자로부터 연결된 3선 중 어느 2선을 교체하시오.

(4) 동기화 전등 3개가 서서히 어두워지고 그 다음 서서히 밝아질 때까지 전동기속도를 주의 깊게 조절하시오. 현재 사용하고 있는 교류발전기는 전원공급 장치의 전원과 거의 같게 될 것이다.

(5) 동기화 전등 3개가 완전히 어두워질 때 교류발전기와 공급전원의 전압은 동일한 상에 있다.

(6) 동기화 전등 3개가 모두 불빛이 밝을 때 교류발전기의 전압과 전원전압은 180° 위상차가 발생한다.

(7) 두 전압 E_1, E_2이 잘 일치하는가를 확인하시오. 만일 일치하지 않는다면 교류발전기에 공급되는 직류여자를 조절하시오.

5.

(1) 동기화 전등 3개 모두 어두울 때 동기화스위치를 닫고 그때 전류(I_1)의 값을 아래에 기록하시오.

---

(2) 동기화 전등 3개 모두 희미할 때 동기화스위치를 닫고 그때 전류(I_1)의 값을 아래에 기록하시오.

---

(3) 동기화 전등 3개가 부분적으로 밝을 때 동기화스위치를 닫고 그때 전류(I_1)의 값을 아래에 기록하시오.

6.

(1) 동기화 스위치를 열고 교류발전기에 공급되는 직류여자를 조절하여 교류발전기의 출력전압을 $(E_1 = 250\,[V])$ 조절하시오.

(2) 동기화 전구 3개 모두 동기화가 될 때까지 전동기의 속도를 조절하시오.

(3) 동기화 전등 3개 모두 가장 희미해질 때 동기화스위치를 닫고, 그 순간 및 그 이후 전류(I_1)에 미치는 영향을 관찰하여 아래에 기록하시오.

동기화 스위치를 닫는 순간: I_1 =

동기화 스위치를 닫은 후: I_1 =

(4) 동기화 스위치를 개방하시오.

(5) 전압을 0으로 만든 다음 전원장치의 스위치를 끄시오.

7.

(1) 직류전동기의 계자를 분권계자로 바꾸어 전동기의 회전방향을 역으로 하시오.

(2) 교류발전기를 동기화시키시오.

(3) 동기화 전등의 불빛은 어떻게 나타나는지 아래에 설명하시오.

(4) 위의 현상을 어떻게 해석할 것인지 아래에 설명하시오.

(5) 전압 0으로 만든 다음 전원장치의 스위치를 끄시오.

(6) 직류전동기의 회전방향이 바뀌지 않게 한 상태에서 이 상황을 개선할 수 있는 방법은 무엇인지 아래에 설명하시오.

학 습 평 가

1. 교류발전기를 기존의 전력선과 동기화시킬 수 있는 조건에 대해 아래에 설명하시오.

2. 교류발전기를 기존의 전력선과 동기화시키는 과정에서 교류발전기가 기계적으로 심하게 손상 받을 수도 있다. 이와 같은 현상이 발생될 수 있는 조건 2가지를 아래에 설명하시오.

(1)

(2)

3. 서로 다른 전압값을 발생하는 교류발전기가 전력선과 동일 위상에 있지 않는 경우가 있는데, 교류발전기로 하여금 전력을 전달하게 하려면 한 가지 조건을 만족해야 한다. 그 조건이 무엇인지 아래에 설명하시오.

2.7 3상 교류발전기의 전력특성

1. 실험의 목적

(1) 교류발전기에 의해 전달된 전력은 **직류여자**의 효과에 어떤 영향을 미치는가를 학습한다.

(2) 교류발전기에 의해 전달된 전력이 **1차 구동토크**에 어떤 영향을 미치는가를 학습한다.

2. 이론적 고찰

비상시에 사용하는 휴대용 혹은 이동용 엔진은 교류발전기가 운전되고 있는 지역으로부터 멀리 떨어져있으며, 대부분의 교류발전기들은 대전력회로망을 통해 전송하고 있다. 여기에 사용되는 주파수와 전압은 그 시스템에 동작하고 있는 발전기들에 의해 결정된다. 교류발전기가 발생한 전력은 수많은 모선을 통해, 즉 대전력 배전시스템을 통해 대전력을 전송하고 있다. 이 수많은 모선에 접속되어 있는 전압과 주파수는 어떤 교류발전기를 추가하든지 간에 변화시킬 수 없다. 또 추가된 교류발전기는 공극의 자속이 일정해야 한다. 왜냐하면 수많은 모선에 흐르는 전원주파수와 전압의 크기는 일정하기 때문이다.

자속은 일반적으로 직류 회전자전류에 의해 발생되거나 혹은 고정자의 교류전류에 의해 발생된다. 따라서 자속을 발생시키는 데 필요한 직류전류보다 적은 전류가 흐르면 교류발전기의 전기자가 발생하는 전원은 **지상무효전력**(lagging reactive power)을 많은 모선으로 전송할 것이며, 반대로 자속을 발생시키는 데 필요한 직류전류보다 많은 전류를 흘리면 교류발전기의 전기자가 발생하는 전원은 **진상무효전력**(leading reactive power)을 많은 모선으로 전송할 것이다. 교류발전기가 후자와 같은 동작을 하면 이는 **커패시턴스**와 같은 역할을 한다고 할 수 있다. 어떤 교류발전기의 직류여자를 적당(tied)하게 변화시켜 많은 모선으로 전력을 전달하면 이는 전력을 변화시켜 전송하는 역할을 할 것이다. 어떤 교류발전기가 오직 **유효전력**(real power)만을 많은 모선에 전송한다면 이는 일반적으로 교류발전기의 회전자를 무부하상태로 앞서게 하는 것이다. 따라서 기계적 토크는 회전자의 위치를 계속 앞서게 동작시켜야 가능할 것이다. 토크와 회전속도의 곱에 의해 기계력이 측정되고, 이 기계력을 교류발전기는 전달받아 전력을 발생한다. 다시 말해서 **1차 구동원(원동기)**은 회전자에 토크(회전력)를 공급해야 한다는 사실은 명확하다. 어떤 **한계점**(limit)에 도달되지 않은 상태에서 더 큰 토크가 교류발전기에 전달되면 발전기는 더 큰 유효전력을 발생할 것이다. 원동기가 교류발전기에 전달하는 토크가 차단되면 교류발전기는 동기전동기로 동작할 것이다. 사실상 교류발전기는 원동기에 기계적인 전력만을 전달하는 역할을 하는 것이다. 어떤 교류발전기가 **수차터빈**(water turbine)에 의해 구동되면 이는 수중펌프와 마찬가지로 수차터빈을 구동하는 동기전동기가 된다.

3. 사용 기자재 및 부품

• 전원공급 장치 (0 ~ 120/208 [V_{ac}] 3ϕ, 120 [V_{dc}])	EMS 8821
• 동기전동기/발전기모듈	EMS 8241
• 직류전동기/발전기모듈	EMS 8211
• 동기화스위치 모듈	EMS 8621
• 핸드타코미터	EMS 8920
• 교류전류계 모듈 (2.5/25 [A_{ac}])	EMS 8425
• 교류전압계 모듈 (250/250 [V_{ac}])	EMS 8426
• 직류전류계 모듈 (0.5/2.5 [A_{dc}])	EMS 8412
• 3상 전력계 모듈	EMS 8441
• 타이밍벨트	EMS 8942
• 결선리드선	EMS 8941

4. 실험 순서

☞ 주 의 : 이 실험에서는 고전압이 유기된다. 전원장치의 스위치를 켠 상태에서 어떤 결선도 하지 마시오. 개개의 실험이 완료된 후 전원공급 장치의 스위치를 끄시오.

1. 동기전동기/발전기, 직류전동기/발전기, 동기화스위치, 전원공급 장치, 전류계, 전압계 모듈을 이용하여 그림 2.23에 주어진 회로를 결선하시오. 회로에 표시된 바와 같이 교류발전기의 출력은 3상 전력계와 동기화스위치를 통하여 전원공급 장치의 3상 고정 출력전압 (208 [V_{ac}]) 단자 1－2－3으로 연결하시오. 또한 교류발전기의 회전자는 전원공급 장치의 직류가변전압(0 ~ 120 [V_{dc}]) 단자 7－N으로 연결하시오. 직류분권전동기는 전원공급 장치의 고정출력(120[V_{dc}]) 단자 8－N으로 연결하시오.

2.

(1) 타이밍벨트를 이용하여 교류발전기와 직류전동기를 연결하시오.

(2) 직류전동기의 계자가감저항기를 시계방향으로 최대한 돌리시오(이것은 저항치를 최대로 하기 위함이다).

(3) 만일 동기전동기에 스위치가 없다면, 교류발전기의 계자가감저항기를 반시계방향으로 최대한 돌리시오(이것은 저항치를 최소로 하기 위함이다).

(4) 동기화스위치를 개방시켜 두시오.

(5) 만일 동기전동기에 스위치가 있다면 이 순간에 닫으시오.

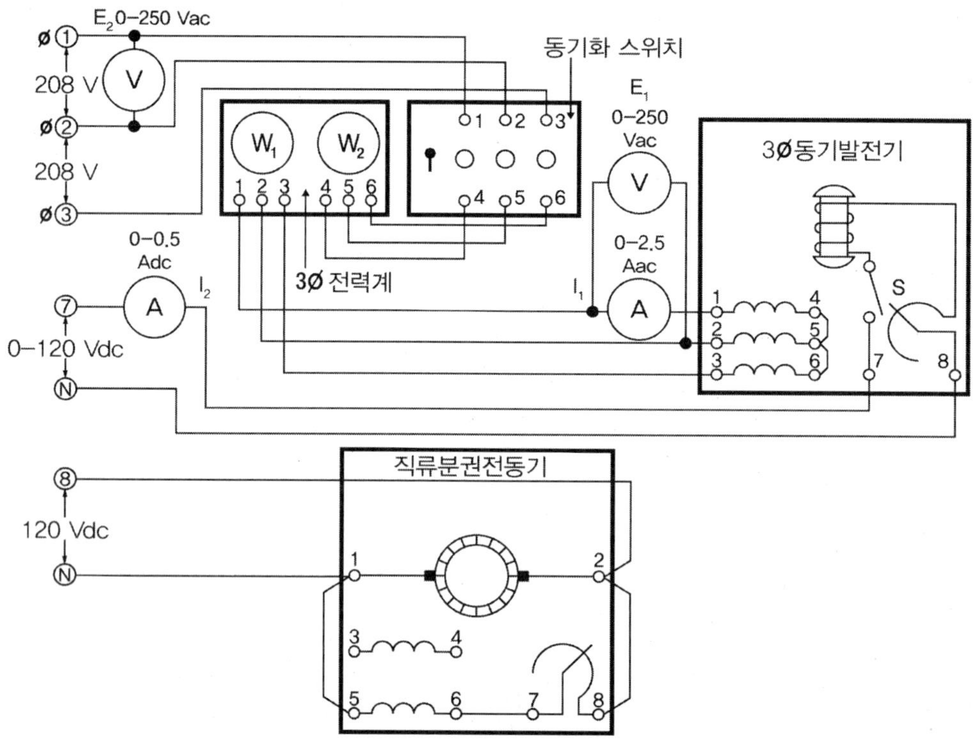

그림 2.23 교류발전기의 전력 수수

3.

(1) 전원장치의 스위치를 켜시오. 전동기의 속도가 1,800[rpm]으로 회전하도록 전원장치의 출력전압을 조절하시오. 그리고 핸드타코미터를 이용하여 속도를 측정해 보시오.

(2) 만일 전동기에 스위치 (S)가 있다면 이 순간에 닫으시오.

(3) 교류발전기의 출력전압 (E_1)이 전원공급 장치의 전원 공급전압 (E_2)과 동일하게 될 때까지 교류발전기의 직류여자를 조절하시오.

(4) 교류발전기와 기존의 전력선을 동기화시키고 동기화 스위치를 켜시오.

(5) 교류발전기의 직류여자와 전동기의 속도를 주의 깊게 조절하여 양쪽 전력계의 전력이 제로를 지시할 때까지 조절하시오. 그런 다음 전압 (E_1), 전류 (I_1, I_2)를 측정하여 아래에 기록하시오.

E_1 = ________[V], I_1 = ________[A], I_2 = ________[A]

교류발전기는 지금 전력선에 접속되어 있지 않은 상태이다. 교류발전기는 전력선으로부터 전력을 받을 수도 없고, 전력을 공급할 수도 없다.

4.

(1) 교류발전기의 전류가 $I_1 = 0.33$ [A]이 될 때까지 직류여자만을 서서히 증가시키시오. 이때 전력 W_1, W_2 [W], 전압 E_1 [V], 전류 I_2 [A]를 측정하여 아래에 기록하시오.

W_1 = ________[W], W_2 = ________[W]

E_1 = ________[V], I_2 = ________[A]

(2) 전압을 0[V]로 만든 다음 전원장치의 스위치를 끄시오.

(3) 교류발전기에 의해 전달되는 **피상전력** (P_a)과 **유효전력** (P)을 측정하여 아래에 기록하시오.

피상전력 P_a =

[VA]

유효전력 P =

[KW]

(4) 직류여자의 증가가 교류발전기에 의해 전송된 유효 또는 무효전력 중 어느 전력에 영향을 미치는가? 아래에 설명하시오.

5. 양쪽 전력계의 전력이 0이 될 때까지 실험 3의 순서를 반복 진행하시오.

6.

(1) 교류발전기의 전류가 $I_1 = 0.33$ [A]이 될 때까지 직류여자만을 서서히 증가시키시오. 이때 전력 W_1, W_2 [W], 전압 E_1 [V], 전류 I_2 [A]를 측정하여 아래에 기록하시오.

W_1 = ________[W], W_2 = ________[W]

E_1 = ________________ [V], I_2 = ________________ [A]

(2) 전압을 0으로 만든 다음 전원장치의 스위치를 끄시오.

(3) 교류발전기에 의해 전달되는 **피상전력** (P_a)과 **유효전력** (P)을 측정하여 아래에 기록하시오.

피상전력: P_a =

[VA]

유효전력: P =

[KW]

(4) 직류여자의 감소가 교류발전기에 의해 전달된 유효 또는 무효전력 중 어느 전력에 영향을 미치는가? 아래에 설명하시오.

(5) 실험 4, 6의 동일한 무효전력은 **양(+)**인가? **음(-)**인가? 아래에 설명하시오.

7. 양쪽 전력계의 전력이 0이 될 때까지 실험 3의 순서를 반복 진행하시오.

8.

(1) 교류발전기의 전류가 $I_1 = 0.33$ [A]이 될 때까지 직류여자만을 서서히 증가시키시오. 이때 전력 W_1, W_2 [W], 전압 E_1 [V], 전류 I_2 [A]를 측정하여 아래에 기록하시오.

W_1 = ________________ [W], W_2 = ________________ [W]

E_1 = ________________ [V], I_2 = ________________ [A]

(2) 전압을 0으로 만든 다음 전원장치의 스위치를 끄시오.

(3) 교류발전기에 의해 전달되는 **피상전력** (P_a)과 **유효전력** (P)을 측정하여 아래에 기록하시오.

피상전력 P_a =

[VA]

유효전력 P =

[KW]

(4) 전동기 발생토크의 증가가 교류발전기에 의해 전달된 유효 또는 무효전력 중 어느 전력에 영향을 미치는가? 아래에 설명하시오.

9. 양쪽 전력계의 전력이 0이 될 때까지 실험 3의 순서를 반복 진행하시오.

10. 50 [%] 역률에서 교류전력 60 [W] 의 유효전력을 전송할 수 있도록 직류전동기의 토크와 교류발전기의 직류여자를 조정하시오.

(1) 교류발전기가 과여자 시 아래 항목들에 대해 측정하여 기록하시오.

W_1 = ____________ [W], W_2 = ____________ [W]

I_1 = ____________ [A], I_2 = ____________ [A]

E_1 = ____________ [V]

(2) 교류발전기가 부족여자 시 아래 항목들에 대해 측정하여 기록하시오.

W_1 = ____________ [W], W_2 = ____________ [W]

I_1 = ____________ [A], I_2 = ____________ [A]

E_1 = ____________ [V]

11. 교류발전기가 120 [Var]의 용량을 가지고 완전한 3상 인덕턴스로 작용할 수 있도록 직류전동기의 토크와 교류발전기의 직류여자를 조절하시오. 그런 다음 아래에 주어진 항들에 대해 기록하시오.

W_1 = ____________ [W], W_2 = ____________ [W]

I_1 = ____________ [A], I_2 = ____________ [A]

E_1 = ____________ [V]

12. 교류발전기가 120[Var]의 용량을 가지고 완전한 3상 커패시턴스로 작용할 수 있도록 직류전동기의 토크와 교류발전기의 직류여자를 조절하시오. 그런 다음 아래에 주어진 항들에 대해 기록하시오.

W_1 = ____________[W], W_2 = ______________[W]

I_1 = _____________[A], I_2 = _______________[A]

E_1 = ____________[V]

학 습 평 가

1. 수차터빈에 의해 구동되는 어떤 교류발전기가 역률 95[%]로 10,000[KVA]의 전력을 전달하고 있다.

(1) 만일 직류여자가 감소한다면 이 발전기의 피상전력은 감소하는가? 증가하는가? 아래에 설명하시오.

(2) 만일 직류여자가 증가한다면 이 발전기의 피상전력은 감소하는가? 증가하는가? 아래에 설명하시오.

2. 교류발전기에 의해 구동되는 어떤 직류전동기의 출력이 100[Hp]이다. 만일 교류발전기의 효율이 94[%]라면 배전선으로 전송되는 유효전력은 얼마인지 아래에 기록하시오.

P =   [W]

3. 배전선에 연결된 교류발전기의 역률은 전기기계 장치에 의존하지 않고 배전선에 의해 결정된다. 그 이유를 아래에 설명하시오.

4. 배전계통에 직결된 어떤 교류발전기의 출력주파수는 배전계통의 주파수에 의해 결정된다. 그 이유를 아래에 설명하시오.

2.8 셀신제어

1. 실험의 목적

(1) 셀신(자기동기)제어를 이용하여 원격제어(remote control)의 원리를 학습한다.

2. 이론적 고찰

셀신제어(selsyn control)란 기계적 에너지를 축과 다른 기계적인 연결에 의해서 멀리 떨어진 특정지역으로 기계에너지를 전달하는 역할을 의미한다. 실제로 멀리 떨어진 장소에 기계에너지를 전송하는 것은 간단한 문제가 아니다. 따라서 성공적인 에너지 전송을 위해 **셀신기**를 이용한 원격제어는 매우 유용할 수 있다. 예를 들자면 셀신시스템은 축(shaft) 대신에 와이어를 사용하여 광범위하게 흩어진 장소들 사이에 기계적인 운동에너지를 정확하게 반복적으로 전송하는 것을 가능케 할 수 있다는 것이다. 기본시스템은 **전송장치**(transmitter)와 **수신장치**(receiver)로 구성되는데 이는 전선에 의해 연결되며, 교류전원으로부터 여자된다. 전송장치는 기계운동에너지를 전기 신호로 바꾸는 반면에, 수신장치는 전기신호를 기계운동에너지로 바꾸는 역할을 한다. 수신장치와 전송장치는 사실상 3상 고정자(전기자)와 단상 회전자를 가진 선형유도전동기가 사용되고 있다. 회전자권선은 단상으로 결선하고 교류전원을 인가하면, 고정자권선 상호간에 간략하게 연결할 수 있다. 회전자가 여자되었을 때 자동적으로 동일한 위치에 놓이게 된다. 모든 3상전압은 각각 동일하며, 고정자 내에 순환전류가 흐르지 않는다. 그러나 만일 전송장치의 회전자가 미소 각으로 회전한다면 전송장치의 고정자권선내부에 유기된 전압이 수신장치에 동일하지 않게 되어 전압의 불평형으로 인해서 고정자권선 내부에 순환전류가 흐르게 되고 수신장치의 회전자를 송신장치의 회전자와 동일한 위치로 되돌리려는 기자력이 발생한다. 대부분의 경우 셀신 송신장치와 수신장치는 그 크기가 작은데 그 이유는 **위치정보(레이더 안테나 방향, 풍향지시 방향 등)**만이 전송되기 때문이다.

3. 셀신장치의 구조와 원리

1) 구조

신크로전기(synchro electric)의 구조는 고정자와 회전자로 되어있으며, 고정자는 3상 유도전동기의 1차권선과 동일하고 성층철심에 3상권선이 감겨있고, 성형(Y)결선으로 되어있다. 회전자는 보통 철극형의 2극 성층철심에 단상권이 감겨있으며, 교류전원을 이용해서 여자한다.

2) 원리

구조가 동일한 A, B 두 개의 **신크로장치**(synchro device)를 그림 2.24에 표시하였다. 양기의 고정자권선을 상대적으로 접속하고 회전자권선에는 동일전원으로부터 교류를 인가하면 양기의 회전자권선에는 여자전류가 흐르고 교번자속이 발생한다. 이 자속에 의한 변압기 작용에 따라 고정자권선의 각상에 기전력이 유기되지만 그림 2.24에 나타낸 것처럼 양기의 회전자가 각각의 고정자에 대하여 동일한 위치에 있을 때, 즉 정지상태에서는 양기의 고정자의 유기기전력은 서로 평형을 유지하고 이 회로에 전류가 흐르지 않는다.

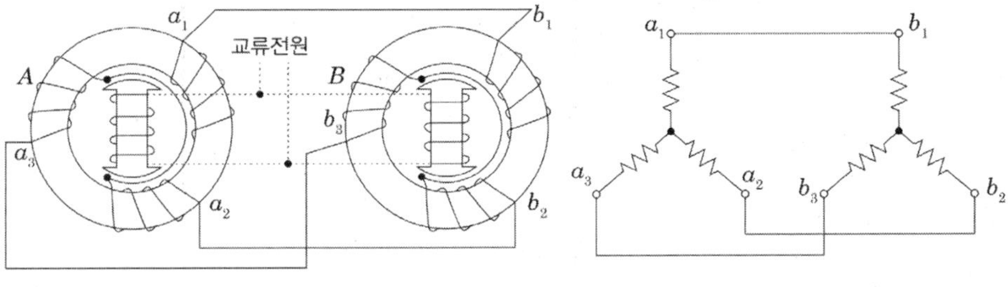

그림 2.24 신크로전기의 접속도

가령 A기의 회전자를 각(θ)만큼 오른쪽으로 이동하였다고 하면 양 고정자 사이의 유기기전력의 평형이 깨져서 양기의 고정자권선 사이에 전류가 흐르고, 이 전류와 B기의 교번자속 사이에 토크가 발생한다. 그런데 이 토크에 의해 B기의 회전자도 오른쪽으로 이동하게 되고 마치 각(θ)만큼 이동하여 회전자와 고정자 사이의 관계 위치 (A,B)가 동일하게 되고 다시 두 고정자권선 중에 유기기전력이 평형을 유지한 다음 B기는 정지한다. 이와 같이 B기의 회전자는 항상 A기의 **홀전자**(hall electron)의 이동에 따라서 동일방향의 동일각도로 이동하게 된다. 이 경우 A기를 **송량기(送量器**, sender), B기를 **수량기(受量器**, receiver)라 한다.

4. 사용 기자재 및 부품

- 전원공급 장치 (0 ~ 120 [V_{ac}]) EMS 8821
- 권선형유도전동기(2Set) EMS 8231
- 교류전압계모듈 (100 [V_{ac}]) EMS 8426
- 교류전류계모듈 (0.5 [A_{ac}]) EMS 8425
- 결선리드선 EMS 8941

5. 실험 순서

☞ 주 의 : 이 실험에서는 고전압이 유기된다. 전원장치의 스위치를 켠 상태에서 어떤 결선도 하지 마시오. 개개의 실험이 완료된 후 전원공급 장치의 스위치를 끄시오.

1. 권선형유도전동기, 전원장치, 교류전압, 전류계를 이용하여 그림 2.25에 주어진 회로도를 연결하시오. 권선형유도전동기 회전자 단자 7－8은 전원장치의 가변출력 단자 4－N으로 연결된다.

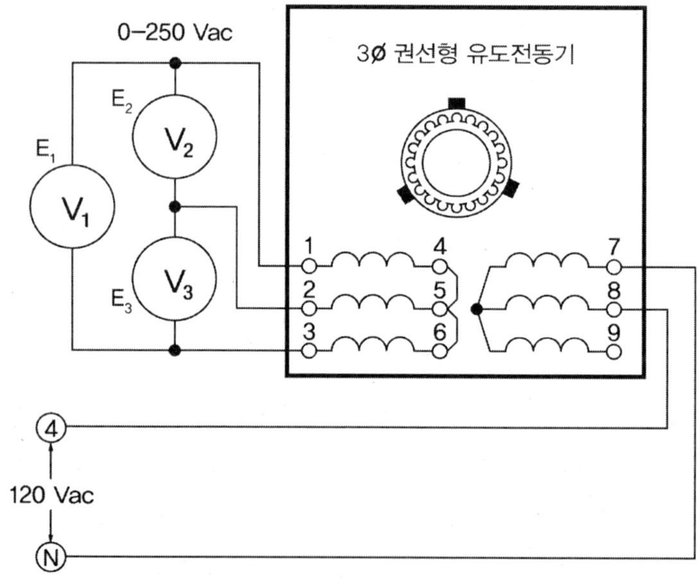

그림 2.25 권선형유도전동기의 결선도

2.

(1) 전동기의 앞면 판을 내린 다음 회전자를 손으로 돌려보시오.

(2) 전원장치의 스위치를 켜고 전원장치의 전압계가 교류 50[V]를 지시하도록 조절하시오.

(3) 고정자(1차측) 전압 E_1, E_2, E_3를 살펴보시오.

(4) 주의 깊게 손으로 전동기 회전자축을 서서히 돌려보시오. 회전자가 회전함에 따라 3개의 고정자전압이 어떻게 변화하는지 주의 깊게 관찰하시오.

(5) 전압 (E_1)이 최대가 될 때까지 회전자축을 돌리시오. 3개의 고정자전압을 측정하여 아래에 기록하시오.

E_1 = ________[V], E_2 = ________[V], E_3 = ________[V]

(6) 전압 (E_2)이 최대가 될 때까지 회전자축을 돌리시오. 3개의 고정자전압을 측정하여 아래에 기록하시오.

E_1 = ________[V], E_2 = ________[V], E_3 = ________[V]

(7) 전압 (E_3)이 최대가 될 때까지 회전자축을 돌리시오. 3개의 고정자전압을 측정하여 아래에 기록하시오.

E_1 = ________[V], E_2 = ________[V], E_3 = ________[V]

(8) 전압을 0으로 한 다음 전원장치의 스위치를 끄시오.

3. 그림 2.26에 주어진 회로를 결선하시오. 각각의 고정자권선에 전류계를 직렬로 결선하시오.

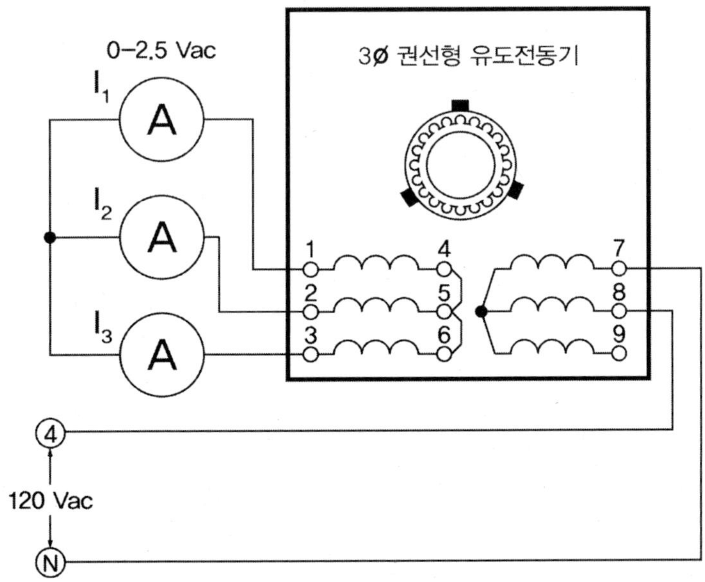

그림 2.26 권선형유도전동기를 이용한 셀신제어

4.

(1) 전동기모듈의 앞면을 내리시오.

(2) 전원장치의 스위치를 켜고 전원장치의 전압계가 교류 50[V]를 지시하도록 조절하시오.

(3) 회전자 축을 손으로 서서히 주의 깊게 돌리시오. 회전자가 회전할 때 3개의 고정자 전류가 어떻게 변화하는가를 관찰하시오.

(4) 전류 (I_1)이 최댓값을 지시할 때까지 회전자를 돌리시오. 3개의 전기자(고정자)권선의 전류를 측정하여 아래에 기록하시오.

I_1 = ＿＿＿＿＿＿[A], I_2 = ＿＿＿＿＿＿[A], I_3 = ＿＿＿＿＿＿[A]

(5) 전류 (I_2)가 최댓값을 지시할 때까지 회전자를 돌리시오. 3개의 전기자(고정자) 권선의 전류를 측정하여 아래에 기록하시오.

I_1 = ＿＿＿＿＿＿[A], I_2 = ＿＿＿＿＿＿[A], I_3 = ＿＿＿＿＿＿[A]

(6) 전류 (I_3)가 최댓값을 지시할 때까지 회전자를 돌리시오. 3개의 전기자(고정자)권선의 전류를 측정하여 아래에 기록하시오.

I_1 = ＿＿＿＿＿＿[A], I_2 = ＿＿＿＿＿＿[A], I_3 = ＿＿＿＿＿＿[A]

(7) 전압을 0으로 만든 후 전원장치의 스위치를 끄시오.

5. 권선형유도전동기 2대를 이용하여 그림 2.27에 주어진 회로를 연결하시오. 각 전동기의 고정자권선은 상호간에 결선되어 있다. 회전자권선은 병렬로 접속되어 있으며, 전원장치의 가변 출력단자를 통해서 교류 0 ~ 120[V]를 공급한다.

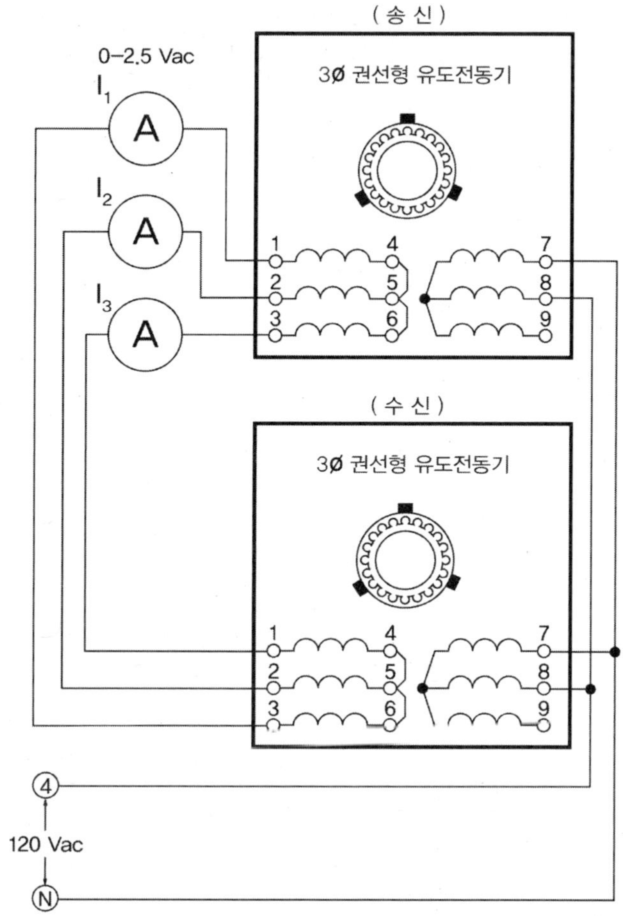

그림 2.27 2개의 권선형유도전동기를 이용한 셀신제어

6.

(1) 전동기의 앞 표면 판을 내리시오. 이 전동기를 송신장치로 두고 다른 한 대의 전동기는 수신장치에 두시오.

(2) 전원장치의 스위치를 켜고 전원장치의 전압계가 교류 100[V]를 지시하도록 조절하시오.

(3) 전송장치의 회전자 축을 돌리면서 수신장치의 회전자가 이에 따라 변화하는가를 관찰하시오.

(4) 전송장치를 완전히 한 바퀴 돌리시오. 이에 따라 수신장치도 한 바퀴 회전하는가? 아래에 설명하시오.

예______________ 아니오______________

(5) 수신장치의 전면을 아래로 내리시오.

(6) 수신장치의 회전자 축을 고정시키고 송신장치의 회전자 축을 주의 깊게 서서히 돌리시오.

(7) 토크발생이 일어나는가?

(8) 송신장치의 축을 완전히 한 바퀴 돌리면서 손으로 수신장치의 회전자를 제동할 때 3개의

고정자전류가 어떻게 변화하는가를 관찰하시오.

(9) 회전자가 정렬되었을 때 3개의 고정자(전기자)전류는 0이 된다.

학 습 평 가

1. 송신장치와 수신장치의 거리가 10[m], 100[m], 1,000[m]일 경우도 이 실험이 잘 된다고 생각하는가?

2. 회전하는 레이더 안테나의 순간 각 위치가 원거리 조정실의 계기상으로 전송되는 과정을 모두 그려보시오.

3. 셀신제어가 사용되고 있는 응용분야를 적어도 4가지 이상 기록하시오.

(1)

(2)

(3)

(4)

CHAPTER 3

변압기

3.1 단상변압기의 특성 I

1. 실험의 목적

(1) 변압기의 전압비와 전류비의 관계를 학습한다.

(2) 변압기의 여자전류, 전압, 전류용량, 단락전류에 대해 학습한다.

2. 이론적 고찰

변압기는 전기분야에 사용되고 있는 여러 전기기기들 중 가장 널리 이용되는 전기기기 중 하나이다. 또한 변압기는 트랜지스터 라디오에 이용되는 소형에서부터 중앙전력 공급장치에 이용되는 대형에 이르기까지 그 크기와 형태가 매우 다양하다. 그러나 모든 변압기들은 동일한 기본 특성을 갖고 있다. 두 개의 코일 또는 **권선(1차권선, 2차권선)** 사이에 **전자상호유도작용**이 존재할 때 **1차권선**(primary winding)을 통과한 전류변화는 **2차권선**(secondary winding)에 전압을 유기한다는 것이다. 또한 모든 변압기는 하나의 1차권선과 하나 혹은 그 이상의 2차권선으로 구성되어 있다. 1차권선은 전원공급 장치로부터 전기에너지를 공급받아 이 전기에너지를 자계의 변화에 의해 2차권선에 **유기**(induce)시킨다. 이 에너지는 2차권선을 지나서 **기전력**(electromotive force, EMF)을 발생하며, 만일 2차권선에 부하가 접속되어 있다면 에너지는 부하로 전달될 것이다.

이와 같이 전기에너지는 두 회로 사이에 실제로 연결되어 있지 않아도 한 회로에서 다른 회로로 전기에너지를 전달할 수 있다. 변압기가 **교류전력**(AC power) 배전에 있어 필수적인 이유는 주어진 전류 및 전압에서 전력을 동일전력의 전류 및 전압으로 변화시킬 수 있기 때문이다. 변압기가 동작할 때 교류전류는 권선 내부에 흐르며, 교류자계는 철심 내부에 형성된다. 결과적으로 **동손**(copper losses) 및 **철손**(iron losses)을 발생하며 이들 손실은 **유효전력**(watte power: W)을 의미하고, 변압기의 가열을 초래한다. 전력선으로부터 발생되는 **무효전력**(reactive power: var)은 자계의 발생에 필요한 전력이다. 이와 같은 이유 때문에 1차측에 전달된 전체의 전력은 2차측에 전달된 전체의 전력보다 약간 크다. 그러나 대부분의 변압기는 아래와 같은 관계가 성립함을 알 수 있을 것이다.

① 1차전력(Watts) = 2차전력(Watts)

② 1차전압전류(Va) = 2차전압전류(Va)

③ 1차무효전력(Var) = 2차무효전력(Var)

1차측 전압이 정격전압보다 커지면 **철심이 포화**(iron core saturation)되기 시작하고 **자화전류(여자)**(magnetizing current, exciting current)는 빠르게 증가할 것이다. 변압기는 예기치 못한 사고로 인해 단락되기 쉬우므로 단락전류는 경우에 따라서 매우 클 수도 있으므로 빨리 차단시키지 못하면 변압기는 순식간에 소손될 수 있다. 이번 실험의 목적은 이러한 중요사항들을 살펴보기로 한다.

3. 변압기의 기본 원리

1) 암페어 오른나사법칙(Amperes's right hand screw law)

권선에 흐르는 전류방향과 전류에 의한 자계방향의 관계는 그림 3.1(a)에 나타낸 것처럼 나사가 진행하는 방향으로 전류가 흐르면 나사가 회전하는 방향으로 자계가 발생한다. 이러한 관계를 **암페어 오른나사법칙**(Amperes's right hand screw law)이라 한다. 그림 3.1(b)에 나타낸 것처럼 코일을 감은 방향으로 전류(i [A])가 흐르면 암페어 오른나사법칙에 따라 화살표방향으로 자계가 발생한다.

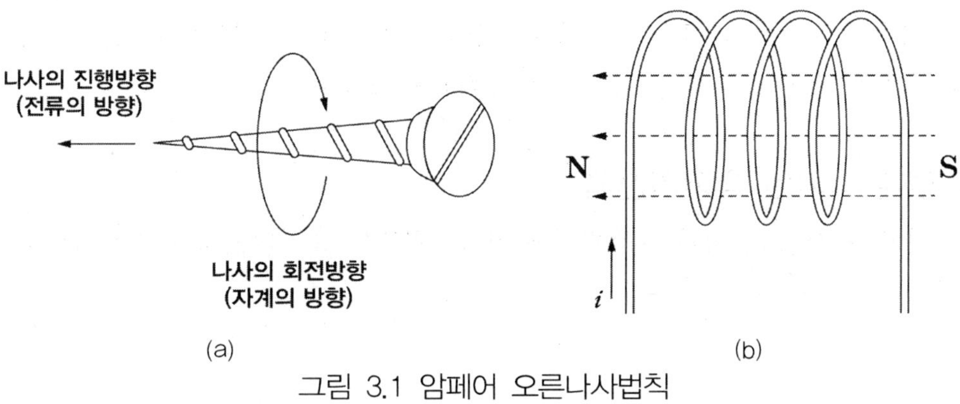

그림 3.1 암페어 오른나사법칙

2) 패러데이법칙(Faraday's law)

그림 3.2에 나타낸 바와 같이 1개의 폐회로를 관통하는 자속(ϕ[Wb])이 시간적으로 변화하면 폐회로 내부에는 자속수의 시간적 변화에 비례한 기전력(e[V])이 발생한다. 이러한 현상을 **전자유도**(electromagnetic induction)라 하며, 이때 발생된 기전력을 **유**

기기전력(induced electro motive force)이라 한다. 자속(ϕ[Wb])과 기전력(e[V])의 방향 관계는 그림 3.2에 나타낸 바와 같다. 이러한 전자유도에 의한 자속과 유기기전력의 관계를 **패러데이법칙**(Faraday's law)이라 한다.

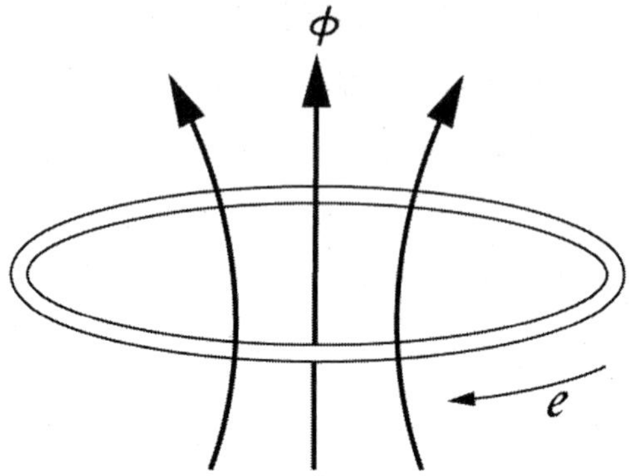

그림 3.2 자속변화와 기전력방향

3) 렌쯔법칙(Lenz's law)

전자유도에 따라 폐회로에 발생하는 기전력의 방향은 그것에 따라 흐르는 전류가 만드는 자계코일을 관통하는 자속의 변화를 방해하는 방향으로 발생한다. 그림 3.3에 주어진 바와 같이 자속(ϕ[Wb])이 그림 3.3에서 표시한 방향으로 증가하게 되면 증가를 방해하는 방향, 즉 그림상의 폐회로로 표시된 방향으로 기전력(e[V])이 발생한다. 반대로 자속이 감소하게 되면 기전력의 방향도 역시 반대가 된다. 이러한 자속변화와 기전력의 방향관계를 표시한 것이 **렌쯔법칙**(Lenz's law)이다.

4) 권선에 유기된 유기기전력

암페어의 오른나사법칙과 렌쯔법칙에 따라 1회권에 유기되는 유기기전력은 아래와 같이 주어진다.

$$e = -\frac{d\phi}{dt}$$

권수를 n이라 하면 패러데이법칙에 따라 기전력은 n개가 직렬접속된 것과 같으므로 이 경우 유기기전력은 아래와 같이 주어진다.

$$e = -n\frac{d\phi}{dt} = -\frac{d\phi}{dt}$$

이때 권선을 관통하는 자속(ϕ[Wb])을 **쇄교자속(鎖交磁束**, magnetic flux inter linkage)이라 하고, $\Phi = n\phi$를 전(全)쇄교자속 수라 한다.

4. 사용 기자재 및 부품

• 전원공급 장치 (0 ~ 120/208 [V_{ac}])	EMS 8821
• 단상변압기	EMS 8341
• 교류전압계모듈 (100/100/250/250 [V_{ac}])	EMS 8426
• 교류전류계모듈 (0.5 [A_{ac}])	EMS 8425
• 결선리드선	EMS 8941
• 옴 미터	EMS 8946

5. 실험 순서

☞ 주 의 : 이 실험에서는 고전압이 유기된다. 전원장치의 스위치를 켠 상태에서 어떤 결선도 하지 마시오. 개개의 실험이 완료된 후 전원공급 장치의 스위치를 끄시오.

1. 결선단자, 권선 및 특히 변압기에 주의하면서 변압기의 구조를 관찰한다.

(1) 변압기 철심은 얇은 강판으로 적층하여 구성되어 있다.

(2) 변압기권선은 변압기코일에 부착된 단자로부터 도출되어있는지 살펴본다.

(3) 이들 권선이 모듈표면에 장착된 연결단자로 연결되어있는지 관찰한다.

2. 모듈표면에 표시된 2개의 개별 변압기권선들을 아래에서 살펴보기로 한다.

(1) 3개의 권선의 정격전압을 측정하여 기록하시오.

권선 1–2 = ____________ [V_{ac}]

권선 3–4 = ____________ [V_{ac}]

권선 5–6 = ____________ [V_{ac}]

(2) 아래에 주어진 연결단자 사이의 정격전압을 측정하여 기록하시오.

권선 3–7 = ____________ [V_{ac}]

권선 7–8 = ____________ [V_{ac}]

권선 8–4 = ____________ [V_{ac}]

권선 3-8 = ________________ [V_{ac}]

권선 2-4 = ________________ [V_{ac}]

권선 5-9 = ________________ [V_{ac}]

권선 9-6 = ________________ [V_{ac}]

(3) 아래에 주어진 연결단자 사이의 정격전류를 측정하여 기록하시오.

권선 1-2 = ________________ [A_{ac}]

권선 3-4 = ________________ [A_{ac}]

권선 5-6 = ________________ [A_{ac}]

권선 8-4 = ________________ [A_{ac}]

권선 3-7 = ________________ [A_{ac}]

3. 여러분들이 가지고 있는 저항 측정계의 범위를 최소 위치에 설정한 상태에서 아래에 주어진 각 연결단자 사이의 직류 저항값을 측정하여 아래에 기록하시오.

권선 1-2 = ________________ [Ω]

권선 3-4 = ________________ [Ω]

권선 3-7 = ________________ [Ω]

권선 7-8 = ________________ [Ω]

권선 8-4 = ________________ [Ω]

권선 5-6 = ________________ [Ω]

권선 5-9 = ________________ [Ω]

권선 9-6 = ________________ [Ω]

4. 1차측 권선에 교류 120[V]를 인가하였을 때 2차 무부하전압을 측정하시오.

(1) 그림 3.3에 주어진 회로도를 결선하시오.

(2) 전원장치의 스위치를 켜고 단자 4-N에 연결된 전압계가 교류 120[V]를 지시하도록 조절하시오.

(3) 출력전압 E_2를 측정하여 기록하시오.

(4) 전압을 0으로 만든 후 전원장치의 스위치를 끄시오.

(5) 실험 (2), (3), (4)를 반복하면서 아래에 주어진 권선 단자 사이의 출력전압 E_2를 측정하여 기록하시오.

권선 1-2 = ________________ [V_{ac}]

권선 3-4 = ________________ [V_{ac}]

권선 5-6 = ________________ [V_{ac}]

권선 3-7 = ______________ [V_{ac}]
권선 8-4 = ______________ [V_{ac}]
권선 5-6 = ______________ [V_{ac}]
권선 5-9 = ______________ [V_{ac}]
권선 9-6 = ______________ [V_{ac}]

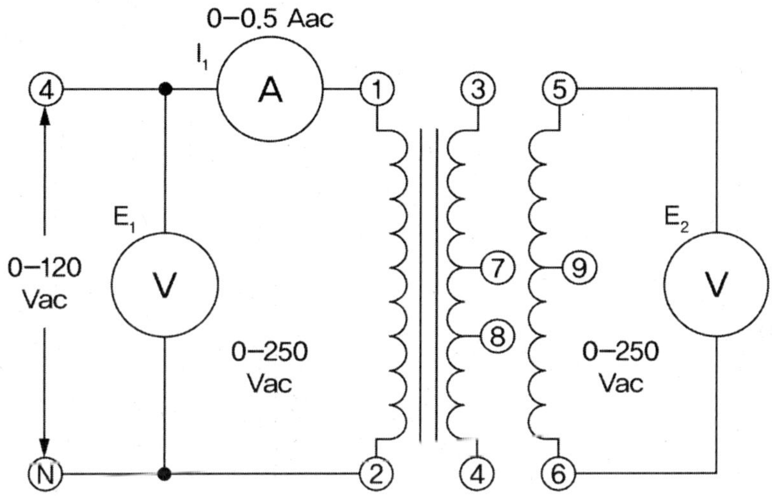

그림 3.3 각 변압기권선의 전압측정

5.

(1) 여러분들이 측정한 전압값과 정격전압값이 잘 일치하는가를 살펴보시오. 만일 일치하지 않는다면 그 이유를 아래에 설명하시오.

____

____

____

(2) 자화전류(여자)전류의 값을 측정할 수 있는가? 측정할 수 있다면 아래에 그 방법을 설명하시오.

____

____

____

6. 권선 1−2와 5−6은 각각 500회의 권선이 감겨져있다. 또한 권선 3−4는 865회의 권선이 감겨져 있다. 아래 주어진 공식을 이용하여 권선 비를 계산하시오.

(1) $\frac{\text{권선}1-2}{\text{권선}5-6} =$ (2) $\frac{\text{권선}1-2}{\text{권선}3-4} =$

7.

(1) 그림 3.4에 주어진 회로를 결선하시오. 전류계 I_2는 권선 5－6을 단락시켰음에 주목하시오.

(2) 전원장치의 스위치를 켜고 단락회로의 전류 I_2가 0.4 [A_{ac}]가 될 때까지 서서히 전압을 증가시키시오.

(3) 입력전압 E_1, 입력전류 I_1, 단락전류 I_2를 측정하여 아래에 기록하시오.

E_1 ____________ [V_{ac}], I_1 ______________ [A_{ac}], I_2 _____________ [A_{ac}]

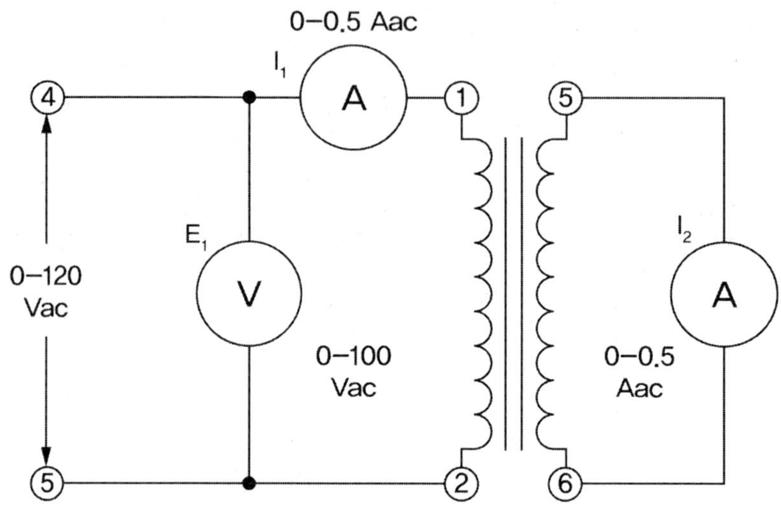

그림 3.4 변압기의 단락특성

(4) 전압을 0으로 만든 후 전원장치의 스위치를 끄시오.

(5) 전류비를 계산하시오.

$I_1/I_2 =$ ________________

(6) 전류비와 권수비가 일치하는가? 일치한다면 그 이유를 아래에 설명하시오.

____

____

____

8.

(1) 그림 3.5에 주어진 회로를 결선하시오. 권선 3－4는 전류계 I_3에 의해 단락되어있음에 주목하시오.

(2) 전원장치의 스위치를 켜고 1차권선 전류 I_1이 0.4 [A_{ac}]가 될 때까지 서서히 전압을 증가시키시오.

(3) 단락전류 I_3와 1차 입력전압 E_1을 측정하여 아래에 기록하시오.

E_1 ____________ $[V_{ac}]$,　　I_3 ____________ $[A_{ac}]$

(4) 전압을 0으로 만든 후 전원장치의 스위치를 끄시오.

(5) 아래에 주어진 공식을 이용하여 전류비를 계산하시오.

$I_1/I_3 =$ ______________

(6) 권수비의 역이 전류비와 일치하는가? 일치한다면 아래에 그 이유를 설명하시오.

____

____

____

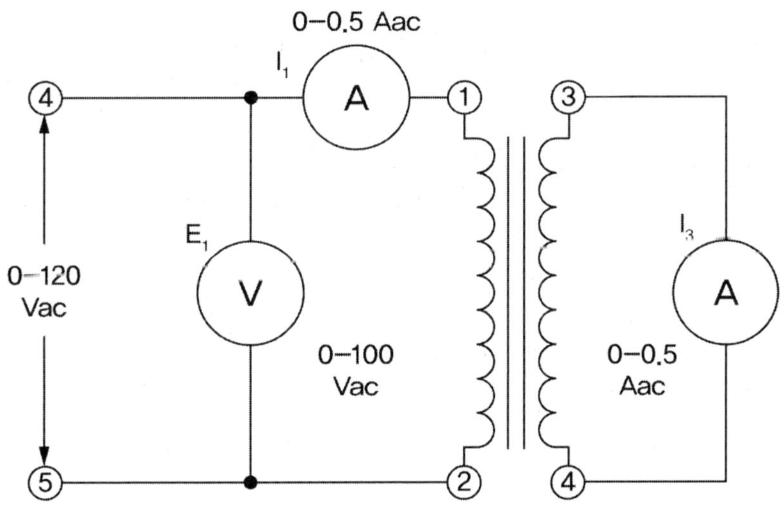

그림 3.5 변압기의 단락특성

9. 철심 포화현상이 변압기의 여자전류(자화)에 어떤 영향을 미치는지 설명하시오.

(1) 그림 3.4에 주어진 회로를 결선하시오. 전원장치의 단자 $4-5$가 변압기 단자 $1-2$와 연결되어있음에 주의하시오. 이들 단자는 교류 $0 \sim 208\,[V]$를 공급할 것이다.

(2) 전원장치의 스위치를 켠 다음 단자 $4-5$에 연결된 전압계가 교류 $25\,[V]$를 지시할 때까지 전원장치의 조절손잡이를 조절하시오.

(3) 표 3-1에 주어진 각각의 입력전압 (E_1)에 대한 여자전류 (I_1)을 측정하여 기록하시오.

(4) 전압을 0으로 만든 후 전원장치의 스위치를 끄시오.

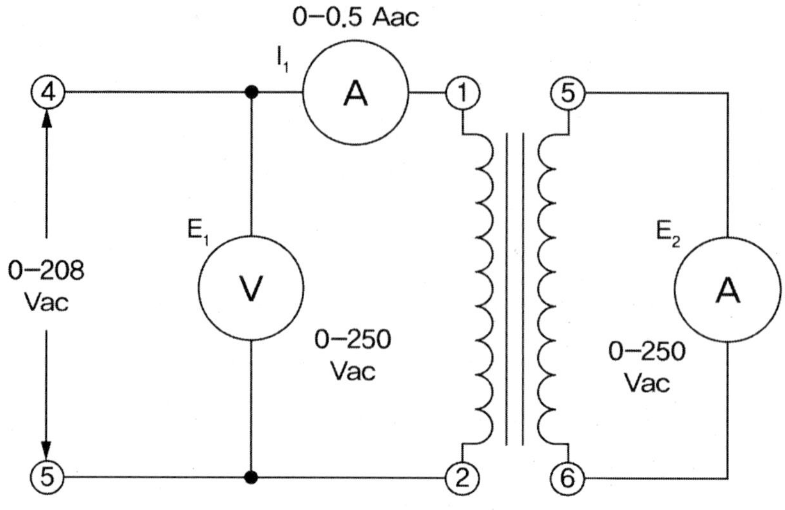

그림 3.6 변압기의 단락특성

표 3-1 여자전류(I_1) 대 출력전압(E_2)

입력전압 E_1 [V]	여자전류 I_1 [mA]	출력전압 E_2 [V]
25		
50		
75		
100		
125		
150		
175		
200		

10.

(1) 측정한 여자전류 값을 그림 3.7의 그래프상에 그리시오. 각 점들을 연결하여 그래프를 완성시키시오.

(2) 입력전압이 어느 값에 도달한 후부터 여자전류는 신속히 증가함을 알 수 있다.

(3) 두 권선 사이의 전압비는 철심포화에 의해 영향을 받는가? 받는다면 그 이유를 아래에 설명하시오.

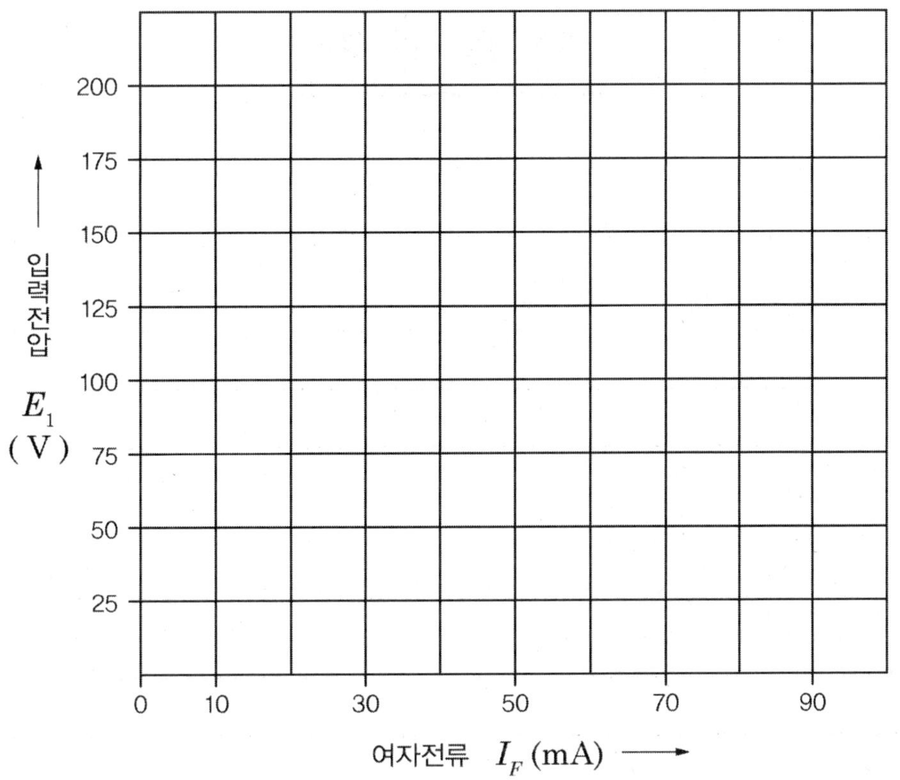

그림 3.7 입력전압 대 여자전류의 관계

학 습 평 가

1. 만일 2차권선 9－6을 통과한 단락전류가 1[A]라면 1차권선 1－2를 통과한 전류는 어떻게 되는가? 아래에 설명하시오.

____

____

____

전류 I_1 = ____________________ [A_{ac}]

2. 만일 2차권선 7－8을 단락시키고 1차권선 5－6에 0.5[A]를 흘렸을 경우는?

(1) 권선 7－8에 흐르는 단락전류를 계산하시오.

____

____

____

전류 I_1 = ____________________ [A_{ac}]

(2) 이 실험이 신속히 행해져야 하는 이유는 무엇인가? 아래에 설명하시오.

____

____

____

3. 만일 권선 3－4에 교류 120[V]가 인가되었다면 아래 주어진 각각의 권선들 사이의 전압은 어떤가?

권선 1–2 = __________ [V_{ac}], 권선 5–9 = __________ [V_{ac}]

권선 7–8 = __________ [V_{ac}], 권선 5–6 = __________ [V_{ac}]

4. 실험 순서 7번에서 두 권선 중 어느 권선이 대부분의 열을 소모하는가? 아래에 설명하시오.

____

____

____

5. 권선 5−6이 단락된 상태에서 권선 1−2에 교류 120[V]가 인가된 경우, 다음을 설명하시오.

(1) 각 권선의 전류는 어떻게 되는가?

(2) 이 전류는 평균전류 값보다 얼마나 큰가? 아래에 설명하시오.

(3) 이와 같은 조건에서 평균치보다 얼마나 더 많은 양의 열이 권선 내부에 발생하는가?

3.2 변압기 극성 판별

1. 실험의 목적

(1) 변압기 권선의 극성 판별법을 학습한다.
(2) 변압기 권선들을 직렬 연결시키는 방법을 학습한다.
(3) 변압기 권선들을 병렬 연결시키는 방법들을 학습한다.

2. 이론적 고찰

변압기의 1차권선에 교류전원이 인가되었을 때 변압기 철심 내부에 **교류자속**(alternating magnetic flux)이 발생한다. 이 교류자속은 변압기 각 권선과 연계되어 권선에 교류전압이 유기된다. 그림 3.8에 표시한 변압기 극성 표시를 주의 깊게 관찰하시오.

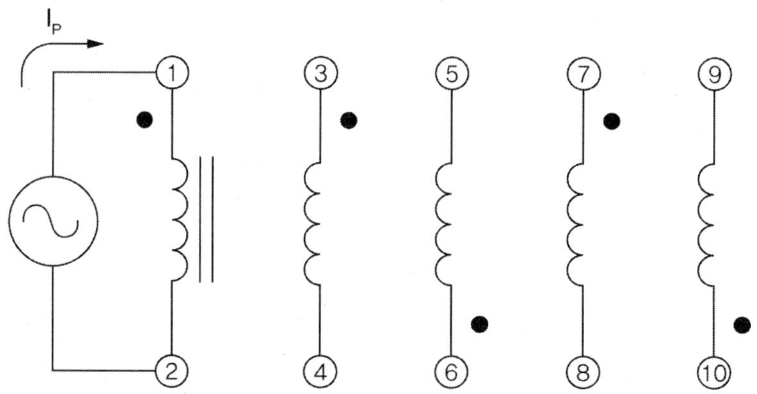

그림 3.8 변압기 극성 판별 표시

교류전압은 전압의 크기와 극성이 연속적으로 변화한다. 따라서 1차권선에 공급되는 전압은 단자 2에 대해 단자1의 극성을 변화시킨다. 그러므로 단자 1과 단자 2는 동일한 극성이 될 수 없다. 단자 1은 단자 2에 대해 반드시 **양극**(+)이거나 **음극**(-)이어야 한다. 따라서 교류자속은 모든 다른 권선에 교류전압을 유기한다. 각 권선의 단자들은 상호간에 극성을 변화시킬 것이다.

우리가 말하는 변압기 '**극성**'이란 어느 순간에 동일한 극성(양 또는 음)을 갖는 모든 단자를 의미한다. 즉 극성표시는 이러한 단자들을 나타내기 위함이다. 따라서 극성표시는 동일한 극성을 표시하기 위해 검은 **점, 선, 숫자, 문자** 또는 그 밖의 편리한 방법으로 표시한다. 예를 들면 그림 3.8에 표시한 변압기 극성은 검은 점을 이용하여 어느 순간의 극성을 표시하였다. 그림 3.8에 표시된 극성을 설명하면 아래와 같다.

- 단자 1이 단자 2에 대해 양(+)일 때
- 단자 3이 단자 4에 대해 양(+)일 때
- 단자 6이 단자 5에 대해 양(+)일 때
- 단자 7이 단자 8에 대해 양(+)일 때
- 단자 10이 단자 9에 대해 양(+)일 때

어느 단자도 그 자체만으로는 **양(+)**이 될 수 없고, 오직 한 단자가 다른 단자에 대해 양이 될 경우에만 가능하다. 어느 특정 순간에 단자 1-3-6-7-10은 단자 2-4-5-8-9에 대해 모두 **양(+)**이 된다. 낮은 전압을 발생하는 건전지로 보다 높은 전압을 얻기 위해서는 건전지를 직렬로 접속한다. 이 접속법은 개개의 건전지 전압을 더하는 방식이다. 유사한 방법으로 만일 변압기권선을 직렬로 연결하려면 한쪽 변압기권선의 극성이 표시된 단자와 다른 쪽의 극성이 표시되지 않은 단자를 연결한다. 이와 같은 방법을 직렬접속이라 하고 낮은 전압을 유기하는 변압기로 높은 전압을 얻고자 할 때 이 방법을 이용한다.

3. 변압기 극성(Transformer polarity)

2개 이상의 변압기를 결선하는 경우 또는 1개의 변압기라도 수많은 권선이 감겨있을 때 이것을 결선하는 경우 여러 개의 전지를 연결하는 경우와 동일하고 그 유기기전력의 방향을 알아야 한다. **변압기극성**(transformer polarity)은 어떤 순간에 변압기 1차 및 2차단자에 나타나는 유기기전력의 상대적인 방향을 표시한 것이다. 이와 같이 극성은 변압기를 단독으로 사용하는 경우는 별 문제가 없지만 3상결선을 하거나 병렬운전을 하는 경우는 각 변압기의 극성을 명확하게 알아야 한다.

1) 극성 결정법

단상변압기의 극성은 다음과 같이 결정한다. 그림 3.9에 나타낸 바와 같이 외함의 같은 측에 있는 고·저압단자인 A와 a를 결선하고, 다른 단자 B와 b 사이에 전압계 V를 결선하고, 고압측 A, B 사이에 교류전압 V_1을 인가한 경우의 저압측 a, b 사이의 전압 V_2 또한 전압계 V가 지시하는 전압을 V_0라 하면 이 경우 $V_0 = V_1 - V_2$가

되어 A와 a, B와 b는 동일극성이 된다. 그런데 이러한 경우 변압기 1차 및 2차권선은 그림 3.10(a)과 같이 주어진다. 이와 같이 같은 편에 있는 고·저압단자가 같은 극성인 변압기를 **감극성**(subtractive polarity)**변압기**라 하고, 2차권선에 감겨진 방향이 그림 3.10(b)에 나타낸 것처럼 그림 3.10(a)과 반대방향이면 $V_0 = V_1 + V_2$가 되어 A와 a와 b는 다른 극성이다. 이와 같은 변압기를 **가극성**(additive polarity)**변압기**라 한다. 우리나라에서는 감극성을 표준으로 하고 있다.

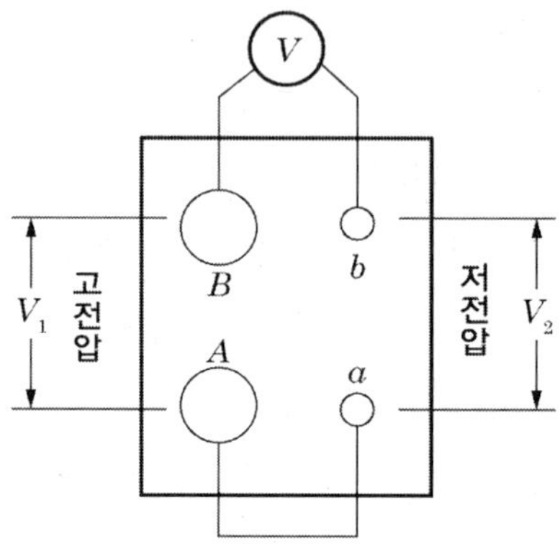

그림 3.9 변압기 극성시험

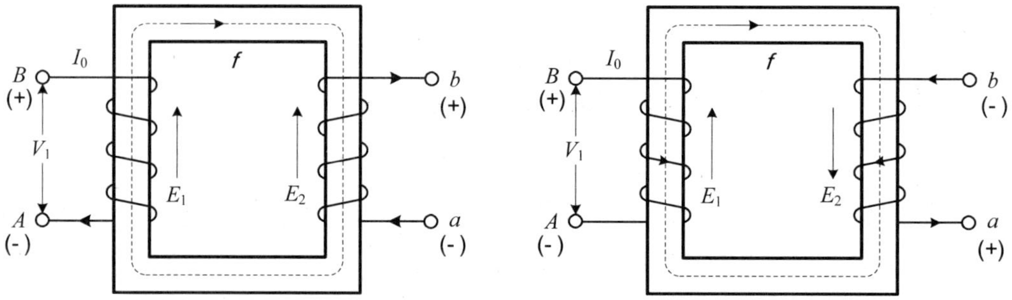

(a) 감극성 (b) 가극성

그림 3.10 변압기 극성 결정법

4. 사용 기자재 및 부품

• 전원공급 장치 (0 ~ 120 [V_{ac}])	EMS 8821
• 단상변압기	EMS 8341
• 교류전압계모듈 (250/250 [V_{ac}])	EMS 8426
• 직류전압계 (200/200 [V_{dc}])	EMS 8412
• 교류전류계 모듈 (0.5 [A])	EMS 8425

• 결선리드선 EMS 8941

5. 실험 순서

☞ 주 의 : 이 실험에서는 고전압이 유기된다. 전원장치의 스위치를 켠 상태에서 어떤 결선도 하지 마시오. 개개의 실험이 완료된 후 전원공급 장치의 스위치를 켜시오.

1.

(1) 전원장치의 출력단자 7－N을 이용하여 직류전압을 0 ～ 20[V]를 직류전압계로 연결하고 전압계를 관찰하면서 전압을 변화시키시오.

(2) 전원장치의 스위치를 켜고 직류 10[V]가 될 때까지 서서히 조절하시오.

(3) 전원장치의 조절손잡이에 손을 대지 말고 전원장치의 스위치를 끈 다음 전압계로 그림 3.11과 같이 단락시키시오.

(4) 변압기 모듈, 전원장치, 직류전류계모듈을 이용하여 그림 3.8에 주어진 회로를 연결하시오. 직류전압계 200[V]를 변압기 단자 3－4에 연결하시오.

(5) 전원장치의 스위치를 닫는 순간에 직류전압계 바늘의 방향에 주의하시오. 만일 전압계의 바늘이 순간적으로 오른쪽으로 향하면 단자 1－3은 동일극성을 표시하고 있다.(단자 1은 직류전원장치의 양극에 연결되어 있고, 단자 3은 전압계의 양극에 연결되어 있음을 의미한다)

(6) 권선 1－2와 3－4 중 어떤 두 단자가 양극인가?

(7) 권선 3－4로부터 직류전압계를 떼어낸 후 권선 5－6으로 연결시켜서 (5)번을 진행하시오.

(8) 권선 1－2와 5－6 중 어떤 두 단자가 양극인가?

(9) 전압을 0으로 만든 후 전원장치의 스위치를 끄시오.

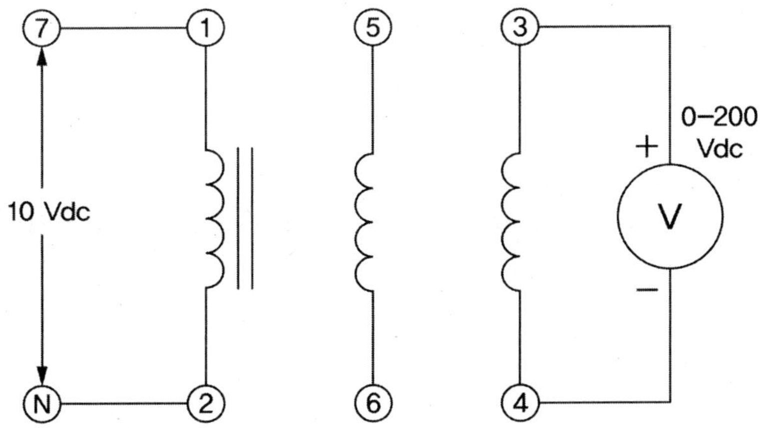

그림 3.11 변압기 극성 판별법

2. 이 실험에서는 변압기의 두 권선을 직렬로 연결한 경우 그 효과와 극성의 중요성에 대해 살펴보기로 한다.

(1) 교류전압계 모듈을 이용하여 그림 3.12에 표시된 회로도를 연결하시오. 단자 1−5와 함께 연결되었음에 주목하시오.

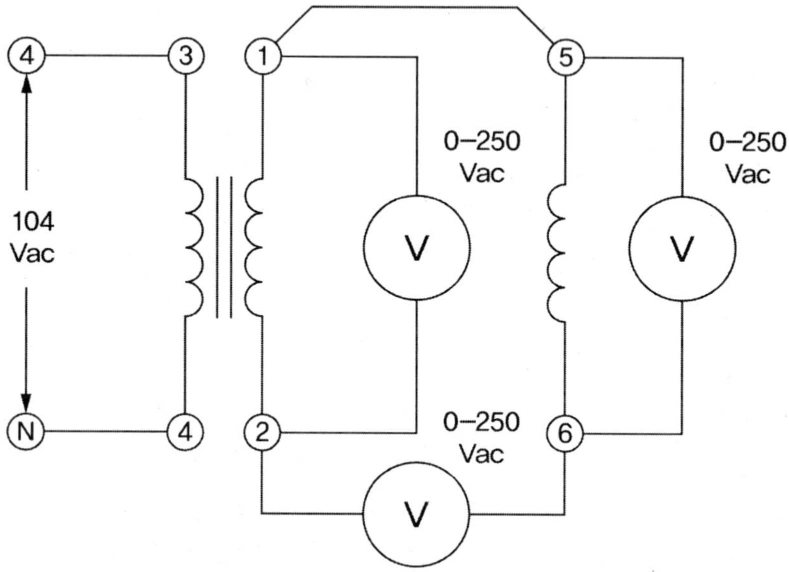

그림 3.12 변압기 극성 판별 II

(2) 전원장치의 스위치를 켜고 교류 104[V]가 되도록 조절하시오(권선 3−4의 정격전압의 1/2이 된다).

(3) 아래에 주어진 각 권선 단자 사이의 전압을 측정하여 기록하시오.

단자 1–2 = ________ $[V_{ac}]$

단자 2–6 = ________ $[V_{ac}]$

단자 5–6 = ________ $[V_{ac}]$

(4) 전압을 0으로 만든 후 전원장치의 스위치를 끄시오.

(5) 그림 3.12에서 단자 1−5 사이의 연결선을 제거한 후 그림 3.13에 주어진 회로와 같이 단자 1−6과 단자 2−5를 함께 연결하시오.

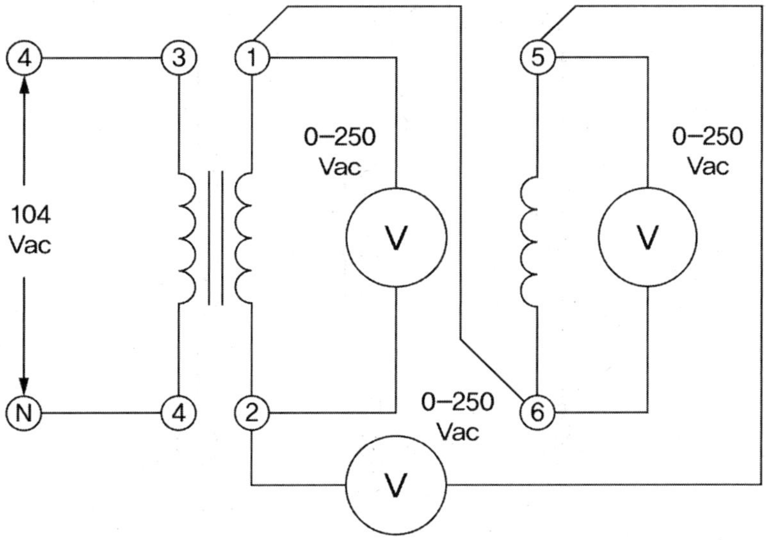

그림 3.13 직렬접속 변압기 극성 판별법

(6) 전원장치의 스위치를 켠 다음 교류전압 104[V]가 되도록 조정하시오.

(7) 아래 주어진 단자들 사이의 전압을 측정하여 기록하시오.

단자 1–2 = __________ $[V_{ac}]$

단자 2–5 = __________ $[V_{ac}]$

단자 5–6 = __________ $[V_{ac}]$

(8) 전압을 0으로 만든 후 전원장치의 스위치를 끄시오.

(9) 두 직렬권선의 전압이 아래쪽 권선은 거의 0[V]에 가까이 가고 다른 쪽 권선은 거의 교류전압 120[V]에 도달하는 이유는 무엇인가? 아래에 설명하시오.

____

____

____

(10) 어느 단자들이 동일한 극성을 갖는가?

____

____

____

3.

(1) 그림 3.14에 주어진 회로를 주의 깊게 관찰하시오. 권선 3－4에 교류전압 104[V]를 인가시킨다. **이 순간은 회로결선을 하지 마시오.**

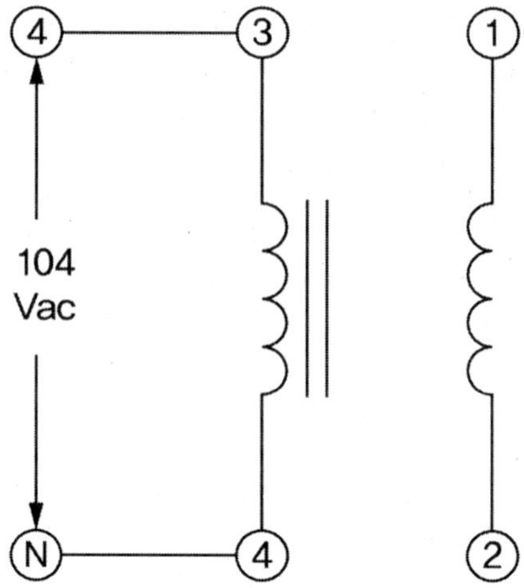

그림 3.14 변압기 극성 판별법

(2) 단자 1−2 사이에 몇 [V]의 교류전압이 유지되는지 측정하여 기록하시오.

---

(3) 만일 단자 1−2와 단자 3−4가 직렬로 접속되어 있다면 세 종류의 출력전압을 얻을 수 있는가? 있다면 아래에 기록하시오.

단자 1−2 ______ [V_{ac}], 단자 3−4 ________ [V_{ac}], 단자 1−4 ________ [V_{ac}]

(4) 그림 3.10에 주어진 회로를 결선하고, 단자 1−3을 연결하여 직렬연결이 되도록 하시오.

(5) 전원장치의 스위치를 켠 다음 교류전압 104[V]가 되도록 조정하시오. 단자 2−4 사이를 측정하여 아래에 기록하시오.

단자 2–4 = ____________ [V_{ac}]

(6) 전압을 0으로 만든 후 전원장치의 스위치를 끄시오.

(7) 단자 1−3 사이의 연결선을 제거한 다음 단자 1−4로 연결하시오.

(8) 전원장치의 스위치를 켠 다음 교류전압 104[V]가 되도록 조정하시오. 단자 2−3과 단자 1−2 사이의 전압을 측정하여 아래에 기록하시오.

단자 2–3 = __________ [V_{ac}], 단자 1–2 = __________ [V_{ac}]

(9) 전압을 0으로 만든 후 전원장치의 스위치를 끄시오.

(10) 실험 (5)와 (8)에서 측정한 값과 실험 (3)에서 예상한 값이 일치하는가? 일치한다면 그 이유를 아래에 설명하시오.

---

(11) 어느 단자들이 동일한 극성을 갖는가?

학 습 평 가

1. 교류전압 120[V]를 발생하는 전원장치가 있다고 가정하고, 여러분들이 사용하고 있는 변압기모듈의 모든 권선 각각의 정격전압은 기기표면에 표시되어있다. 이 변압기를 이용하여 아래에 주어진 전압을 얻기 위해서 어떤 방법으로 권선을 연결하면 되는지 직접 그림을 그려서 도시하시오.

(1) 교류전압 240[V] :

(2) 교류전압 88[V] :

(3) 교류전압 180[V] :

(4) 교류전압 92[V] :

3.3 변압기의 전압변동률

1. 실험의 목적

(1) 변압기에 인가되는 부하가 변화할 경우 변압기의 전압변동률을 학습하기로 한다.

(2) **용량성부하**(capacitive load) 및 **유도성부하**(inductive load)를 변압기에 인가한 경우 변압기의 전압변동률은 어떻게 변화되는가를 살펴본다.

2. 이론적 고찰

변전소(sub-station)에 사용하는 대전력용 변압기는 부하용량이 시간적으로 적은 산업설비 부하에서 최대 산업설비부하에 이르기까지 시간에 따라 부하용량이 크게 변화한다. 변압기의 2차전압은 전동기, 백열전등 등 각종 산업설비 부하에 따라 전압변화가 상당히 민감하기 때문에 변압기의 전압변동률은 상당히 중요하다. 변압기의 2차전압은 변압기에 연결된 부하나 장치의 역률이 **진상**(leading), **지상**(lagging) 또는 동상에 따라 변화한다. 그러므로 변압기에 인가된 부하가 **용량성부하**(capacitive load)인가, **유도성부하**(inductive load)인가, **저항부하**(resistive load)인가에 따라 변압기의 전압변동률이 어떻게 변화되는가를 살펴볼 필요가 있다. 만일 변압기가 이상적이라면 변압기권선의 저항은 0일 것이고, 게다가 변압기 내부에 자계를 형성하기 위한 **무효전력** [Kvar]은 필요치 않을 것이다. 이와 같은 변압기는 어떤 부하에서도 전압변동률이 거의 발생하지 않을 것이며, 2차전압은 항상 일정할 것이다. 그러나 실제로 사용되는 변압기들은 권선에 저항이 존재하며, 자계를 발생하기 때문에 무효전력이 발생한다. 실제 변압기는 1차 및 2차권선에 저항이 존재하며 전(全)저항 R과 전(全)리액턴스 X_L가 존재한다. 1:1의 권수비를 갖는 전력용 변압기의 등가회로는 그림 3.15에 주어진 회로와 같이 대략적으로 표시할 수 있다. 실제로 변압기 **1차측 권선**은 P_1, P_2로, **2차측 권선**은 S_1, S_2로 표시할 수 있다. 그림 3.15에 주어진 변압기는 실제적으로 이상적인 변압기는 아니기 때문에 임피던스(R, X_L)를 가지며, 직렬로 연결된 이상적인 변압기로 구성되어 있다. 만일 1차전압을 일정하게 유지한다면 2차전압은 임피던스(R, X_L)로 인해 부하에 따라 변화될 것이다. 변압기에 용량성부하(X_c)를 인가한 경우 관심을 끄는 것은 **부분공진**이 **콘덴서**(C) 및 **리액턴스**(X) 사이에 형성되므로 용량성부하가 증가함에 따라 변압기 2차측 출력전압(E_2)이 증가한다는 사실이다.

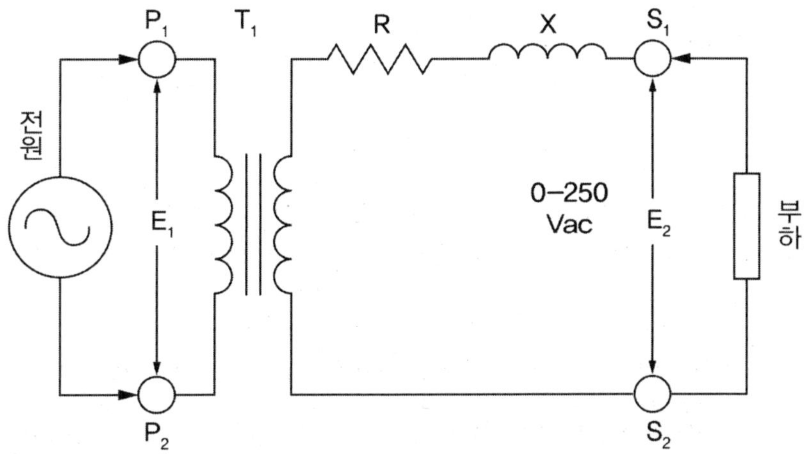

그림 3.15 변압기 부하인가 시 1상의 등가회로도

3. 변압기 전압변동률(voltage regulation)

일반적으로 송배전선로에서는 부하의 변동에 대해 2차 단자전압의 변동이 적은 것이 좋다. **전압변동률**(voltage regulation)이란 전부하일 때와 무부하일 때의 2차 단자전압이 서로 다른 정도를 표시한 것으로 전압변동률이 큰 변압기는 부하의 증감에 따라 2차전압의 변동이 크다. 따라서 전압변동률은 전등의 **광도, 수명, 전동기의 출력** 등에 영향을 미치는 중요한 성질이다. 변압기의 2차단자에 정격주파수, 정격전압에 있어서 정격역률의 정격전류를 취하는 정격용량의 부하를 접속하고 정격 2차전압(V_{2n})이 되도록 1차 단자전압(V_1)을 조정하고, V_1을 일정하게 유지한 상태에서 부하를 감소시켜 무부하로 하였을 경우 2차 단자전압을 V_{20}라 하면 전압변동률은 다음과 같이 주어진다.

$$\varepsilon = \frac{V_{20} - V_{2n}}{V_{2n}} \times 100\,[\%]$$

1) 전압변동률의 계산

변압기 2차측이 무부하일때 2차전압 $V_{20} = V_1/a$이 되며, 2차 정격전압(V_{2n})을 기준벡터로 하여 벡터도를 그리면 그림 3.16과 같이 그려진다. 지금 2차 정격전압을 $V_{2n} = 100$이라 하고 전압 및 전압강하를 백분율로 표시하면 아래 식으로 주어진다.

무부하 2차단자전압 V_{20}, 백분율 저항강하 p, 백분율 리액턴스강하 q라 하면

$$V_{20} = 100 + \epsilon$$
$$p = (r_{12}I_{2n} / V_{2n}) \times 100\,[\%]$$
$$q = (x_{12}I_{2n} / V_{2n}) \times 100\,[\%]$$

또한 그림 3.17에서 $\overline{Ob}$ 의 연장선을 긋고 점 a 에서 아래로 수선을 그어 교점을 d라 하면 다음 관계가 성립한다. 그림 3.17의 벡터도를 이용하여 전압변동률을 산정하면

$$\overline{Od} = \overline{Ob} + \overline{bc}\cos\theta + \overline{ac}\sin\theta = 100 + p\cos\theta + q\sin\theta \Rightarrow \overline{ad} = q\cos\theta - p\sin\theta$$
$$\therefore\ \overline{Oa} = \sqrt{\overline{Od}^2 + \overline{ad}^2} = \sqrt{(100 + p\cos\theta + q\sin\theta)^2 + (q\cos\theta - p\sin\theta)^2}$$

실제로 $\overline{Od}$ 에 비하여 $\overline{ad}$ 는 매우 적기 때문에 $\overline{Oa} \fallingdotseq \overline{Od}$ 로 취급해도 실용상 큰 오차는 발생하지 않으므로 전압변동률은 아래 주어진 식을 주로 이용하고 있다.

$$\varepsilon = \frac{\overline{Oa} - \overline{Ob}}{\overline{Ob}} \times 100 \fallingdotseq \frac{\overline{Od} - \overline{Ob}}{\overline{Ob}} \times 100\,[\%]$$
$$= \frac{(100 + p\cos\theta + q\sin\theta) - 100}{100} \times 100\,[\%]$$

$\therefore$ $p\cos\theta + q\sin\theta$(뒤진 역률), $p\cos\theta - q\sin\theta$ (앞선 역률)

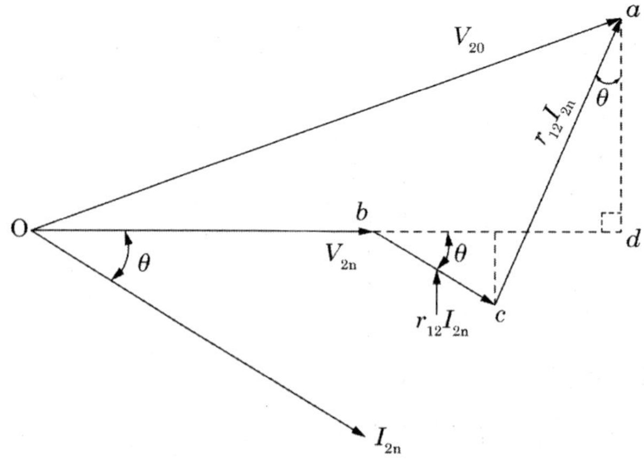

그림 3.17 등가회로의 벡터도

4. 사용 기자재 및 부품

- 전원공급 장치 (0 ~ 120 [V_{ac}]) EMS 8821
- 변압기모듈 EMS 8341
- 교류전압계 모듈 (250/250 [V_{ac}]) EMS 8426
- 교류전류계 모듈 (0.5/0.5 [A_{ac}]) EMS 8425
- 저항 모듈 EMS 8311
- 인덕턴스 모듈 EMS 8321
- 커패시턴스 모듈 EMS 8331
- 결선리드선 EMS 8941

5. 실험 순서

☞ 주 의 : 이 실험에서는 고전압이 유기된다. 전원장치의 스위치를 켠 상태에서 어떤 결선도 하지 마시오. 각각의 실험이 완료된 후 전원공급 장치의 스위치를 끄시오.

1. 변압기모듈, 전원장치, 저항 모듈과 교류전류계 모듈을 이용하여 그림 3.18에 표시된 회로를 결선하시오.

2.

(1) 부하전류가 0이 되기 위해 저항기의 모든 스위치를 개방해두시오.

(2) 전원장치의 스위치를 켜고 변압기 1차측에 연결된 전압계 (E_1)가 교류전압 120 [V]를 지시할 때까지 전원장치의 레버를 조정하시오.

(3) 표 3-2에 주어진 각각의 부하저항 값에 대해 입력전류 (I_1)와 출력전류 (I_2) 및 출력전압 (E_2)을 측정하여 아래 표 3-2에 기록하시오.

(4) 입력전압이 교류 120 [V]일 때 변압기 2차측에 연결된 부하저항 (Z_L)을 1,200 [Ω]이 되도록 조정한 다음 입력전류 (I_1)와 출력전류 (I_2) 및 출력전압 (E_2)을 측정하여 기록하시오.

(5) 표 3-2에 주어진 각각의 부하저항 값에 따라 실험 (4)를 반복하시오.

(6) 전압을 0으로 만든 후 전원장치의 스위치를 끄시오.

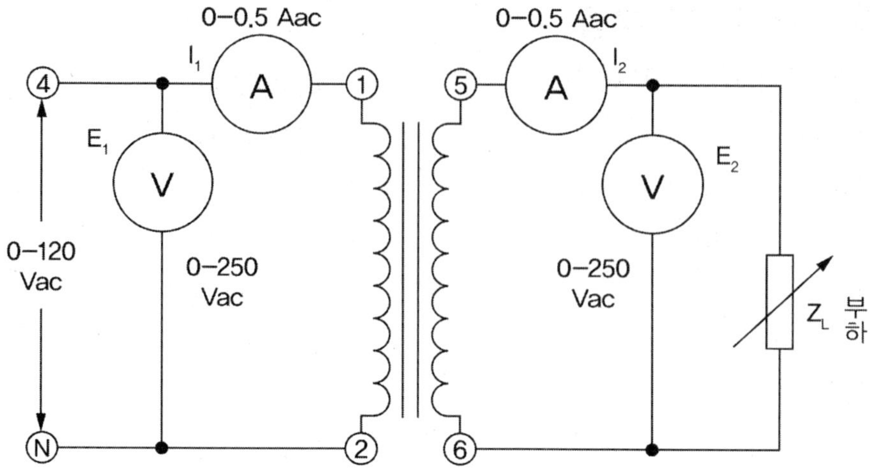

그림 3.18 변압기의 부하인가 시 등가회로도

3.

(1) 표 3-2에 측정한 변압기의 출력전압을 이용하여 무부하 및 전(全)부하 상태에서 전압변동률을 계산하시오.

전압변동률: ε = [%]

(2) 표 3-2에 주어진 각각의 부하저항 값에 대해서 1차권선의 [VA]는 2차권선의 [VA]와 일치하는가? 일치한다면 그 이유를 아래에 설명하시오.

표 3-2

부하저항 Z_L	2차측 전류 (I_2) [mA]	출력전압 (E_2) [V]	1차측 전류 (I_1) [mA]

4.

(1) 저항부하 대신에 **유도성부하**를 이용하여 실험순서 2를 반복하시오.

(2) 측정한 값을 표 3-3에 기록하시오.

5.

(1) 저항부하 대신에 **용량성부하**를 이용하여 실험순서 2를 진행하시오.

(2) 측정한 값을 표 3-4에 기록하시오.

6. 이제 변압기 각각의 부하에 따른 출력전압 (E_2) 대 출력전류 (I_2)의 관계곡선을 나타내 보시오.

(1) 표 3-2에 표시한 각각의 출력전류 (I_2)에 따른 출력전압 (E_2)을 그림 3.13에 그리시오.

(2) 각각의 점들을 연결해보면 완만한 곡선으로 표시될 것이다. 이 곡선을 '**저항성부하**' 곡선이라 한다.

(3) 유도성부하와 용량성부하에 대해서도 (1)과 같이 그림 3.19에 그리시오. 이들 곡선을 각각 '**유도성부하곡선**', '**용량성부하곡선**'이라 한다.

표 3-3

부하저항 Z_L	2차측 전류 (I_2) [mA]	출력전압 (E_2) [V]	1차측 전류 (I_1) [mA]

표 3-4

부하저항 Z_L	2차측 전류 (I_2) [mA]	출력전압 (E_2) [V]	1차측 전류 (I_1) [mA]

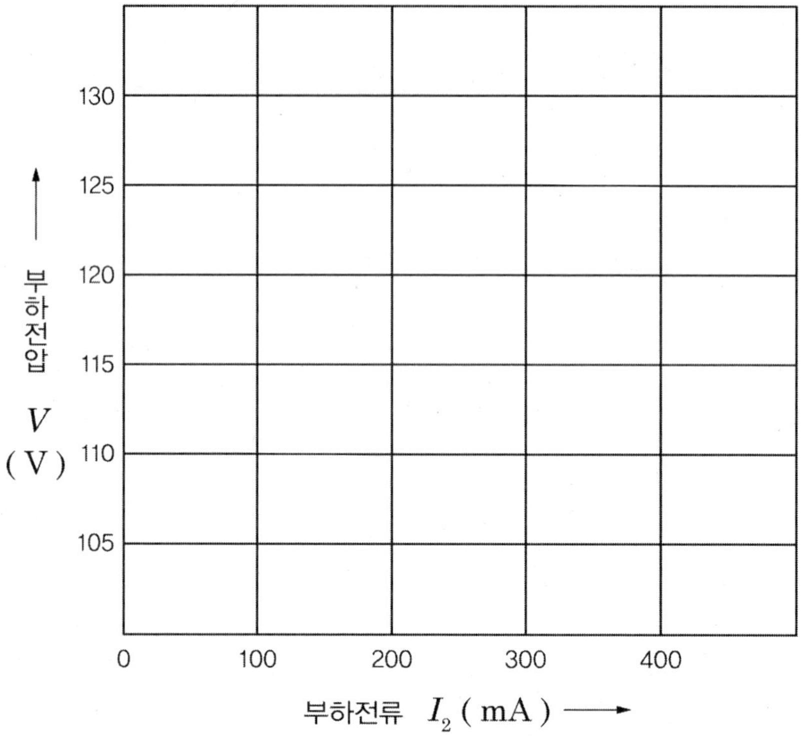

그림 3.19 변압기 부하특성 곡선

학 습 평 가

1. 변압기 2차측에 용량성부하를 인가하였을 경우 출력전압 (E_2)이 왜 증가하는지 그 이유를 아래에 설명하시오.

2. 변압기는 용량에 비해서 매우 적은 임피던스(적은 R, X)를 갖는다.

(1) 이것은 변압기의 전압변동률에 어떤 영향을 미치는가? 아래에 설명하시오.

(2) 이것은 변압기 단락회로에서 단락전류에 어떤 영향을 미치는가? 아래에 설명하시오.

3. 대형 변압기들은 종종 그 연관된 회로의 차단기 등의 크기가 적정하게 유지되도록 하기 위해 최적 변동률의 특성을 갖지 못하게 설계되어있다. 그 이유를 아래에 설명하시오.

4. 변압기 내부에 발생하는 열손실은 동일 **정격** [VA]에서 **저항부하**, **용량성부하**, **유도성부하**일 때 대략 일치하는가? 일치한다면 아래에 그 이유를 설명하시오.

3.4 단권변압기의 특성

1. 실험의 목적

(1) **단권변압기**(auto-transformer)의 전압과 전류의 관계를 학습한다.

(2) **표준변압기**(standard-transformer)를 단권변압기로 결선법을 학습한다.

2. 이론적 고찰

물리적으로 오로지 한 개의 권선만을 가진 특수한 형태의 변압기가 있다. 기능적으로 보면 한 개의 권선이 1차권선 및 2차권선의 역할을 모두 행하는 것이다. 이와 같은 형태의 변압기를 '**단권변압기**(auto-transformer)'라 한다. 단권변압기가 전압을 **상승**(step up)시키는 역할을 할 때는 한 개의 권선 중 일부의 권선이 1차권선이 되고 전체의 권선이 2차권선이 된다. 반대로 단권변압기가 전압을 **강하**(step down)시키는 역할을 할 때는 전체의 권선이 1차측 권선이 되고, 한 개의 권선 중 일부의 권선이 2차측 권선이 된다.

단권변압기에서 2차측 전압의 승압 및 강압의 양은 1차측 권선과 2차측 권선의 권수비에 따른다. 그러나 몇몇 권수는 1차 및 2차에 동시에 작용한다. 가변권선에서 전압과 전류는 다음에 주어진 간단한 두 규칙에 의해 결정할 수 있다.

(1) **1차 피상전력**[VA]은 **2차 피상전력**[VA]과 동일하다. 이들 관계를 수식으로 표시하면 아래와 같다.

► 1차측을 P로 표시하고, 2차측을 S로 표시하기로 하자.

$$(VA)_P = (VA)_S \quad \cdots\cdots (1)$$

$$E_P I_P = E_S I_S \quad \cdots\cdots (2)$$

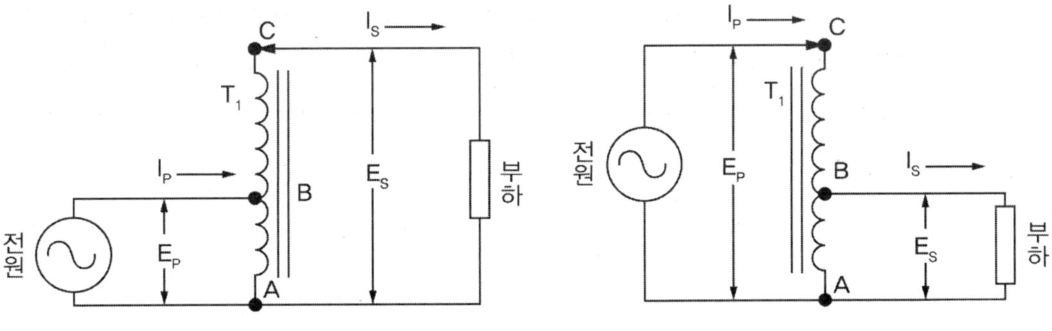

(a) 체승단권변압기 (b) 체강단권변압기

그림 3.20 단권변압기의 원리도

(2) 1차측 전원전압과 2차측 부하전압은 권수(N)에 직접적으로 비례한다.

$$\frac{E_P}{E_S} = \frac{N_P}{N_S} \quad \cdots\cdots\cdots\cdots\cdots \quad (3)$$

그림 4.14.(a)에서

$$\frac{E_P}{E_S} = \frac{N_{(A-B)}}{N_{(A-B)} + N_{(B-A)}} = \frac{N_{(A-B)}}{N_{(A-C)}} \quad \cdots\cdots\cdots\cdots \quad (4)$$

그림 4.14.(b)에서

$$\frac{E_P}{E_S} = \frac{N_{(A-B)} + N_{(B-C)}}{N_{(A-B)}} = \frac{N_{(A-C)}}{N_{(A-B)}} \quad \cdots\cdots\cdots\cdots \quad (5)$$

이들 두 식에서 하나의 중요한 사실은 전압($E_{(A-B)}$)과 전압($E_{(B-C)}$)이 서로 동일방향으로 더해지며 서로 상쇄되지 않는다는 사실이다. 이때 우리는 전압이 동상에 있다고 가정한다. 물론 부하전류가 권선의 **전류반송량**(current carrying capacity)을 초과해서 흐를 수는 없다.

이러한 사실을 이해한다면 우리는 특정 단권변압기가 공급할 수 있는 **피상부하**[VA]를 쉽게 계산할 수 있다. 단권변압기의 단점은 1차회로와 2차회로 사이의 독립성이 없다는 것이다. 왜냐하면 이것은 1차권선과 2차권선이 서로 일부를 겸용하기 때문이다.

3. 단권변압기의 원리 및 특성

1) 원리

단권변압기(auto-transformer)는 1차 및 2차권선의 일부분이 그림 3.21에 주어진 바와 같이 공통권선으로 되어 있다는 것이다. 공통부분 a, b를 **분로권선(sunt winding)**, b, c 부분을 **직렬권선(series winding)**이라 한다. a, b 사이의 권수를 n_1 이라 하고 b, c 사이의 권수를 n_2 라 하면 보통 변압기와 같이 1차유기기전력(E_1[V]), 2차유기기전력 (E_2[V]) 사이에($E_1 > E_2$)의 경우 아래 식과 같이 주어진다.

$$\frac{E_1}{E_2} = \frac{n_1}{n_1 + n_2} = a$$

위 식은 변압기권선 내부의 전압강하를 무시한 것으로, 1차 인가전압(V_1[V])과 2차 단자전압(V_2[V])과의 비는 같다. 또한 여자전류를 무시하면 1차전류(I_1[A])와 2차전류(I_2[A])사이의 관계는 아래 식과 같이 주어진다.

$$\frac{I_1}{I_2} = \frac{n_1 + n_2}{n_1} = \frac{1}{a}$$

또한 분로권선 a, b 사이에 흐르는 전류(I[A])는 아래와 같이 주어진다.

$$I = I_1 - I_2 = (1 - a)I_1$$

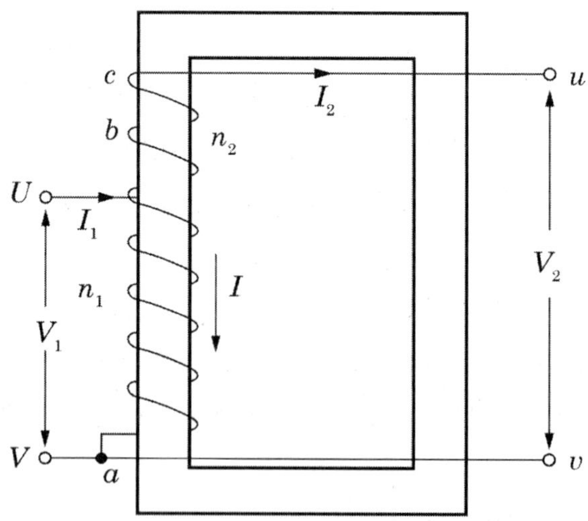

그림 3.21 단권변압기

2) 단권변압기의 용도

이 변압기의 용도는 다음과 같다.

(1) 고압배전선의 전압을 약 10 [%] 정도 상승시킬 수 있어 승압변압기로 사용 가능하다.
(2) 동기전동기, 유도전동기 등을 시동하는 경우 공급전압을 낮출 때 흐르는 돌입전류를 제한하여 기동보상기로 사용한다.
(3) 형광등용 승압변압기 등에 주로 사용된다.

3) 자기용량과 부하용량(Self capacity, Load capacity)

단권변압기는 분로권선을 1차권선, 직렬권선을 2차권선으로 하는 보통 변압기로 동작하기 때문에 변압기자신의 용량은 직렬권선의 출력 $(V_2 - V_1)I_2$과 같고 이것을 단권변압기의 **자기용량(self capacity)**이라 한다. 또한 이 변압기를 통해 공급한 부하 $(V_2 I_2)$를 **부하용량(load capacity)**이라 하며, 자기용량과 부하용량 사이의 아래 관계식이 성립된다.

$$\begin{aligned} \text{자기 용량} &= I_2(V_2 - V_1) = I_2 V_2 \left(\frac{V_2 - V_1}{V_2} \right) \\ &= \text{부하 용량} \times \frac{\text{저압측 전압}}{\text{고압측 전압}} \ [\text{VA}] \end{aligned}$$

4. 사용 기자재 및 부품

• 전원공급 장치 (0 ~ 120 [V_{ac}])	EMS 8821
• 변압기 모듈	EMS 8341
• 교류전압계 모듈 (250/250 [V_{ac}])	EMS 8426
• 교류전류계 모듈 (0.5/0.5 [A_{ac}])	EMS 8425
• 저항 모듈	EMS 8311
• 결선리드선	EMS 8941

5. 실험 순서

☞ 주 의 : 이 실험에서는 고전압이 유기된다. 전원장치의 스위치를 켠 상태에서 어떤 결선도 하지 마시오. 개개의 실험이 완료된 후 전원공급 장치의 스위치를 끄시오.

1. 변압기모듈, 전원장치, 저항 모듈과 교류전류계모듈을 이용하여 그림 3.22에 표시된 회로를 결선하시오. 이때 단권변압기 1차측 단자 5－6에 교류전압 120[V] 전원단자와 연결되어 있음에 주목하시오. 또한 권선의 중앙 텝 단자 9는 부하측 단자와 연결되어 있고, 1차권선의 일부분인 단자 6－9는 부하측과 연결되어 있음에 주목하기 바란다.

2.

(1) 저항기 모듈의 모든 스위치를 개방 상태로 두어 부하전류가 0이 되게 하시오.

(2) 전원장치의 스위치를 켠 다음 변압기 단자 5－6에 연결된 전압계 (E_1)가 정확히 교류전압 120[V]를 지시할 때까지 전원장치의 조절레버를 조절하시오.

(3) 부하저항 (R_L)이 120[Ω]이 되도록 조정하시오.

(4) 입력전류 (I_1), 부하전류 (I_2), 출력전압 (E_2)을 측정하여 기록하시오.

입력전류: I_1 = ________________ [A]

부하전류: I_2 = ________________ [A]

출력전압: E_2 = ________________ [V]

(5) 전압을 0으로 만든 후 전원장치의 스위치를 끄시오.

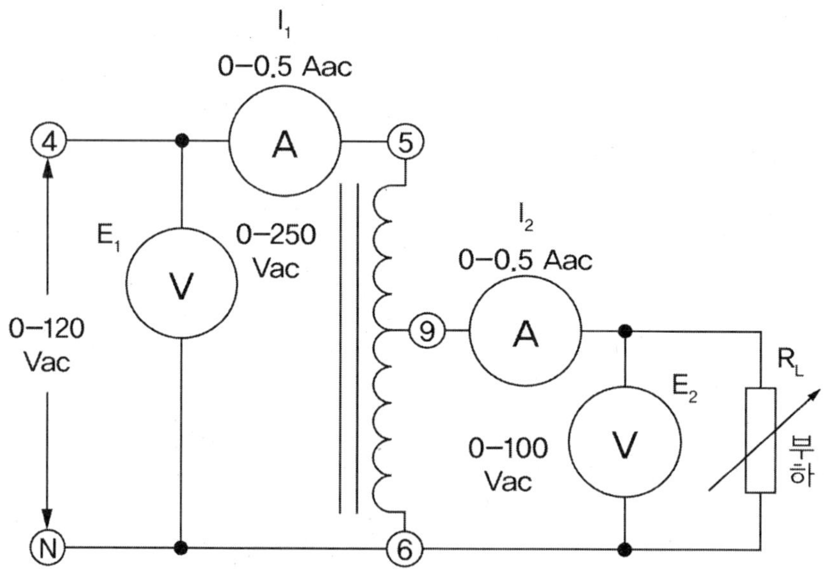

그림 3.22 변압기의 부하인가 시 등가회로

3.

(1) 1차 및 2차회로의 피상전력을 계산하시오.

E_1 = ____________ × I_1 ______________ = ____________ $(VA)_P$

E_2 = ____________ × I_2 ______________ = ____________ $(VA)_S$

(2) 두 피상전력은 대략 일치하는가? 일치한다면 그 이유를 아래에 설명하시오.

---

(3) 이 단권변압기는 **체승단권변압기**(step-up auto-transformer)인가, 아니면 **체강단권변압기** (step-down autotransformer)인가? 아래에 설명해보시오.

4.

(1) 그림 3.23의 회로노를 연결하시오. 단자 6－9는 1차권선에 연결되어 있으며, 교류전압 60[V]가 인가됨에 주의하시오. 또한 단자 5－6은 2차측(부하측)으로 연결되어 있음에 주의하시오.

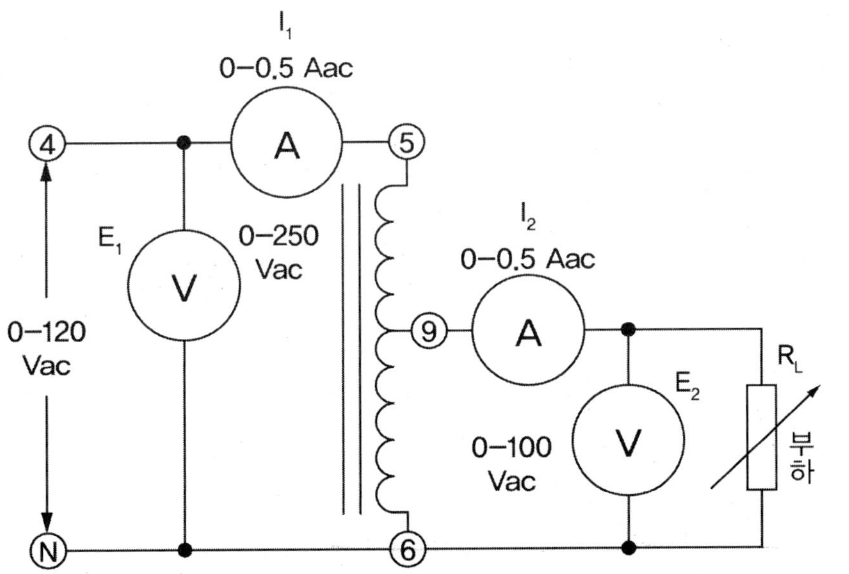

그림 3.23 체강단권변압기의 결선도

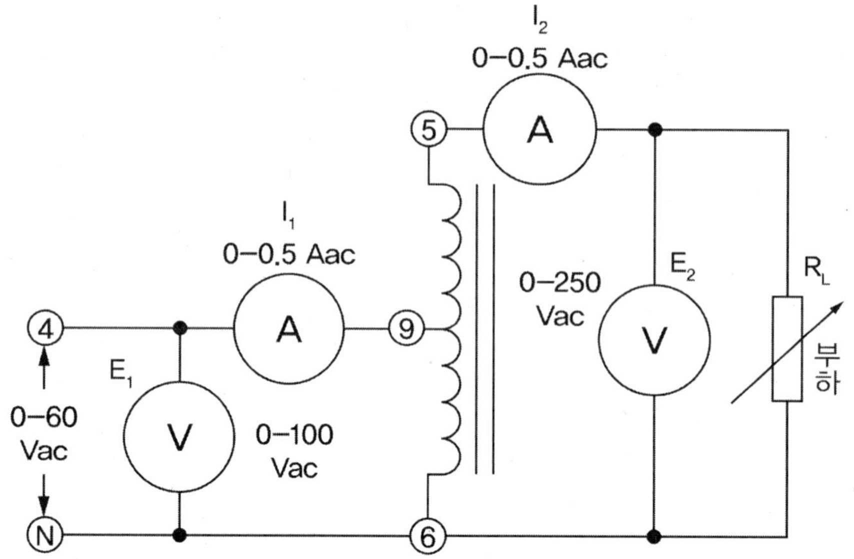

그림 3.24 체승단권변압기의 부하가 인가 시 결선도

5.

(1) 모든 저항기 모듈의 스위치를 개방하여 부하전류를 0으로 만드시오.

(2) 전원장치의 스위치를 켠 다음 단자 6−9에 접속된 전압계 (E_1)가 교류전압 60[V]를 지시할 때까지 전원장치의 레버를 조절하시오(이 전압은 단자 6−9의 정격전압이 된다).

(3) 부하저항 (R_l)을 600[Ω]으로 조절하시오.

(4) 입력전류 (I_1), 부하전류 (I_2), 출력전압 (E_2)을 측정하여 기록하시오.

입력전류: I_1 = ______________ [A]

부하전류: I_2 = ______________ [A]

출력전압: E_2 = ______________ [V]

(5) 전압을 0으로 만든 후 전원장치의 스위치를 끄시오.

6.

(1) 1차 및 2차회로의 피상전력을 계산하시오.

E_1 = __________ × I_1 __________ = __________ $(VA)_P$

E_2 = __________ × I_2 __________ = __________ $(VA)_S$

(2) 두 피상전력은 대략 일치하는가? 일치한다면 그 이유를 아래에 설명하시오.

____

____

____

(3) 이 단권변압기는 **체승단권변압기**(step-up auto-transformer)인가, 아니면 **체강단권변압기**(step-down autotransformer)인가? 아래에 설명해보시오.

학 습 평 가

1. 표준 변압기는 60[KVA]의 정격을 갖는다. 1차 및 2차권선의 정격전압은 각각 600[V] 및 120[V]라 한다.

(1) 이 변압기의 각 권선의 정격전류는 몇 [A]인가? 아래에 기록하시오.

(2) 만일 1차권선이 600[V]가 인가된다면 2차권선에 몇 [KVA]의 부하를 인가할 수 있는가?

2. 만일 문제 1의 동일한 변압기가 단권변압기로 600[V] 전압이 연결되었다면 아래 문제를 설명하시오.

(1) 다른 결선을 할 경우 이용할 수 있는 출력전압은 몇 [V]인가?

(2) 변압기가 각각의 출력전압에 대해 공급할 수 있는 부하는 몇 [KVA]인지 계산하시오.

(3) 각각의 출력 전압에 대한 선간전류를 계산하고 이 전류가 정격값을 초과하는지 살펴보시오.

3. 이용한 변압기모듈에 교류 120[V]를 공급한 경우 아래에 주어진 각각의 전압에 대해 1차 및 2차권선을 어떻게 이용할 것인지 설명하시오.

(1) 148[V] :

(2) 328[V] :

(3) 224[V] :

(4) 300[V] :

3.5 변압기 병렬운전 특성

1. 실험의 목적

(1) **변압기병렬 연결법**(transformers in parallel connection method)에 대해 학습한다.
(2) 변압기 병렬운전 시 그 효율에 대해 학습한다.

2. 이론적 고찰

변압기는 각각의 변압기 정격전류보다 큰 부하전류를 흘리기 위해서 병렬운전이 필요하다. 변압기를 병렬 연결할 경우 아래 두 조건에 주의해야 한다.

(1) 각 권선들이 병렬 연결되기 위해서는 동일한 정격전압을 가져야 한다.
(2) 각 권선들이 병렬 연결되기 위해서는 동일한 극성을 가져야 한다.

만일 위의 두 조건을 만족하지 못하면 매우 큰 단락전류가 변압기 내부에 흐르게 된다. 만일 이러한 단락전류가 매우 크다면 변압기, 회로차단기 등 연관 전력계통에 심각한 손상을 초래할 것이다. 어떤 기계들이나 전기장치들의 효율은 입력전력 대 출력전력의 비로 나타난다(**피상전력과 무효전력은 변압기효율 산정 시 사용되지 않는다**). 백분율 효율은 아래 식과 같이 주어진다.

$$\%\text{효율: } \varepsilon = \frac{\text{실제 출력전력}}{\text{실제 입력전력}} \times 100\,[\%]$$

3. 변압기 병렬운전

1) 단상변압기 병렬운전

단상변압기 병렬운전 조건은 다음과 같다.

(1) 각 변압기 극성이 같을 것.
(2) 각 변압기 권수비가 같을 것.
(3) 1차 및 2차 정격전압이 같을 것.
(4) 각 변압기의 백분율 임피던스 강하가 같을 것.

(5) 각 변압기 r/x의 비가 같을 것.

이들 조건을 만족하지 못하면 변압기에 나타나는 현상들은

(1)의 두 변압기 극성이 다른 경우 두 변압기 사이의 큰 순환전류 (I_c)가 흐른다.

(2)의 두 변압기 권수비가 다르면 두 변압기 사이의 무효순환전류(횡류) (I_c)가 흘러 권선가열의 원인이 된다.

(3)의 각 변압기 백분율 임피던스강하가 같지 않으면 부하분담이 다르게 된다.

(4)의 각 변압기 r/x의 비가 같지 않으면 각 변압기 전류 사이에 위상차가 발생하기 때문에 변압기동손이 증가하게 된다.

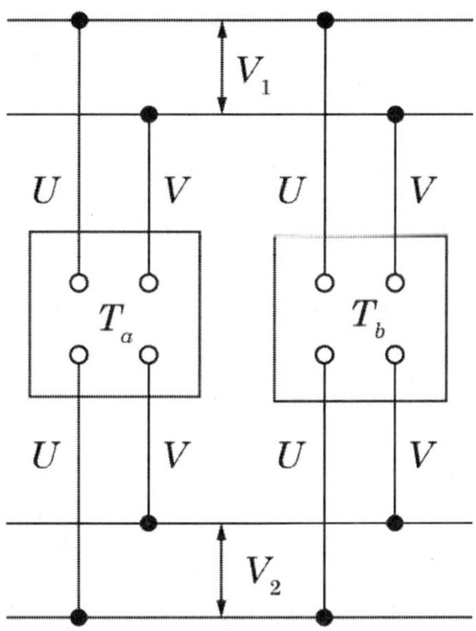

그림 3.25 단상변압기 병렬운전 결선법

2) 병렬운전 시 부하분담

그림 3.25에 나타낸 바와 같이 T_a, T_b두 대의 변압기를 병렬운전하는 경우 부하분담에 대해 알아보자. 각 변압기의 1차로 환산한 임피던스를 각각 $Z_a = r_a + jx_a [\Omega]$, $Z_b = r_b + jx_b [\Omega]$이라 하고 이 경우 1차로 환산한 간이등가회로를 작성하면 그림 3.26과 같다. 1차 및 2차측도 각각 동일한 모선에 접속되어 있기 때문에 1차 및 2차 단자전압은 같고 각각 $V_1 [V]$, $V_2 [V]$라 한다. 또한 각 변압기의 부하전류를 각각 $I_a [A]$, $I_b [A]$라 하면, $V_1 = I_a Z_a + V_2$, $V_1 = I_b Z_b + V_2$ 인데, 여기서 여자전류를 무시하면 1차전류 I_1은 $I_1 = I_a + I_b$의 관계가 성립하며, 이들의 관계는 $I_a Z_a = I_b Z_b = I_1 Z_1$으로 주어진

다. 단, 두 변압기 합성임피던스는 $Z_1 = \dfrac{Z_a Z_b}{Z_a + Z_b}$ 로 주어지며, 두 변압기 부하분담비는

$\therefore \dfrac{I_a}{I_b} = \dfrac{Z_b}{Z_a}$ 로 주어진다.

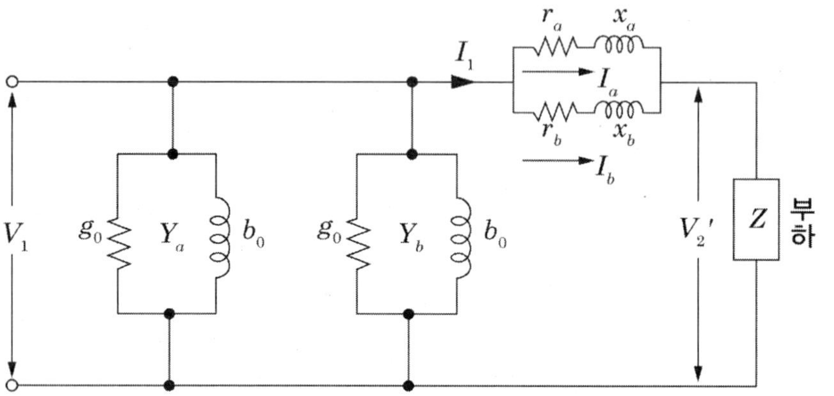

그림 3.26 변압기 병렬운전 시 간이등가회로

따라서 두 변압기 부하분담은 $I_a = I_1 \times \dfrac{Z_1}{Z_a}$, $I_b = I_1 \times \dfrac{Z_1}{Z_b}$ 가 되며, 변압기의 각각 1차 정격전류 I_{an} [A], I_{bn} [A]이고, 1차 정격전압을 V_n [V]라 하면, 백분율 임피던스강하 z_a, z_b는 다음과 같다.

$$z_a = \frac{I_{an} Z_a}{V_n} \times 100, \quad \therefore z_a = \frac{V_n Z_a}{I_{an} \times 100}$$

$$z_b = \frac{I_{bn} z_b}{V_n} \times 100, \quad \therefore z_b = \frac{z_b V_n}{I_{bn} \times 100}$$

위 두 식을 정리하면 아래 식과 같다.

$$\frac{I_a}{I_b} = \frac{z_b V_n I_{an}}{z_a V_n I_{bn}} = \frac{z_b}{z_a} \times \frac{P_{an}}{P_{bn}}$$

여기서 P_{an} [VA]은 T_a 변압기의 정격용량, P_{bn} [VA]은 T_b 변압기의 정격용량을 의미한다. 두 변압기 병렬운전 시 벡터도는 3.27과 같이 주어진다.

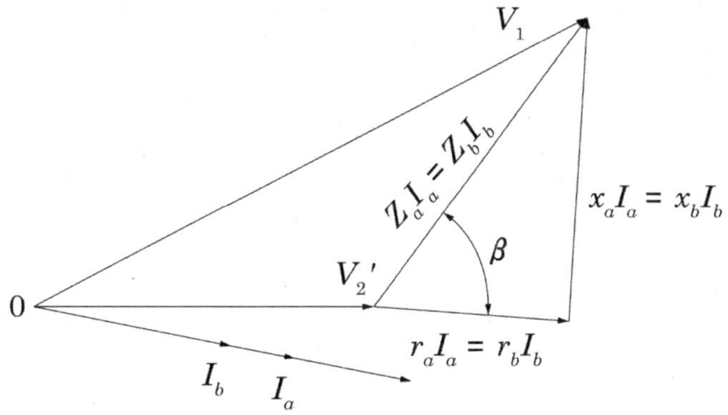

(a)

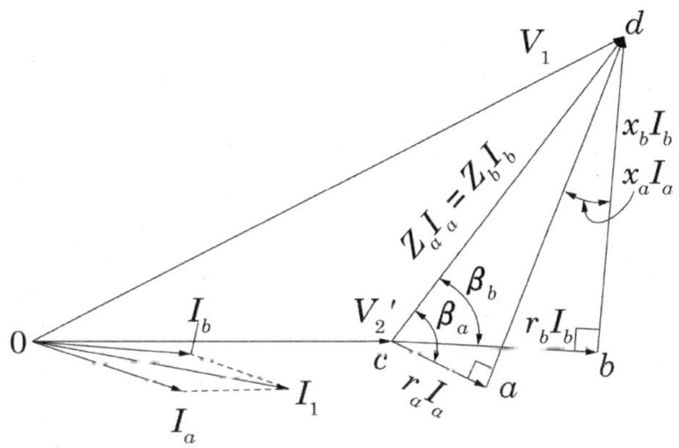

(b)

그림 3.27 변압기 병렬운전 시 벡터도

4. 사용 기자재 및 부품

- 전원공급 장치 (0 ~ 120 [V_{ac}]) EMS 8821
- 변압기 모듈(2Set) EMS 8341
- 교류전압계모듈 (250/250 [V]) EMS 8426
- 교류전류계모듈 (0.5/0.5 [A]) EMS 8425
- 단상전력계 (750 [W]) EMS 8431
- 저항 모듈 EMS 8311
- 결선리드선 EMS 8941

5. 실험 순서

☞ 주 의 : 이 실험에서는 고전압이 유기된다. 전원장치의 스위치를 켠 상태에서 어떤 결선도 하지 마시오. 각각의 실험이 완료된 후 전원공급 장치의 스위치를 끄시오.

1. 변압기모듈, 와트미터, 전원장치, 저항기모듈과 교류전류계모듈을 이용하여 그림 3.28에 표시된 회로를 결선하시오. 이때 두 변압기는 병렬연결 되어있음에 주의하시오. 또 그림에서 변압기의 두 1차권선 1－2 단자는 교류전압 120[V] 전원에 연결되어 있음에 주목하시오. 이때 전력계는 입력을 표시하고 있다. 두 변압기의 2차권선 3－4 단자는 부하(R_L)가 연결되어 있다. 전류계는 부하전류(I_L), 2차전류(I_1)와 (I_2)를 측정하기 위해 연결되었다.

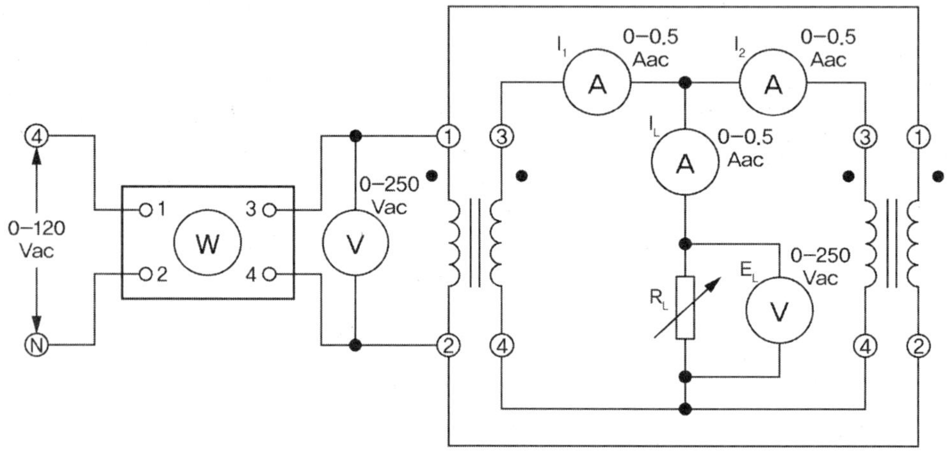

그림 3.28 변압기 병렬결선 회로도

2. 부하전류를 0으로 만들기 위해 모든 부하저항기의 스위치를 개방하시오. 권선은 **승압작용**(voltage step-up operation)을 하기 위해 결선되어 있음에 주의하시오 (1차측 120[V], 2차측 208[V]).

3. 실험을 더 진행하기 전에 지도교수로부터 연결된 회로상태를 점검받으시오.

4.

(1) 전원장치의 스위치를 켜고 변압기 2차측에 연결된 전류계 I_1, I_2와 부하전류 I_L에 주의하면서 출력전압 조절기를 서서히 변화시키시오. 만약 권선이 올바르게 연결되었다면 무부하 또는 2차 전류가 흐를 것이다.

(2) 전력계에 연결된 전압계가 교류 120[V]를 지시할 때까지 전원장치의 전압을 조절하시오.

5.

(1) 부하전류가 500 [mA]가 될 때까지 부하 (R_L)를 서서히 증가시키시오. 이때 입력전압은 정확히 교류 120 [V]를 지시하는지 확인하시오.

(2) 이때 전압, 부하전류, 변압기 2차측 전류, 입력전력을 측정하여 아래에 기록하시오.

부하전압: E_2 = __________ [V]　부하전류: I_L = __________ [A]

전　류: I_1 = __________ [A]　전　류: I_2 = __________ [A]

입　력: P_{input} = __________ [A]

(3) 전압을 0으로 만든 후 전원장치의 스위치를 끄시오.

6.

(1) 부하전력을 계산하시오.

부하전압: E_L ______ × 부하전류: I_L = ______ = __________ [W]

(2) 효율을 계산하시오.

$$\text{효 율: } \varepsilon = \frac{\text{출력}P_{output}}{\text{입력}P_{input}} \times 100 = \underline{\qquad\qquad\qquad} [\%]$$

(3) 변압기 손실을 계산하시오.

입 력: P_{input}__________ − 출력: P_{output}__________ = __________ [W]

(4) 변압기 1에 의해 전송되는 전력을 계산하시오.

I_1__________ × __________ E_L__________ = __________ [W]

(5) 변압기 2에 의해 전송되는 전력을 계산하시오.

I_2__________ × __________ E_L__________ = __________ [W]

7. 부하가 두 변압기 사이에 합리적으로 분배되었는가? 되었다면 그 이유를 아래에 설명하시오.

____

____

____

학 습 평 가

1. 그림 3.28에 표시된 변압기들을 전원 및 부하를 어떻게 병렬 연결하면 되는가? 직접 병렬 연결하시오. 단자 1－2와 3－4는 정격전압이 2,400[V]이고, 단자 5－6과 7－8은 정격전압이 400[V]이다.

2. 순수 용량성부하를 공급하는 변압기의 효율은 0이다. 그 이유를 아래에 설명하시오.

3. 변압기 가열을 초래하는 손실들은 어떤 것들이 있는지 아래에 설명하시오.

4. 직류전동기와 분상전동기 효율과 비교할 때 변압기의 효율은 어떠한가? 아래에 설명하시오.

3.6 배전변압기의 특성

1. 실험의 목적

(1) 120/240[V]의 2차권선을 갖는 **표준배전변압기**(standard distribution transformer)에 대해 학습한다.

(2) 배전용 변압기 효율에 대해 학습한다.

2. 이론적 고찰

가정용 및 전력공급 배전변압기 대다수는 1개의 고압권선을 갖는다. 2차권선은 소형기구의 동작용과 전등용은 120[V] 전원을 공급하고 있으며, 전기스토브, 세탁기, 커피포트 등은 240[V] 전원을 공급하고 있다. 2차권선은 단일권선의 중앙탭이 있는 형태이기나 또는 2개의 분리된 권선이 직렬로 연결된 형태이다. 이번 실험을 통해서 여러분들은 여러 종류의 부하를 변압기에 인가했을 시에 배전변압기가 동작하는 원리를 살펴볼 것이다.

3. 변압기 효율

1) 효율의 종류

일반적으로 전기기계의 효율에는 출력과 입력을 측정하여 계산하는 **실측효율**(actual measured efficiency)과, 규약에 따라 손실을 측정하여 산출하는 **규약효율**(conventional efficiency)이 있지만, 변압기의 효율산정의 기본은 규약효율 방식을 따른다.

2) 규약효율(Conventional efficiency)

변압기의 효율은 정격 2차전압 및 정격주파수에 있어서 [kW] 또는 입력과 전(全)손실을 기초로 아래 식과 같이 주어진다.

$$\eta = \frac{\text{출력}[\text{kW}]}{\text{출력}[\text{kW}] + \text{손실}[\text{kW}]} \times 100\,[\%] = \frac{\text{입력}[\text{kW}] - \text{손실}[\text{kW}]}{\text{입력}[\text{kW}]} \times 100\,[\%]$$

정격 2차전압을 V_{2n} [V], 정격 2차전류를 I_{2n} [A], 부하역률을 $\cos\theta$, 철손을 P_i [W], 2차측으로 환산한 전(全)저항을 r_{12} [Ω] 이라 하면 효율 η은 다음과 같이 주어진다.

$$\eta = \frac{V_{2n} I_{2n} \cos\theta}{V_{2n} I_2 \cos\theta + P_i + r_{12} I_{2n}^2} \times 100\ [\%]$$

또한 1/n 부하에 대한 효율 η을 산정하면,

$$\eta_{\frac{1}{n}} = \frac{(1/n) V_{2n} I_{2n} \cos\theta}{(1/n) V_{2n} I_{2n} \cos\theta + P_i + (1/n)^2 r_{12} I_{2n}^2} \times 100\ [\%]$$

3) 최대효율(Maximum efficiency)

일정전압과 일정역률 아래서 변압기가 어떤 부하일 때 **최대효율**(maximum effi-ciency)을 나타내면 아래와 같다.

$$\eta = \frac{\left(\frac{1}{n}\right) V_{2n} I_{2n} \cos\theta}{\left(\frac{1}{n}\right) V_{2n} I_{2n} \cos\theta + P_i + \left(\frac{1}{n}\right)^2 r_{12} I_{2n}^2} \times 100\ [\%]$$

$$= \frac{V_{2n} \cos\theta}{V_{2n} \cos\theta + \frac{P_i}{I_{2n}/n} + \frac{r_{12} I_{2n}}{n}} \times 100\ [\%]$$

여기서 V_{2n} 및 $\cos\theta$가 일정하기 때문에 η가 최대가 되기 위해서 $P_i/(I_{2n}/n) + r_{12} I_{2n}/n$ 이 최소가 되면 된다. 따라서 $\frac{P_i}{I_{2n}/n} = \frac{r_{12} I_{2n}}{n}$ 일 때 효율 (η)은 최대가 된다. 즉 동손 = 철손$\left(r_{12}(I_{2n}/n)^2 = P_i\right)$ 이다.

따라서 동손과 철손이 같게 되는 부하일 때 효율이 최대가 되며, 이를 나타내면 그림 3.29와 같다.

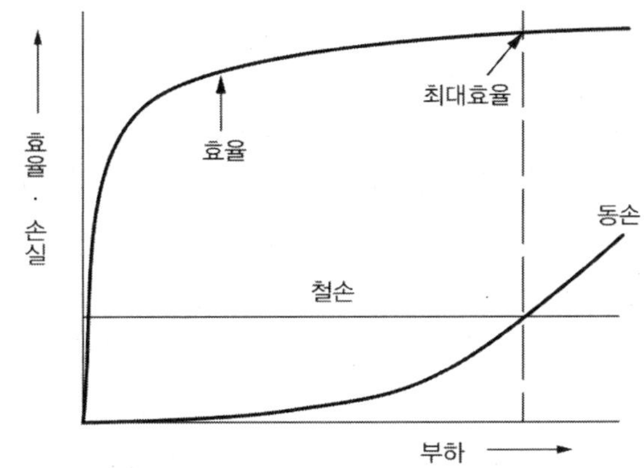

그림 3.29 부하와 효율의 관계

4) 전일효율

변압기의 부하는 하루 중 일정하지 않고 변동하는 것이 보통이다. 전등용 배전변압기는 특히 부하의 변동이 심하다. 그림 3.30은 배전변압기의 하루 중 부하변화를 표시한 것이다. 동손은 부하에 따라 변화하며 무부하에서 동손은 매우 작지만 철손은 부하에 관계없이 일정하기 때문에 하루 중의 전체 효율을 고려할 필요가 있다. 이 전체 효율을 **전일효율** (all-day efficiency)이라 한다. 지금 하루 중 T 시간동안 $V_2 I_2 \cos\theta$의 부하를 사용하고, 그 외 시간은 무부하로 변압기를 사용한 경우 전일효율 η_d을 구하면 다음과 같다.

$$\eta_d = \frac{V_2 I_2 \cos\theta \times T}{V_2 I_2 \cos\theta \times T + 24P_i + r_{12} I_2^2 \times T} \times 100\,[\%]$$

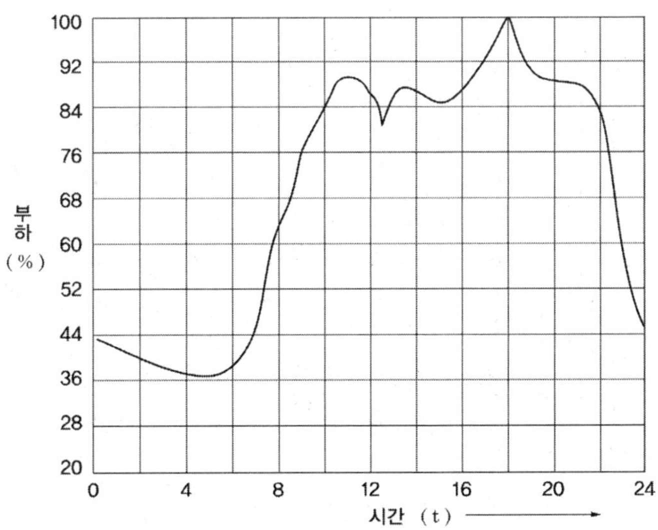

그림 3.30 배전변압기의 부하곡선

4. 사용 기자재 및 부품

- 전원공급 장치 (0 ~ 120/208 [V_{ac}]) EMS 8821
- 변압기 모듈(2Set) EMS 8341
- 교류전압계모듈 (250/250 [V]) EMS 8426
- 교류전류계모듈 (0.5/0.5 [A]) EMS 8425
- 단상전력계 (750 [W]) EMS 8431
- 저항 모듈 EMS 8311
- 인덕턴스 모듈 EMS 8321
- 결선리드선 EMS 8941

5. 실험 순서

☞ 주 의 : 이 실험에서는 고전압이 유기된다. 전원장치의 스위치를 켠 상태에서 어떠한 결선도 하지 마시오. 각각의 실험이 완료된 후 전원공급 장치의 스위치를 끄시오.

1. 변압기모듈, 저항기 모듈, 전원장치, 교류전압, 전류계모듈을 이용하여 그림 3.31에 표시된 회로를 연결하시오. 이때 두 변압기는 병렬연결 되었음에 주의하시오. 또한 그림에서 변압기의 1차권선 단자 3－4는 전원장치의 단자 4－5의 출력전압 0 ~ 208 [V]로 연결되어 있음에 주목하시오. 또한 변압기 2차권선 단자 1－2와 단자 5－6은 점 A와 B 사이의 교류전압 240[V]를 얻기 위해 직렬로 연결되어 있다. 부하 R_1과 R_2에 대해서는 각각 서로 다른 1개씩의 저항군을 사용하기로 한다.

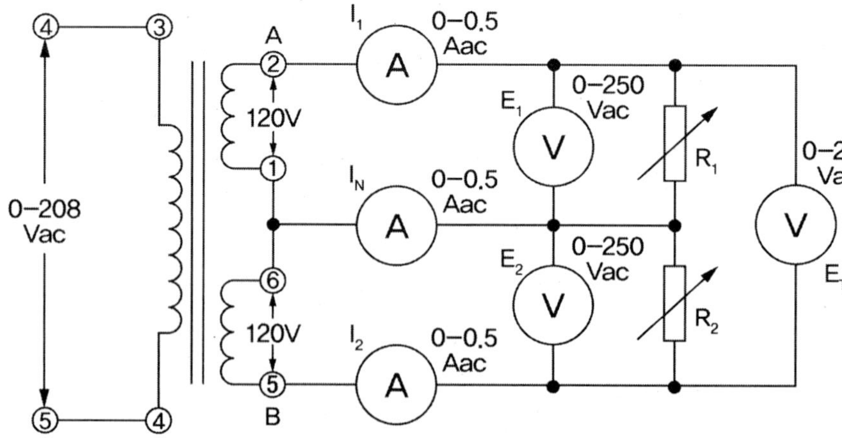

그림 3.31 배전변압기의 결선도

2.

(1) 저항기의 모든 스위치를 개방하시오.

(2) 전원장치의 스위치를 켜고 전원장치의 전압계가 208[V]를 지시할 때까지 가변시키시오.

(3) 변압기 전체 출력전압 (E_T), 각 부하 양단 간에 나타나는 전압 (E_1, E_2), 선전류 (I_1, I_2), 중성선전류 (I_N)를 측정하여 표 3-5에 기록하시오.

표 3-5

실험순서	R_1 [Ω]	R_2 [Ω]	I_1 [mA]	I_2 [mA]	I_N [mA]	E_1 [V]	E_2 [V]	E_T [V]
2(c)	∞	∞						
3(b)	300	300						
4(b)	300	1,200						
5(c)	300	1,200						
6(f)	400	400						

3.

(1) 저항기의 스위치를 조절하여 각 부하회로가 300[Ω]이 되게 하시오.

(2) 표 3-5에 주어진 모든 항목들에 대해 측정하여 기록하시오.

(3) 중성선 전류(neutral line current)가 0인 이유를 아래에 설명하시오.

4.

(1) 부하 (R_1)가 300[Ω]인 상태에서 부하 (R_2)를 1,200[Ω]으로 조절하시오.

(2) 표 3-5의 모든 항목들에 대해 측정하여 기록하시오.

(3) 전압을 0으로 만든 후 전원장치의 스위치를 끄시오.

(4) 중성성 전류와 선전류의 차이는 일치하는가? 일치한다면 그 이유를 설명하시오.

5.

(1) 변압기와 중성선 전류계 (I_N) 사이의 연결선을 제거하여 변압기로부터 중성선을 단락시킨다.

(2) 전원장치의 스위치를 켜고 전원장치에 부착된 전압계가 교류 208[V]를 지시할 때까지 조절하시오.

(3) 표 3-5에 주어진 모든 항목들에 대해 측정하여 기록하시오.

(4) 전압을 0으로 만든 후 전원장치의 스위치를 끄시오.

(5) 만일 부하 (R_1)과 (R_2)에 가정용 백열전등을 사용하였다면 특기할 만한 사항은 무엇인가? 아래에 설명하시오.

6.

(1) 중성선을 변압기로부터 중성선 전류계 (I_N)로 다시 연결하시오.

(2) 부하 (R_2) 대신에 유도성부하로 대체하시오.

(3) 부하 (R_1)의 저항값을 400 [Ω]으로 조절하시오.

(4) 부하 (R_2)를 유도성 리액턴스 (X_L)가 400 [Ω]이 되도록 조절하시오.

(5) 전원장치의 스위치를 켜고 전원장치에 부착된 전압계가 교류 208 [V]를 지시할 때까지 조절하시오.

(6) 표 3-5에 주어진 모든 항목들에 대해 측정하여 기록하시오.

(7) 전압을 0으로 만든 후 전원장치의 스위치를 끄시오.

(8) 중선선 전류와 선전류가 계산상 차가 발생하는가? 발생한다면 그 이유를 설명하시오.

학 습 평 가

1. 어떤 가정이 120/240[V] 교류 전력시스템을 갖추고 있으며, 다음의 전기기기들을 사용하고 있다고 전제할 때 :

■ 선 1과 중성	■ 선 2와 중성	■ 선 1과 선 2
7개 : 램 프 60[W]	1개 : 텔레비전 200[W]	1개 : 드라이어 2,000[W]
1개 : 램 프 100[W]	1개 : 토스터 1,200[W]	1개 : 스토브 1,000[W]
1개 : 전동기 5[A]	4개 : 램 프 40[W]	

(1) 선 1과 선 2 및 중성선에 흐르는 전류를 계산하시오.(단, 모든 기구들의 역률은 100[%]로 가정한다)

선 1 = [A]

선 2 = [A]

중성선 = [A]

(2) 만일 중성선이 개방되어있다면 어느 전구가 밝아지고 어느 전구가 어두워지는가?

2. 1차 정격전압 2,400[V], 2차 정격전압 120/240[V], 용량 60[KVA]인 배전변압기가 있다.

(1) 2차 정격전압 240[V]측에 흐르는 선전류는 몇 [A]인가?

I_2 = [A]

(2) 만일 모든 부하가 한쪽으로만 치우쳐 있다면(선과 중성선, 120[V]), 변압기가 가열하지 않고 전송할 수 있는 최대부하는 몇 [KVA]인가?

	용량 P = [KVA]

3.7 변압기 3상 결선법

1. 실험의 목적

(1) 변압기의 **델타결선**(△) 및 **와이결선**(Y)의 관계를 규명한다.

(2) 이들 결선들의 전류 및 전압의 관계를 규명한다.

2. 이론적 고찰

3상변압기는 1개의 모듈로 되어있거나 단상변압기 3대를 델타결선(△) 또는 와이결선(Y)을 이용하여 3상변압기 역할을 할 수 있다. 경우에 따라서 2대의 단상변압기를 브이결선(V)하여 3상변압기로 사용하는 경우도 있다. 일반적으로 전력선으로부터 얻는 상업용 3상전압은 208[V]이며, 단상전압의 표준전압 값은 120[V]로 규정하고 있다. 이들 전압을 얻기 위한 결선도는 그림 3.32에 표시한다.

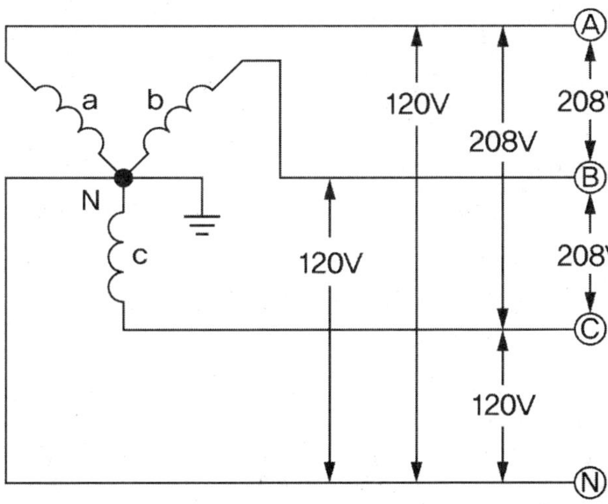

그림 3.32 3상변압기로부터 120[V] 혹은 208[V]의 3상전압을 얻는 법

권선 a, b, c는 3개의 와이(Y)결선된 2차권선을 표시한다. 3상선을 각각 A, B, C라 할 때 단상은 A, B, C와 중성선의 결선을 의미한다. 3상변압기가 올바르게 동작하기 위해서는 이들 선으로 연결되어야 한다. 현재 가장 널리 사용되는 변압기 결선법의 4종류를 그림 3.33에 표시하였다.

아래 4종류의 결선법 중에서 현재 가장 많이 사용되고 있는 결선법은 △－Y 결선법이다. 어떤 결선법을 사용하든 간에 권선들은 적합한 상으로 연결되어야 한다. 와이결선 된 2차측 권선의 상관관계를 결정하기 위해서 그림 3.33(a)에 나타낸 바와 같이 두 권선을 지나는 전압을 측정한다. A－B 사이의 선간전압은 각 상전압에 나타나는 전압의 $\sqrt{3}$ 배가 되어야 한다. 만일 선간전압이 각 상전압과 동일하다면 이들 권선 중 하나는 역이 되어야 한다. 그림 3.33 (b)에 나타낸 것처럼 3번째 권선 (c)가 연결되었다면 C－A 혹은 C－B 사이의 선간전압도 어느 한 권선의 상전압의 $\sqrt{3}$ 배가 되어야 한다. 만일 이 관계가 성립하지 않는다면 권선 C도 역이 되어야 한다.

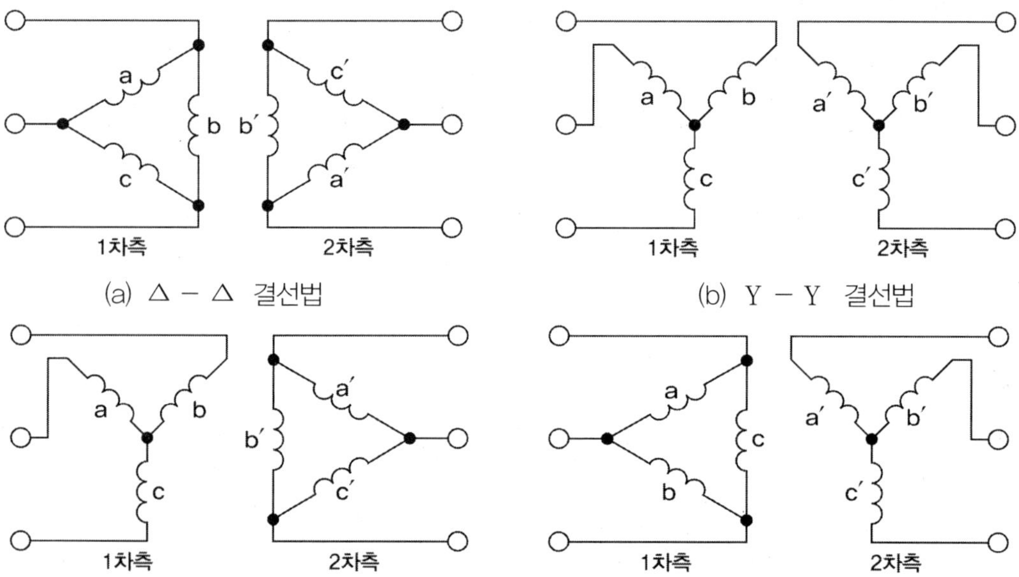

(a) △ － △ 결선법 (b) Y － Y 결선법

(c) Y － △ 결선법 (d) △ － Y 결선법

그림 3.33 대표적인 변압기 3상 결선법

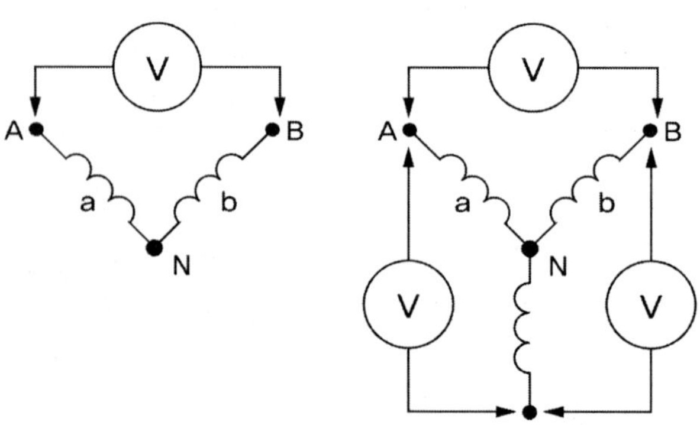

그림 3.34 Y 결선의 상전압과 선간전압의 관계

델타결선(△)한 2차측 권선의 **상관관계**(phase relationship)를 결정하기 위해 그림 3.35 (a)에 나타낸 두 권선을 지나는 전압을 측정한다. A－C 사이의 선간전압은 각 상의 상전압과 동일해야 한다. 만일 이 관계가 성립하지 않으면 권선들 중 하나는 역이 되어야 한다. 그림 3.35 (b)에 나타낸 것처럼 권선 C를 연결하였다면, 3개의 권선 C^1-C의 전압은 0이 되어야 한다. 만약 이 관계가 성립하지 않는다면 권선 C는 역이 되어야 한다. 개방된 단자 C^1-C의 각 끝이 연결되어 그림 3.35(c)에 나타낸 것처럼 변압기가 델타결선(△) 시 적절한 상관관계를 갖는다.

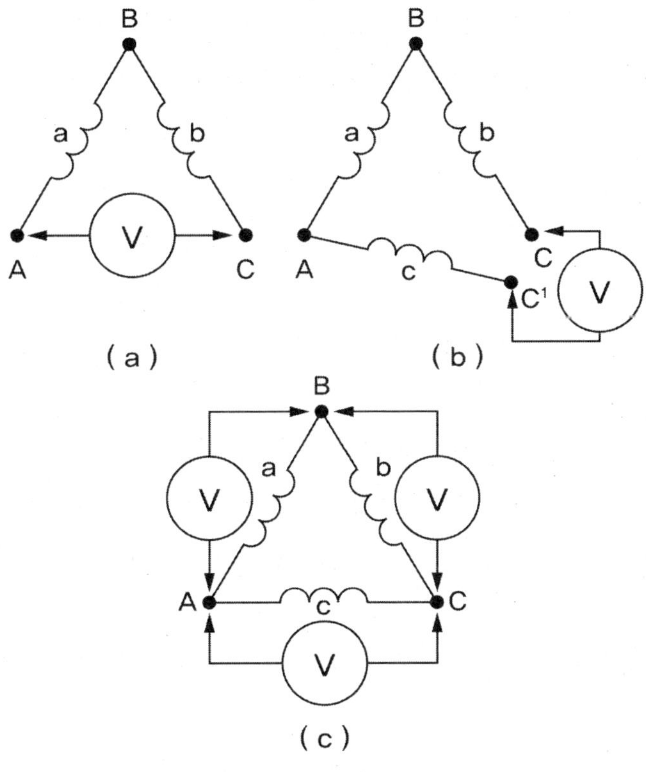

그림 3.35 △ 결선의 상전압과 선간전압의 관계

Y－Y 결선은 단상변압기와 마찬가지로 1차권선과 2차권선 사이의 **권수비**(turn ratio)당 전압값이 동일하다. △－△ 결선에서 출력전압은 역시 1차 및 2차권선의 권수비에 달려있다. △－Y 결선은 △－△ 결선이나 Y－Y 결선보다도 더 높은 3상전압을 갖는다. 그 이유는 Y 결선된 2차권선의 어느 두 권선을 지나는 전압이 3상 1차 선간전압의 $\sqrt{3}$ 배이기 때문이다. Y－△ 결선은 △－Y 결선의 반대 현상이다.

3. 각종 3상결선의 특징

1) $\Delta-\Delta$ 결선(Delta-Delta connection)

(1) 단상변압기 3대 중 1대가 고장이 발생했을 경우 이것을 제거하고 나머지 2대를 이용하여 V 결선으로 3상전원을 계속 송전할 수 있다.

(2) 제3고조파 전압은 각상이 동상이기 때문에 권선 내에 순환전류가 흐르지만 외부로 흐르지 않기 때문에 통신장해를 유발시킨다.

(3) 중성점을 접지할 수 없으며, 따라서 33 [kV] 이하의 배전변압기로 주로 이용되며, 110 [kV] 이상의 계통에는 거의 사용하지 않는다.

(4) 같은 선간전압에 대해서 Y 결선보다 1상에 가해지는 전압이 높으므로 권수가 많아지고 대부분의 경우 절연 문제로 **점적율**(space factor)이 낮아진다.

(5) 상전압 (E_p), 선간전압 (V_l), 상전류 (I_p), 선전류 (I_l)의 상관관계는 다음과 같이 주어진다.

$$E_p = V_l \angle 0^0, \quad I_l = \sqrt{3} I_p \angle -30^0$$

2) Y－Y 결선(Star-Star connection)

(1) 중성점 접지가 가능하다.

(2) 상전압이 선간전압의 $1/\sqrt{3}$ 이기 때문에 절연이 용이하다. 이와 같은 장점이 있지만 기전력에 고조파를 함유하고 있어 중성점이 접지되어 있을 경우에는 선로에 제3고조파가 주로 충전전류에 흘러서 통신장해를 발생한다. 따라서 이 결선은 현재 거의 사용하지 않고 있다.

(3) 상전압 (E_p), 선간전압 (V_l), 상전류 (I_p), 선전류 (I_l)의 상관관계는 다음과 같이 주어진다.

$$V_l = E_p \angle 30^0, \quad I_l = I_p \angle 0^0$$

3) $Y-\Delta$ 결선, $\Delta-Y$ 결선(Star-Delta, Delta-Star connection)

$\Delta-Y$ 결선은 발전소용 변압기와 같이 낮은 전압을 높은 전압으로 승압하고자 할 때 주로 사용된다. $Y-\Delta$ 결선은 수전단 변전소용 변압기와 같이 높은 전압을 낮은 전압으로 강압하고자 할 때 주로 사용된다.

(1) 이 결선에서는 1차 및 2차측 어느 쪽이든지 Δ 결선이 있고 여자전류의 제3고조파 통로가 있으므로 제3고조파에 의한 장해가 적다.

(2) Y 결선에서 중성점을 접지한다.

(3) 1차 선간전압과 2차 선간전압 사이에 $\pi/6$의 위상차가 발생한다.

4) V − V 결선(V−V connection)

(1) 주상변압기에서는 장치나 방법이 간단하고, 소용량에서 가격이 싸기 때문에 3상부하에 광범위하게 이용되고 있다.

(2) 앞으로 부하가 증가하는 경우, $\Delta-\Delta$ 결선으로 할 것을 예정하여 처음 2대로 V 결선하여 사용하는 경우가 종종 있다.

(3) 변압기 용량의 이용률이 $\sqrt{3}/2 = 0.866$로 낮으며, 부하의 상태에 따라 2단자 전압의 불평형이 생길 수 있다.

(4) V − V 결선 시 상전압(E_p), 선간전압(V_l), 상전류(I_p), 선전류(I_l)의 상관관계는 다음과 같이 주어진다. 1차측의 상전압과 선간전압, 상전류와 선전류의 관계는 다음과 같이 주어진다.

$$E_{1p} = V_{1l}\angle 0^0, \quad I_{1l} = I_{1p}\angle(\phi + \frac{\pi}{6})$$

2차측의 상전압과 선간전압, 상전류와 선전류의 관계는 다음과 같이 주어진다.

$$V_{1l} = E_{1p}\angle 0^0, \quad I_{1l} = I_{1p}\angle(\phi + \frac{\pi}{6})$$

(5) V − V 결선 시 출력의 비 P_V와 P_Δ의 비는 $\dfrac{P_V}{P_\Delta} = \dfrac{\sqrt{3}\,V_P I_P}{3V_P I_P} \fallingdotseq 0.577$

4. 사용 기자재 및 부품

- 전원공급 장치(0 ~ 120/208 [V_{ac}]) EMS 8821
- 변압기 모듈(3Set) EMS 8341
- 교류전압계 모듈(250/250 [V_{ac}]) EMS 8426
- 결선리드선 EMS 8941

5. 실험 순서

☞ 주 의 : 이 실험에서는 고전압이 유기된다. 전원장치의 스위치를 켠 상태에서 어떤 결선도 하지 마시오. 각각의 실험이 완료된 후 전원공급 장치의 스위치를 끄시오.

1.

(1) 그림 3.36에 표시된 회로는 _______—______결선된 3개의 단상변압기를 표시하고 있다.

(2) 예상되는 전압을 계산하여 주어진 밑줄에 기록하시오.

(3) 그림 3.36에 주어진 회로를 결선하시오.

(4) 전원장치의 스위치를 켜고 출력 선간전압이 교류 120[V]를 지시할 때까지 서서히 조절하시오.

(5) 전압계가 지시한 전압을 측정하여 아래 밑줄에 기록하시오.

(6) 전압을 0으로 만든 후 전원장치의 스위치를 끄시오. 아래에 주어진 모든 전압들을 측정할 때까지 실험 (4), (5), (6)을 반복하시오.

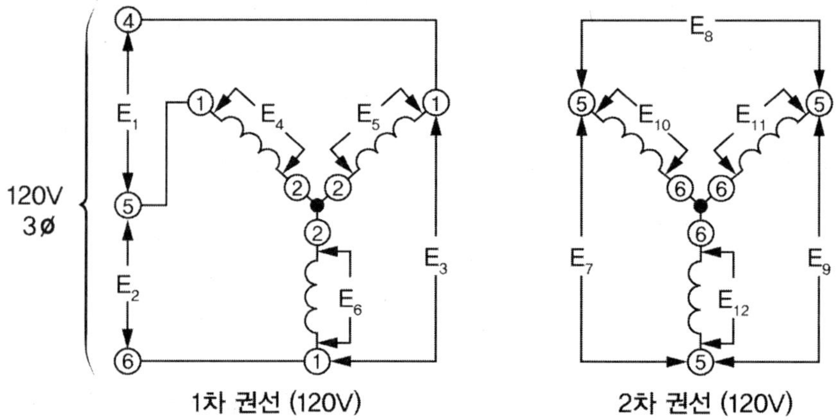

그림 3.36 Y－Y 결선 시 선간전압과 상전압의 관계

► 계산값

E_1 = ________[V], E_2 = __________[V], E_3 = ___________[V]

E_4 = ________[V], E_5 = __________[V], E_6 = ___________[V]

E_7 = ________[V], E_8 = __________[V], E_9 = ___________[V]

E_{10} = ________[V], E_{11} = __________[V], E_{12} = ___________[V]

► 측정값

E_1 = ________[V], E_2 = __________[V], E_3 = ___________[V]

E_4 = ________[V], E_5 = __________[V], E_6 = ___________[V]

E_7 = ________[V], E_8 = __________[V], E_9 = ___________[V]

E_{10} = ________[V], E_{11} = __________[V], E_{12} = ___________[V]

2.

(1) 그림 3.37에 표시된 회로는 ______—________ 결선된 3개의 단상변압기를 표시하고 있다.

(2) 예상되는 전압을 계산하여 주어진 밑줄에 기록하시오.

(3) 그림 3.37에 주어진 회로를 결선하시오.

(4) 전원장치의 스위치를 켜고 출력 선간전압이 교류 90[V]를 지시할 때까지 서서히 조절하시오.

(5) 전압계가 지시한 전압을 측정하여 아래 밑줄에 기록하시오.

(6) 전압을 0으로 만든 후 전원장치의 스위치를 끄시오. 아래에 주어진 모든 전압을 측정할 때까지 실험 (4), (5), (6)을 진행하시오.

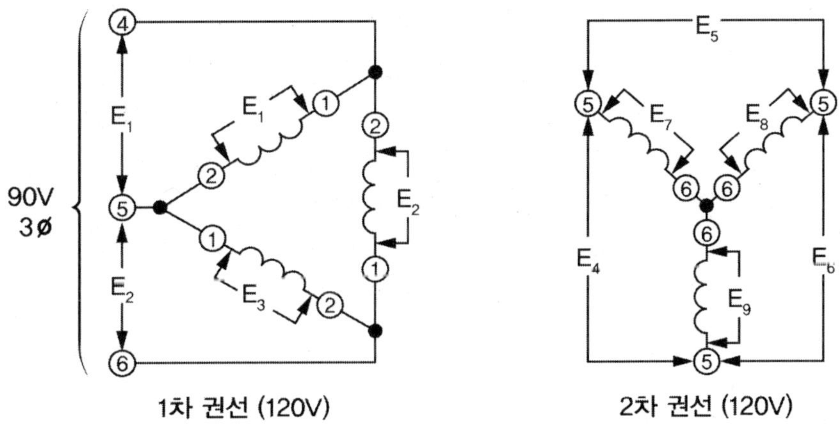

그림 3.37 Δ−Y 결선 시 상전압과 선간전압의 관계

► **계산값**

$E_1 =$ ________[V], $E_2 =$ ________[V], $E_3 =$ ________[V]

$E_4 =$ ________[V], $E_5 =$ ________[V], $E_6 =$ ________[V]

$E_7 =$ ________[V], $E_8 =$ ________[V], $E_9 =$ ________[V]

► **측정값**

$E_1 =$ ________[V], $E_2 =$ ________[V], $E_3 =$ ________[V]

$E_4 =$ ________[V], $E_5 =$ ________[V], $E_6 =$ ________[V]

$E_7 =$ ________[V], $E_8 =$ ________[V], $E_9 =$ ________[V]

3.

(1) 그림 3.38에 표시된 회로는 ______—______결선된 3개의 단상변압기를 표시하고 있다.

(2) 예상되는 전압을 계산하여 주어진 밑줄에 기록하시오.

(3) 그림 3.38에 주어진 회로와 같이 연결한다. 델타결선(△)된 2차 권선상의 점 'A'를 개방시킨 후 전압계를 연결하시오.

(4) 전원장치의 스위치를 켜고 출력 선간전압을 서서히 증가시키시오. 만일 델타결선(△)이 적절히 상 조절이 되었다면 개방된 델타를 지나는 전압계(점 'A'의)상에는 어떠한 전압도 나타나서는 안 된다. 그러나 약간의 미소한 전압이 나타나는 이유는 일반적으로 3상전압이 모두 동일한 3상전압을 갖지 않기 때문이고, 또 3개의 단상변압기도 서로 미소한 전압차가 발생되기 때문이다.

(5) 전압을 0으로 만든 후 전원장치의 스위치를 끄시오.

(6) 전압계를 회로로부터 제거한 후 점 'A'의 델타결선(△)을 다시 하시오.

(7) 전원장치의 스위치를 켜고 선간출력 전압을 교류 120[V]로 조절하시오.

(8) 지시된 전압을 측정한 후 아래에 주어진 밑줄에 기록하시오.

(9) 전압을 0으로 만든 후 전원장치의 스위치를 끄시오.

(10) 아래에 주어진 모든 전압들을 측정할 때까지 실험 (7), (8), (9)를 진행하시오.

► 계산값

E_1 = ________[V], E_2 = __________[V], E_3 = ___________[V]

E_4 = ________[V], E_5 = __________[V], E_6 = ___________[V]

E_7 = ________[V], E_8 = __________[V], E_9 = ___________[V]

► 측정값

E_1 = ________[V], E_2 = __________[V], E_3 = ___________[V]

E_4 = ________[V], E_5 = __________[V], E_6 = ___________[V]

E_7 = ________[V], E_8 = __________[V], E_9 = ___________[V]

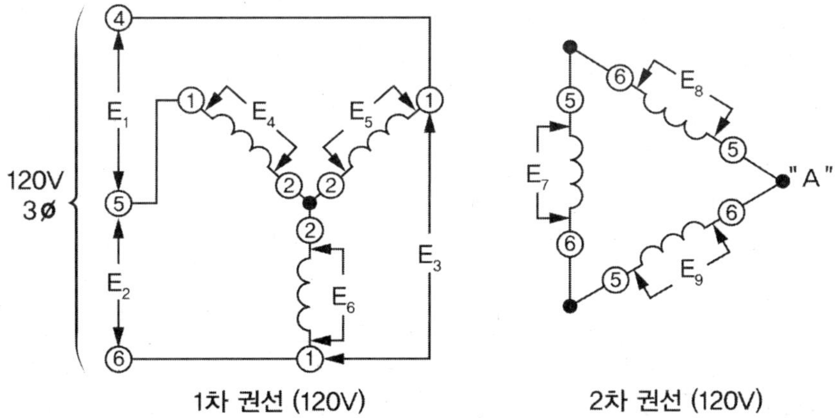

그림 3.38 Y – Δ 결선 시 선간전압과 상전압의 관계

4.

(1) 그림 3.39에 표시된 회로는 ______—_____ 결선된 3개의 단상변압기를 표시하고 있다.

(2) 예상되는 전압을 계산하여 주어진 밑줄에 기록하시오.

(3) 그림 3.39에 주어진 회로와 같이 연결한다. 델타결선된 2차 권선상의 점 'A'를 개방시킨 후 전압계를 연결한다.

(4) 전원장치의 스위치를 켠 다음 출력 선간전압을 서서히 증가시키시오. 만일 델타결선이 적절히 상 조절이 되었다면 개방된 델타를 지나는 전압계(점 'A'의)상에는 어떠한 전압도 나타나서는 안 된다. 그러나 약간의 미소한 전압이 나타나는 이유는 일반적으로 3상전압이 모두 동일한 3상전압이 같지 않기 때문이고 또한 3개의 단상변압기도 서로가 미소한 전압차가 발생되기 때문이다.

(5) 전압을 0으로 만든 후 전원장치의 스위치를 끄시오.

(6) 전압계를 회로로부터 제거한 후 점 'A'의 델타결선을 다시 하시오.

(7) 전원장치의 스위치를 켜고 선간출력 전압을 교류 120[V]로 조절하시오.

(8) 지시된 전압을 측정한 후 아래에 주어진 밑줄에 기록하시오.

(9) 전압을 0으로 만든 후 전원장치의 스위치를 끄시오.

(10) 아래에 주어진 모든 전압들을 측정할 때까지 실험 (7), (8), (9)를 진행하시오.

5.

(1) 그림 3.40에 표시된 회로는 __________—________ 결선된 2개의 단상변압기를 표시하고 있다.

(2) 예상되는 전압을 계산하여 아래에 주어진 밑줄에 기록하시오.

(3) 그림 3.40에 주어진 회로와 같이 연결하시오.

(4) 전원장치의 스위치를 켠 다음 출력 선간전압이 교류 120[V]를 지시할 때까지 서서히

증가시키시오.

(5) 지시된 전압을 측정한 후 아래에 주어진 줄에 기록하시오.

(6) 아래에 주어진 모든 전압들을 측정할 때까지 실험 (4), (5), (6)을 진행하시오.

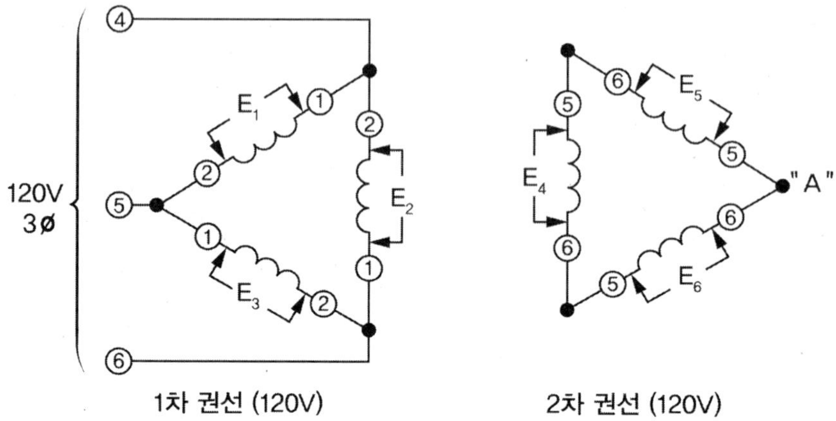

그림 3.39 Δ−Δ 결선 시 선간전압과 상전압의 관계

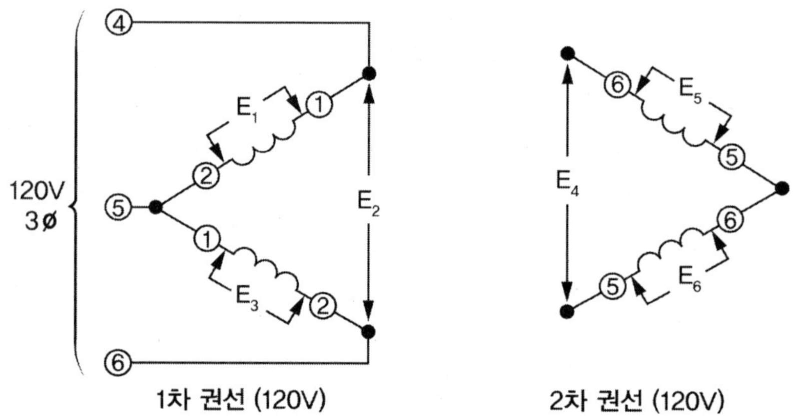

그림 3.40 V−V 결선 시 선간전압과 상전압의 관계

► 계산값

E_1 = ________[V], E_2 = __________[V], E_3 = ___________[V]

E_4 = ________[V], E_5 = __________[V], E_6 = ___________[V]

► 측정값

E_1 = ________[V], E_2 = __________[V], E_3 = ___________[V]

E_4 = ________[V], E_5 = __________[V], E_6 = ___________[V]

학 습 평 가

1. 실험 순서 4, 5의 결과치를 비교해보시오.

(1) △－△ 대 개방－△ 간에 전압의 차가 발생하는가? 예_____ 아니오 _______

발생한다면 그 이유를 아래에 설명하시오.

(2) △－△결선 시 정격 [VA]이 개방－△결선 시 정격 [VA]과 동일한가?

예_____________ 아니오________

같지 않다면 그 이유를 아래에 설명하시오.

(3) 만일 각 권선의 정격전류 값이 증가한다면 개방－△가 △－△만큼 동작하는가? 그렇다면 그 이유를 아래에 설명하시오.

2. 만일 각 변압기의 용량이 60[KVA]이라면 아래에 주어진 5가지의 경우에서 각각 얻을 수 있는 전체 3상전력은 몇 [KVA]인가?

(1) Y－Y 결선 :

(2) Y－△ 결선 :

(3) △－Y 결선 :

(4) △－△결선 :

(5) 개방－△결선 :

3. 만일 변압기 2차권선의 극성 중 하나가 역으로 되었다면, 실험 1 :

(1) **데드쇼트(dead short)**가 발생하는가? 예________ 아니오________

데드쇼트가 발생한다면 그 이유를 아래에 설명하시오.

(2) 변압기는 가열되는가? 예__________ 아니오________

가열된다면 그 이유를 아래에 설명하시오.

(3) 변압기 1차측 전압은 불평형이 발생하는가? 예________ 아니오________

불평형이 발생한다면 그 이유를 아래에 설명하시오.

(4) 변압기 2차측 전압은 불평형이 발생하는가? 예________ 아니오________

불평형이 발생한다면 그 이유를 아래에 설명하시오.

4. 만일 변압기 2차권선의 극성 중 하나가 역으로 되었다면, 실험 4 :

(1) **데드쇼트**(dead short)가 발생하는가? 예________ 아니오________

데드쇼트가 발생한다면 그 이유를 아래에 설명하시오.

____

____

____

(2) 변압기는 가열되는가? 예__________ 아니오________

가열된다면 그 이유를 아래에 설명하시오.

____

____

____

(3) 변압기 1차측 전압은 불평형이 발생하는가? 예________ 아니오________

불평형이 발생한다면 그 이유를 아래에 설명하시오.

____

____

____

(4) 변압기 2차측 전압은 불평형이 발생하는가? 예________ 아니오________

불평형이 발생한다면 그 이유를 아래에 설명하시오.

____

____

____

3.8 3상전력을 2상전력으로 변환하는 법

1. 실험의 목적

(1) 변압기 2대를 이용하여 3상전력시스템에서 2상전력시스템으로 변환하는 방법을 학습한다.

(2) 평형 3상전력을 기초로 한 평형 2상전력을 학습한다.

2. 이론적 고찰

한때는 2상전력이 산업사회 전반에 널리 이용되어 왔지만, 현재는 3상전력으로 대체되고 있는 실정이다. 그러나 현재까지도 소형전동기 제어 분야의 원리로 2상전력도 많이 이용되고 있다. 그러므로 3상전력을 2상전력으로 변환하는 방법을 알아두는 것은 매우 유용할 것이다. 2상전력에서 3상전력으로 변환하거나 3상전력에서 2상전력으로 변환하는 원리는 전압의 변화 없이 변환이 가능하며, 특수변압기로 변환비를 이용하면 가능하다. 이들 변환은 2대의 단상변압기를 이용함으로써 가능하다는 것이다.

이런 면에 주목했을 때 현재 가장 잘 알려진 3상에서의 2상 변환법으로 **스코트결선**(scott connection)을 들 수 있다. 따라서 이번 실험에서는 스코트결선법에 대해 알아보기로 한다.

평형 3상시스템에서는 전압과 전류가 모두 같고 각각 상호간의 위상변이가 120° 발생한다. 또한 평형 2상시스템에서는 전압과 전류가 동일하지만 각각 상호간의 위상변이가 90° 발생한다. 그러므로 한 상의 전압이 최대일 때 다른 상의 전압은 0이 된다. 이와 마찬가지로 한 상에 흐르는 전류가 최대일 때도 나머지 상에 흐르는 전류는 0이 된다.

3. 스코트결선의 원리

2대의 단상변압기를 이용하여 3상에서 2상으로 변환하는 방법은 스코트결선(Scott connection), T결선(T connection), 메이어결선(Meyere connection), 우드브리지결선(Wood-bridge connection) 등이 있으며, 이 중 가장 대표적인 결선인 스코트결선과 T결선에 대해 설명하기로 한다.

그림 3.41(a)과 같이 2대의 용량이 동일한 변압기 M, T 2대를 이용하여 M의 1차권

선의 중심점 O와 T의 1차권선의 끝과 결선하고, T변압기 1차권선 전체 권수의 $\sqrt{3}/2 = 0.866$ 인 점에서 인출선을 설치하고 M의 양쪽 끝에서 각각 3상전원을 접속한다. 2차측은 양 변압기의 같은 극성의 점을 공통도선으로 하고 또한 양쪽 끝에서 도선을 인출하면 2상 3선식의 전원이 얻어진다. 변압기 M을 **주좌변압기(main transformer)**, 변압기 T를 **T 좌변압기(T reaser transformer)**라 한다. 또한 기전력 및 전원의 정방향을 그림 3.41(a)과 같이 정하면 그 벡터도는 그림 3.41(b)과 같이 되므로

$$E_V - \frac{1}{2}E_W = E_{VW}, \ -\frac{1}{2}E_W - \dot{E_V} = E_{UV}$$

변압기 T의 1차권선은 변압기 M권선의 $\sqrt{3}/2$ 이기 때문에 $E_V = (\sqrt{3}/2)E_W$ 가 된다. 그러면 $E = E_{VW} = E_{UV} = E_{WU}$ 가 되고 삼각형 V, W, U는 정삼각형으로 되어 1차 유기기전력은 정삼각형이 된다. 즉 1차측에 큰 E의 대칭 3상전압이 주어지면 변압기 M의 1차에는 이것과 크기가 같은 기전력 E_W 이 발생하고 그 2차측에는 크기가 E/a가 농상의 기전력 E_W 이 발생한나.

변압기 T는 1차측 크기의 $(\sqrt{3}/2)E$ 가 E_W 보다 $\pi/2$ 앞선 기전력 E_V 을 발생한다. 변압기 T의 2차기전력은 E_V 와 동상으로 그 크기 E_v 는 $E_v = \left(\frac{\sqrt{3}}{2}\right)E \div \left(\frac{\sqrt{3}}{2}\right)a$ $= E/a$가 된다. 따라서 E_w 와 E_v 는 크기가 같고 $\pi/2$ 의 위상차가 발생하므로 2차측은 완전한 2상전원이 된다.

스코트결선의 이용률은 각 변압기의 정격전압을 V_n [V], 정격전류를 I_n [A]라 하면 정격용량의 합은 $2V_nI_n$ 이지만, 이러한 변압기의 출력은 $\sqrt{3}V_nI_n$ 이므로 이용률은 다음과 같이 주어진다.

$$\frac{\sqrt{3}V_nI_n}{2V_nI_n} = \frac{\sqrt{3}}{2} = 0.866$$

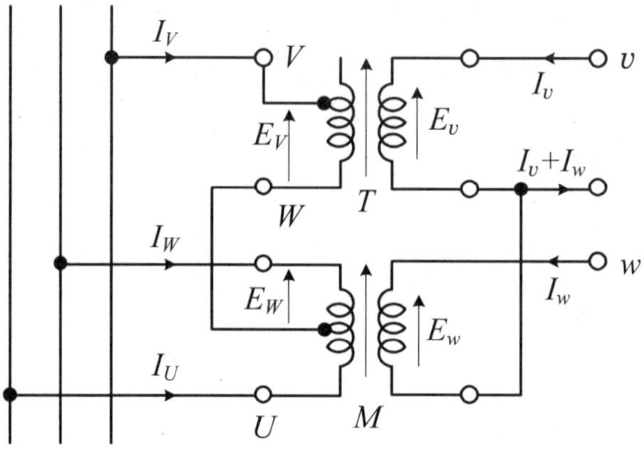

(a) 결선도

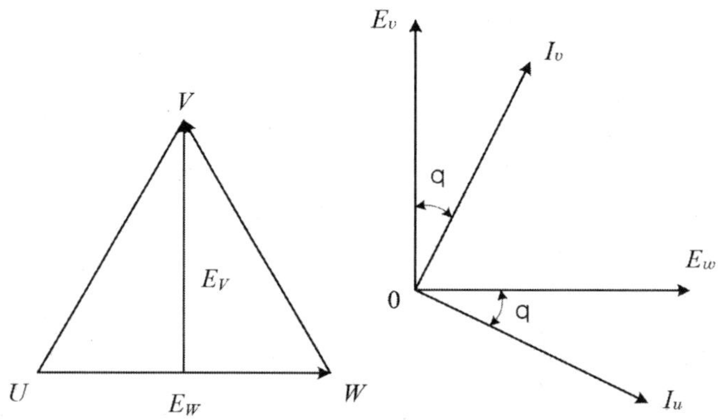

(b) 벡터도

그림 3.41 스코트결선

4. 사용 기자재 및 부품

• 전원공급 장치 (0 ~ 120/208 [Vac])	EMS 8821
• 변압기 모듈(2Set)	EMS 8341
• 저항기 모듈	EMS 8311
• 교류전압계 모듈 (250/250 [V_{ac}])	EMS 8426
• 교류전류계 모듈 (0.5/0.5/0.5 [A_{ac}])	EMS 8425
• 결선리드선	EMS 8941

5. 실험 순서

☞ 주 의 : 이 실험에서는 고전압이 유기된다. 전원장치의 스위치를 켠 상태에서 어떤 결선도 하지 마시오. 개개의 실험이 완료된 후 전원공급 장치의 스위치를 끄시오.

1. 변압기, 저항기, 전원장치, 교류전류계, 전압계를 이용하여 그림 3.42에 표시된 회로를 결선하시오. 이때 그림에 표시된 것처럼 단자 3－8은 변압기(T_1)에 결선되어있고, 단자 3－7－4는 변압기(T_2)에 결선되어 있음에 주목하시오. 이미 알려진 바와 같이 이들 특수한 결선법을 스코트결선이라 한다. 평형 2상출력전압을 얻기 위해서는 권수비가 신중하게 선택되어야 한다. 변압기의 입력은 3상전원장치의 가변 208[V] 출력인 단자 4－5－6에 연결해야 한다.

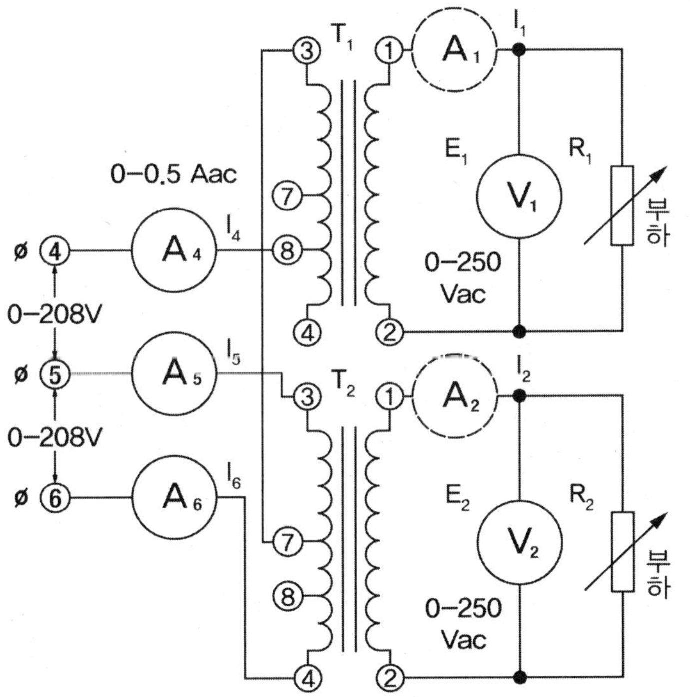

그림 3.42 단상변압기 2대를 이용한 3상에서 2상변환법

2.

(1) 저항기 모듈의 스위치를 조절하여 부하저항 $R_1 = R_2 = 172[\Omega]$이 되게 조절하시오.

(2) 전원장치의 스위치를 켜고 선간전압이 208[V]가 되도록 조절하시오.

(3) 3개의 선전류 I_4, I_5, I_6를 측정하여 아래에 기록하시오.

전류: I_4 = ________[A], 전류: I_5 = __________[A], 전류: I_6 = _________[A]

(4) 전압을 0으로 만든 후 전원장치의 스위치를 끄시오.

(5) 3개의 선전류가 모두 평형을 잘 이루고 있는가? 예_________ 아니오__________

3.

(1) 두 전류계 A_5, A_6를 입력회로에서 제거한 다음 그림 3.43에 표시된 점선 부분의 각각을 부하저항 R_1, R_2에 직렬 연결시키시오.

(2) 전원장치의 스위치를 켜고 선간전압이 208[V]가 되도록 조절하시오.

(3) 두 부하저항 R_1과 R_2를 지나는 전압과 전류를 측정하여 아래에 기록하시오.

전압: E_1 = __________ [V], 전압: E_2 = __________ [V]

전류: I_1 = __________ [A], 전류: I_2 = __________ [A]

(4) 전압을 0으로 만든 후 전원장치의 스위치를 끄시오.

(5) 부하전류와 전압이 모두 평형을 잘 이루고 있는가?

4.

(1) 각 부하저항에 인가되는 전력을 계산하여 아래에 기록하시오.

P_1 = E_1 __________ × I_1 __________ = __________ [W]

P_2 = E_2 __________ × I_2 __________ = __________ [W]

2상 전체의 전력: P = ______________________ [W]

(2) 3상전원으로부터 변압기에 전달된 피상전력을 계산하여 아래에 기록하시오.

$208 \times 1.73 \times I_4$ = ______________________ [VA]

3상 전체의 전력: P = ______________________ [W]

5. 그림 3.43의 회로로부터 부하저항기를 제거한 다음 그림 3.44에 표시된 회로와 같이 변압기 2차측을 연결하시오. 1차권선의 배선을 방해하지 마시오.

6.

(1) 전원장치의 스위치를 켜고 출력 선간전압을 208[V]로 조절하시오.

(2) 각 권선과 직렬로 연결된 두 권선을 지나는 전압을 모두 측정하여 아래에 기록하시오.

전압: E_1 = ________ [V], 전압: E_2 = ________ [V], 전압: E_3 = ________ [V]

(3) 전압을 0으로 만든 후 전원장치의 스위치를 끄시오.

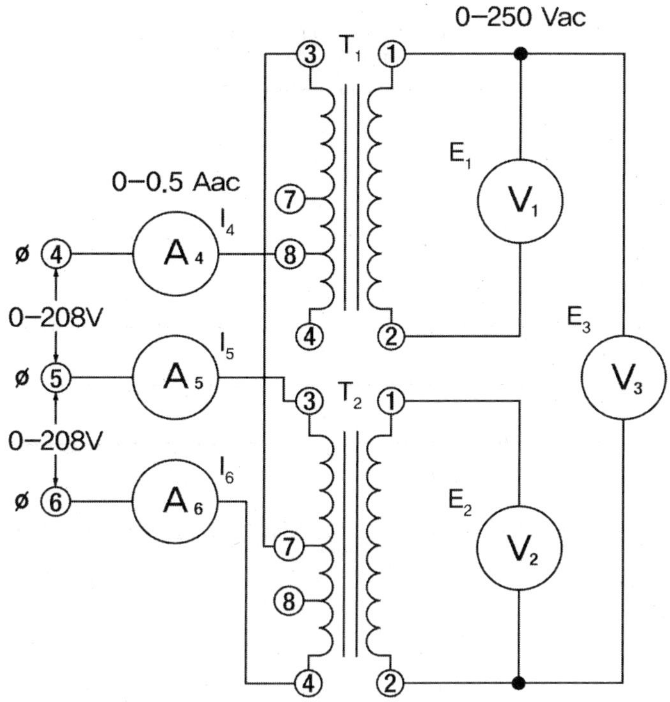

그림 3.43 3상에서 2상변환법

7. 만일 전압 E_1과 E_2가 90°의 위상차가 발생한다면 그들의 합 E_3는 E_1과 E_2가 이루는 정삼각형의 빗변에 해당된다.

(1) 아래에 주어진 식을 이용하여 전압 (E_3)의 값을 계산하시오.

$$E_3 = \sqrt{(E_1)^2 + (E_2)^2} \ [V]$$

$E_3 =$ ______________ [V]

(2) 실제로 측정한 값과 계산한 값을 비교해보시오.

학 습 평 가

1. 실험 3에서 3상전원에 의해 공급된 피상전력은 부하에 전달된 2상 피상전력보다 얼마만큼 큰가? 아래에 설명하시오.

2. 2상전원으로 3상출력을 얻기 위해 2개의 단상변압기를 어떻게 결선해야 할 것인가를 아래에 그려보시오.

그림 3.44 2상에서 3상변환법

3. 그림 3.45에 표시한 회로는 3상전력으로부터 2상전력으로 변환을 나타낸 것이다. 만일 208[V]의 입력전력에서 한 상이 개방되었을 때 2상 출력전압이 존재하는지, 존재한다면 그 이유를 아래에 설명하시오. 예__________ 아니오__________

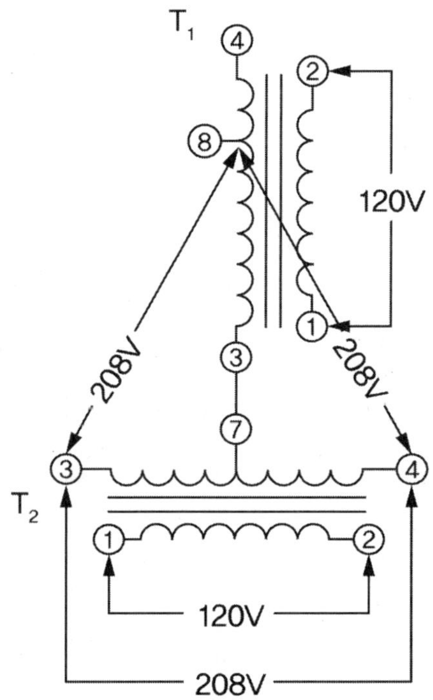

그림 3.45 3상에서 2상변환법

4. 3상전력이 2상전력으로 변환된다면 그 이유를 아래에 설명하시오.

CHAPTER

4

유도기

4.1 권선형유도전동기의 특성 I

1. 실험의 목적

(1) 3상 권선형유도전동기의 구조를 관찰한다.

(2) 3상 권선형유도전동기의 슬립, 동기속도, 여자전류에 대해 학습한다.

(3) 3회전자측(2차측)에 유기되는 전압에 회전자계 및 회전자속도가 미치는 영향에 대해 학습한다.

2. 이론적 고찰

지금까지 우리들은 단상전력에 의해 형성된 **1차 회전자계**(first rotating stator field)에 대해 학습하였다. 발전소의 발전기들은 일반적으로 3상전력을 발생시켜 송전하고 있으며, 가정에서는 일반적으로 발전소에서 발생한 3상전력선 중 한 상을 제거한 단상전력을 사용하고 있다. 각종 **산업현장**, **공장**, **전력회사** 등에서는 3상 전동기를 주로 사용하고 있다.

3상전력을 이용하여 1차 회전자계를 발생하는 것은 분상 또는 2상시스템과 유사한 원리이다. 3상시스템에서 3상회전자계는 3상 내부에서 발생한다. 3상전동기의 고정자(1차)는 3상전원에 연결되어 있으며, 3상 고정자권선에 전류가 흘러서 3상회전자계를 발생한다. 이들 3개의 여자전류는 회전자계를 발생하기 위해 무효전력을 공급한다. 이들 역시 전동기에 **동손**(copper losses), **철손**(iron losses)을 발생시켜 전력을 소비하는 역할을 한다. **회전자계**(rotating magnetic field)의 속도는 전적으로 1차측 공급전원의 주파수에 의해서 결정되며, 이 속도를 **동기속도**(synchronous speed) (N_S)라 칭한다. 교류 전력계통의 주파수는 전력회사에 의해서 정확히 유지되므로 고정자자계(자계)의 **동기속도**[rpm/min]는 일정하게 유지된다.

권선형유도전동기는 **농형회전자**(squirrel cage rotor)의 **도전체**(conductor) 대신에 3개의 권선을 가진 **회전자 철심**(rotor core)으로 구성되어 있다. 이 경우 전류는 단락권선에서의 작용과 마찬가지로 권선 내부에 발생한다. 권선을 이용하는 장점은 권선에 흐르는 전류나 저항 등이 조절될 수 있도록 슬립링을 통해서 권선이 도출되어 있다는 것이다. 1차 회전자계는 각각의 회전자권선에 교류전압을 유기한다. 회전자가 정지되어 있을 때 회전자에 유기된 전압의 주파수는 전원전압과 동일하다. 만일 회전자가

외부기관(external means)에 의해서 1차 회전자계와 동일한 방향으로 회전한다면 **2차 도체(회전자권선)**가 자속을 절단하는 비율은 감소할 것이다. 따라서 유기기전력과 그 주파수는 증가한다. **회전자(2차도체)**가 고정자 회전자계와 동일방향, 동일속도로 회전할 때 유기기전력과 주파수는 0이 된다(이때 회전자는 동기속도다). 반대로 만일 회전자가 고정자회전자계와는 반대방향으로, 동기속도로 회전할 때의 유기기전력과 그 주파수는 회전자가 정지 상태에 있을 때의 **2배**가 된다.

이번 실험에 사용하는 권선형유도전동기의 회전자는 외부 전동기에 의해 구동되지만, 회전자에 유기된 전압과 주파수의 크기는 회전자가 그 자체에 의해 회전되는 경우와 동일하다.

3. 유도기의 원리와 구조

1) 유도기의 기본이론

그림 4.1에 나타낸 바와 같이 동 또는 알루미늄 원판의 중심을 축으로 지지하고 회전할 수 있게 한다. 이 원판을 강한 자석의 중간에 놓고 자석을 좌·우로 급하게 회전시키면 원판은 자석보다 늦지만 자석이 회전하는 방향으로 회전한다. 이것을 **아라고원판**(Arago's disk)이라 하며, 1820년에 프랑수아 아라고(D.F.Arago)에 의해 발견되었다. 원판이 회전하는 이유는 자석의 극성은 원판의 상측을 N극, 하측을 S극이라 할 때 자속은 위에서 아래로 통과하기 때문이다. 이 자석을 시계방향으로 급속히 회전하면 원판의 일부분이 자속을 쇄교하므로, 원판에는 기전력을 발생하고 **와전류**(eddy current)가 흐른다. 지금 시계방향으로 회전하는 자석과 원판의 관계를 상대적으로 고려하면, 자석이 정지하고 원판이 자석의 회전방향과는 반대방향(반시계방향)으로 회전한다고 생각할 수 있다. 이때 **플레밍의 오른손법칙**에 의해 원판 기전력의 방향을 구하면, 원판의 중심으로 향하는 와전류가 흐른다. 다음에 이 와전류의 방향과 자속과의 방향에서 **플레밍의 왼손법칙**(Fleming's left hand rule)을 적용하여 원판의 회전방향을 구하면 자석의 회전방향과 같은 것을 알 수 있다. 이와 같이 원판은 자석의 회전방향과 같은 방향으로 약간 늦게 회전하게 된다. 이것이 유도전동기의 기본원리이다.

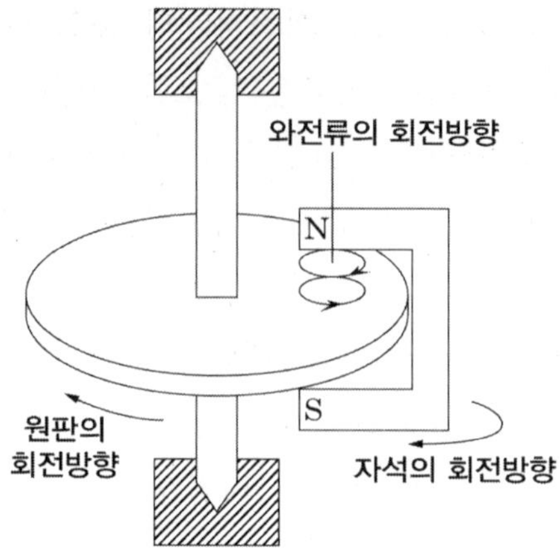

그림 4.1 아라고의 원판

2) 회전자계

그림 4.2에 표시한 바와 같이 강판을 성층하여 만든 원통철심의 안쪽에 슬롯을 만들고 그 가운데에 절연한 도체를 끼워서 $a_1 a_1', b_1 b_1', c_1 c_1'$ 의 3개의 코일과 3상권선으로 이것에 대칭 3상교류를 인가하면 2극의 일정한 크기의 회전자계가 발생한다. 이 자계의 회전방향은 전류의 상회전방향과 동일하므로 그 각속도는 전류의 각주파수와 동일하다. 이와 같이 2극의 경우에 있어서 회전자계는 교류 1사이클당 1회전하므로 교류주파수를 f_1 [Hz], 회전자계의 회전수를 n_s [rps]이라 하면 $n_s = f_1$ 이 된다.

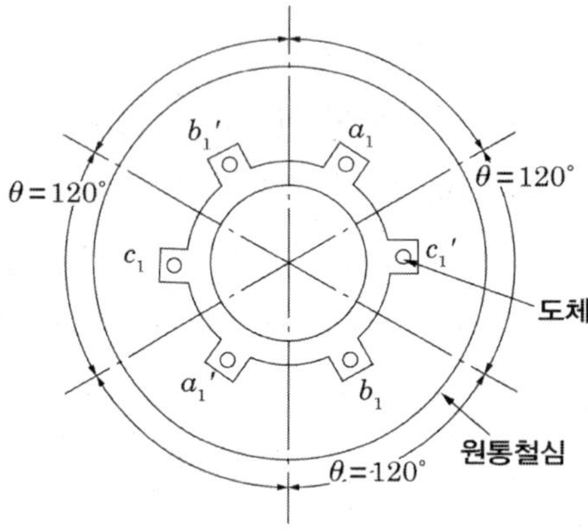

그림 4.2 2극 3상권선

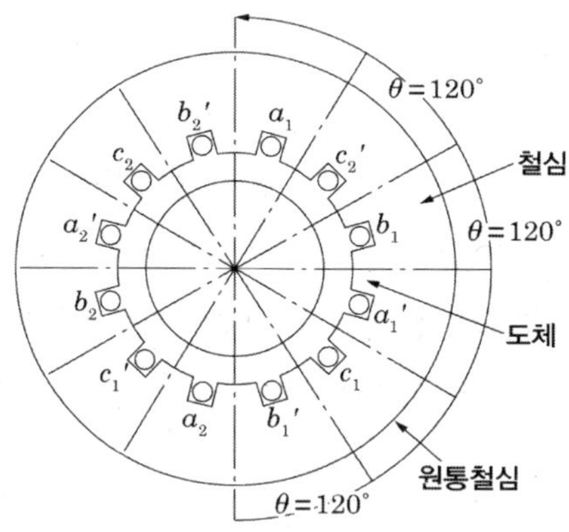

그림 4.3 4극 3상권선

3) 동기속도

그림 4.2는 2극의 경우를 표시하였지만, 4극의 경우에 대해서는 그림 4.3에 나타낸 바와 같이 슬롯 수를 2배로 하여 그 각 부분에 그림 4.2에 준해서 3상권선을 감아

놓았다고 생각하면 된다. 그림 4.3의 권선에 그림 4.5는 3상교류가 흐르는 경우 t_0, t_1, t_2, t_3, t_4 의 각 순간에 대한 자극의 위치를 표시한 것이다. 그림 4.5에서 알 수 있듯이 4극의 자극은 교류의 변화와 함께 회전하고 교류파가 1사이클 그리는 순간에 회전자극은 1/2 회전하게 된다. 일반적으로 2p라 하면 철심을 p등분하여 각 부분에 그림 4.2에 준해서 3상권선을 감아 놓았다. 이 경우 회전자계는 교류 1사이클마다 1/p 회전하므로 그 회전속도 n_s [rps]는 다음과 같다.

$$n_s = \frac{f_1}{p} \text{ [rps]}, \qquad N_s = \frac{120\,f}{p} \text{ [rpm]}$$

여기서 p는 극수라 하며, **동기속도(synchronous speed)** ($N_s = \frac{120\,f}{p}$)라고 한다.

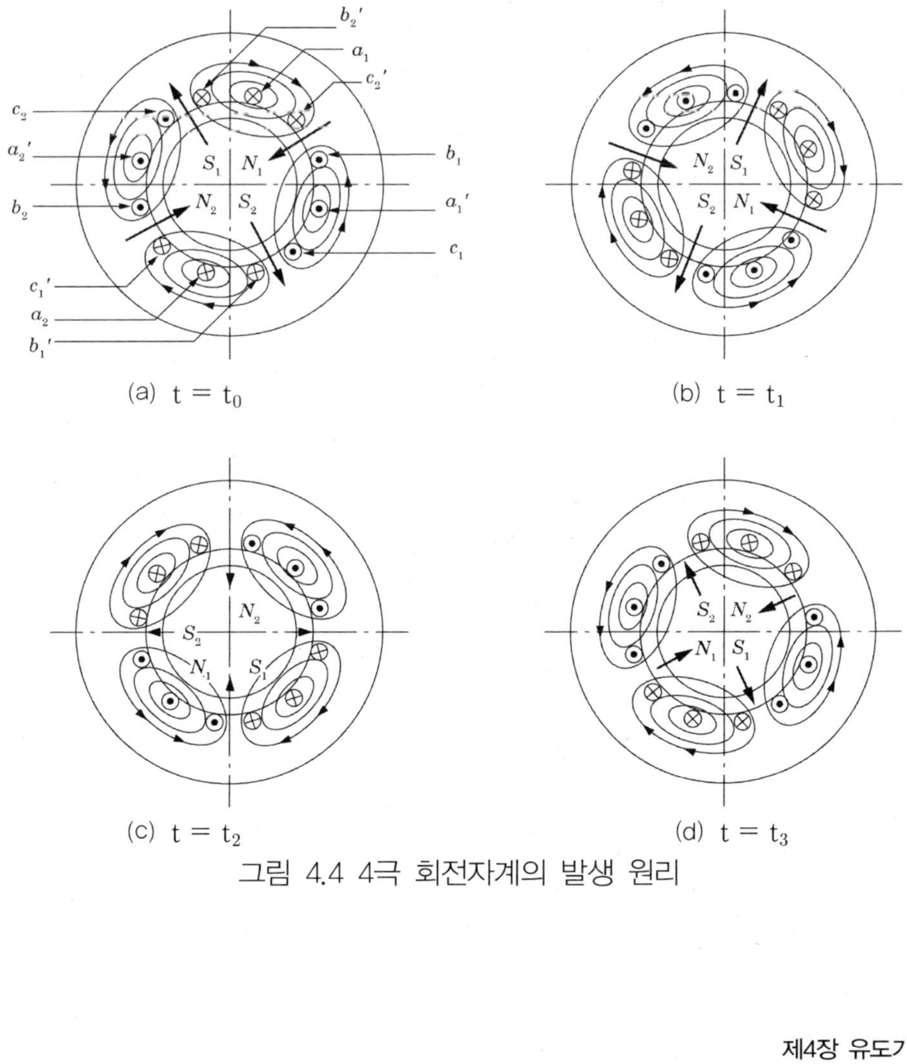

(a) $t = t_0$ (b) $t = t_1$

(c) $t = t_2$ (d) $t = t_3$

그림 4.4 4극 회전자계의 발생 원리

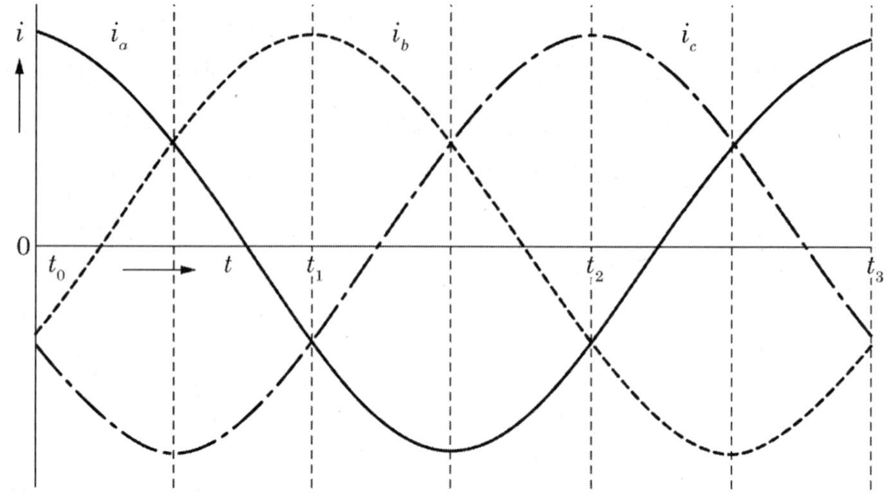

그림 4.5 3상 교류기전력의 파형

유도기는 서로 독립된 2개의 권선으로 구성되어 있으며, 그 한쪽 권선에서 **전자유도작용**(electromagnetic induction)에 의해 다른 쪽 권선으로 전기에너지를 전달하여 회전하는 전동기를 **유도전동기**(induction motor)라 한다. 외부로부터 전력을 공급받는 쪽의 권선을 **1차권선**(primary winding)이라 하고, **전자유도작용**에 따라 전력을 전달하는 쪽의 권선을 **2차권선**(secondary winding)이라 한다. 전동기가 회전하지 않는 부분을 **고정자**(stator)라 하고, 회전하는 부분을 **회전자**(rotor)라 한다. 일반적으로 1차권선을 고정자, 2차권선을 회전자라 한다.

3) 유도전동기의 구조

유도기는 고정자(1차권선)와 회전자(2차권선)로 구성되어 있다. **고정자**(stator)는 고정자틀, 고정자철심 및 고정자권선의 3개 부분으로 구성되어 있으며, **회전자**(rotor)는 축, 회전자철심, 회전자권선의 3개 부분으로 구성되어 있다.

4. 사용 기자재 및 부품

- 전원공급 장치 (0 ~ 120/208 [V_{ac}]) EMS 8821
- 권선형유도전동기 EMS 8231
- 직류전동기/발전기 EMS 8211
- 3상전력계 EMS 8441
- 교류전압계모듈 (100/250 [V_{ac}]) EMS 8426
- 교류전류계모듈 (0.5/0.5 [A_{ac}]) EMS 8425
- 핸드타코미터 EMS 8920
- 타이밍벨트 EMS 8942
- 결선리드선 EMS 8941

5. 실험 순서

☞ 주 의 : 이 실험에서는 고전압이 유기된다. 전원장치의 스위치를 켠 상태에서 어떤 결선도 하지 마시오. 개개의 실험이 완료된 후 전원공급 장치의 스위치를 끄시오.

1. 권선형유도전동기의 슬립링과 연결단자의 권선에 특별히 주의를 기울이면서 전동기의 구조를 관찰하시오.

2. 모듈의 뒷면에서 전동기의 구조를 관찰하시오.

(1) 3개의 회전자 슬립링과 브러시를 찾아보시오.

(2) 브러시는 이동이 가능한가? 예__________ 아니오__________

(3) 3개의 회전자권선은 3개의 슬립링을 통해서 회전자축으로 도출되어 있는가?

(4) 고정자(1차)권선을 찾아보시오. 회전자 주변 공간에 지름이 작은 권선에 의해 많은 권선이 감겨져 있다.

(5) 회전자(2차)권선을 찾아보시오. 회전자 주변 공간에 지름이 큰 권선에 의해 많은 권선이 감겨져 있다.

(6) 회전자와 고정자 사이의 공극의 공간을 관찰해보시오.

3. 전동기 앞쪽에서 관찰해보시오.

(1) 3개의 분리된 고정자권선은? 단자 ________과 _____, _____과 _____, ______과 __________로 연결되어 있다.

(2) 고정자권선(1차권선)의 정격전류는 몇 [A]인가? I_1 = __________[A]

(3) 고정자권선(1차권선)의 정격전압은 몇 [V]인가? V_1 = __________[V]

(4) 3개의 회전자(2차권선)권선은 와이(Y) 혹은 델타(Δ)중 어느 결선이 되어있는가?

(5) 회전자권선의 결선은 단자 ________, ________, ________으로 결선되어 있다.

(6) 회전자권선(2차권선)의 정격전압은 몇 [V]인가? V_2 = __________[V]

(7) 회전자권선(2차권선)의 정격전류는 몇 [A]인가? I_1 = __________[A]

(8) 이 전동기의 동기속도는 몇 [rpm]인가? 또 출력(마력)은 몇 [Hp]인가?

동기속도: N_S = ________[rpm/min], 출력(마력): P_2 = ________[Hp]

4. 직류전동기/발전기, 권선형유도전동기, 3상전력계, 전원장치, 교류전류계 등을 이용하여 그림 4.6에 주어진 회로를 결선하시오.

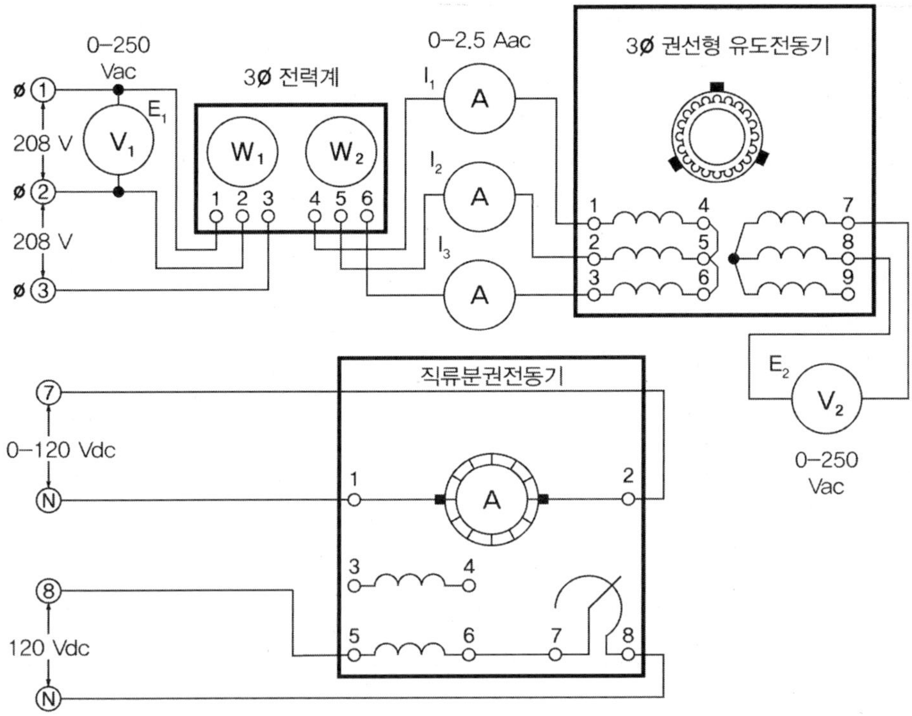

그림 4.6 직류전동기/발전기를 이용한 권선형유도전동기 결선도

5.

(1) 직류전동기/발전기 단자 5－6은 직류전원장치의 단자 8－N으로 직류전압 120[V]가 연결됨에 주의하시오. 또한 계자저항값을 최소로 만들기 위해 계자 가감저항기를 시계방향으로 최대한 돌려놓으시오.

(2) 직류전동기/발전기전기자 단자 1－2은 전원장치의 가변 직류전압 7－N으로 연결되어 직류 전압을 0 ~ 120[V] 가변시키시오.

(3) 권선형유도전동기의 고정자는 와이결선(Y)되어 있음에 주목하며, 3개의 전류계와 전력계는 직렬로 3상 전원장치의 출력단자 1－2－3에 교류전압 208[V]가 공급되게 연결하시오.

(4) 3상 입력전압은 전압계(V_1)에 의해 측정되며, 3상회전자 출력전압은 전압계(V_2)에 의해 측정된다.

6.

(1) 직류전동기/발전기는 타이밍벨트를 이용하여 권선형유도전동기와 연결하시오.

(2) 전원장치의 스위치를 켜고 전원장치의 가변출력전압이 0이 되게 조정하시오. 이때 전동기가 회전해서는 안 된다.

(3) 아래에 주어진 변수들을 측정하여 기록하시오.

전압: E_1 = ________[V], 전력: W_1 = ________[W], 전력: W_2 = ________[W]

전류: I_1 = ________[A], 전류: I_2 = ________[A], 전류: I_3 = ________[A]

전압: E_2 = ________[V]

(4) 전원장치의 스위치를 끄시오.

7. 아래에 주어진 값들에 대해 계산하시오.

(1) 피상전력(apparent power)

P_a =

피상전력 P_a = [VA]

---

(2) 유효전력(real power)

P_R =

유효전력 P_R = [W]

---

(3) 역률(power factor)

역 률 $\cos\phi$ =

---

(4) 무효전력(reactive power)

P_{rea} =

무효전력 P_{rea} = [Var]

8.

(1) 전원장치의 스위치를 켜고 전동기의 속도가 900[rpm/min]이 되도록 직류가변출력전압을 조절하시오.

(2) 아래에 주어진 값들을 측정하여 기록하시오.

전압: E_1 = ________[V], 전력: W_1 = ________[W], 전력: W_2 = ________[W]

전류: I_1 = ________[A], 전류: I_2 = ________[A], 전류: I_3 = ________[A]

전압: E_2 = ________[V]

☞ **주 의 : 만일 전압(E_2)이 실험 6에서보다 적을 경우 전원장치의 스위치를 끄고, 3개의 고정자 연결권선 중 두 선을 서로 교체하시오.**

(3) 유효전력 값은 앞의 실험에서 구한 값과 크기가 동일한가?

예__________ 아니오__________

9.

(1) 직류가변출력전압을 120[V]로 증가시키고, 전동기의 속도가 정확히 1,800[rpm/min]이 되도록 계자저항을 조정하시오.

(2) 아래에 주어진 값들을 측정하여 기록하시오.

전압: E_1 = ________[V], 전력: W_1 = ________[W], 전력: W_2 = ________[W]

전류: I_1 = ________[A], 전류: I_2 = ________[A], 전류: I_3 = ________[A]

전압: E_2 = ________[V]

(3) 전압을 0으로 만든 후 전원장치의 스위치를 끄시오.

(4) 실험 8, 9에서 회전자와 고정자 회전자계의 관계는 어떠한가? 아래에 설명하시오.

____

____

____

10.

(1) 전동기의 회전 방향을 반대로 하기 위해 직류 전기자권선을 서로 교호시키시오. 계자저항기를 시계방향으로 최대한 돌리시오.

(2) 전원장치의 스위치를 켠 다음 직류 가변출력 전압을 조정하여 전동기의 속도가 정확히 900[rpm/min]이 되게 하시오.

(3) 아래에 주어진 값들을 측정하여 기록하시오.

전압: E_1 = ________[V], 전력: W_1 = ________[W], 전력: W_2 = ________[W]

전류: I_1 = ________[A], 전류: I_2 = ________[A], 전류: I_3 = ________[A]

전압: E_2 = ________[V]

11.

(1) 직류 가변 출력전압을 증가시켜 120[V]가 되도록 하시오. 그리고 계자저항기의 저항값을 조정하여 전동기의 속도가 정확히 1,800[rpm/min]이 되게 하시오.

전압: E_1 = ________[V], 전력: W_1 = ________[W], 전력: W_2 = ________[W]

전류: I_1 = ________[A], 전류: I_2 = ________[A], 전류: I_3 = ________[A]

전압: E_2 = ________[V]

(3) 전압을 0이 되게 한 다음 전원장치의 스위치를 끄시오.

(4) 실험 8, 9에서 회전자와 고정자 회전자계의 관계는 어떻게 되는가? 아래에 설명하시오.

학 습 평 가

1. 회전자 권선 내에 유기되는 전압이 0일 경우 전동기의 동기속도는 얼마인가? 또 여러분들이 사용하고 있는 전동기의 동기속도는 몇 [rpm/min]인가?

   동기속도: N_S = __________[rpm/min]

2. 동기속도에 대한 공식은 다음 식과 같이 주어진다. 동기속도: $N_S = \frac{120f}{P}$ [rpm/min]이고 여기서 전원주파수: f [Hz], 극수: P이다.
   이 공식을 이용하여 여러분이 사용하고 있는 전동기의 극수를 결정하시오.

____

____

____

3. 실험 6, 8, 9, 10, 11에서 회전자 슬립(s[rpm/min])을 계산하시오.

   Slip(6) = __________[rpm/min] Slip(8) = __________[rpm/min]
   Slip(9) = __________[rpm/min] Slip(10) = __________[rpm/min]
   Slip(11) = __________[rpm/min]

4. 실험 6, 8, 9, 10, 11에서 퍼센트 슬립(s[rpm/min])[%]을 계산하시오.

   Slip(6) = __________[rpm/min] Slip(8) = __________[rpm/min]
   Slip(9) = __________[rpm/min] Slip(10) = __________[rpm/min]
   Slip(11) = __________[rpm/min]

5. 여러분들이 사용하고 있는 3상전동기의 회전속도는 여자전류값에 의해서 좌우되는가? 그렇다면 아래에 그 이유를 설명하시오.

____

____

____

6. 여러분들이 사용하고 있는 전동기에서 전동기 내부에 자계를 형성하기 위해서는 얼마의 전력이 필요한가? 아래에 계산하시오.

무효전력

무효전력: P_{rea} = [Var]

7. 자계형성으로 인한 손실을 공급하기 위해서는 얼마만큼의 전력이 필요한가?

유효전력

유효전력: P = [W]

8. 이번 실험에서 결과를 이용하여 그림 4.7에 회전자 전압 대 회전자속도에 대해 그래프를 그리시오. 그래프는 직선이 되는가?

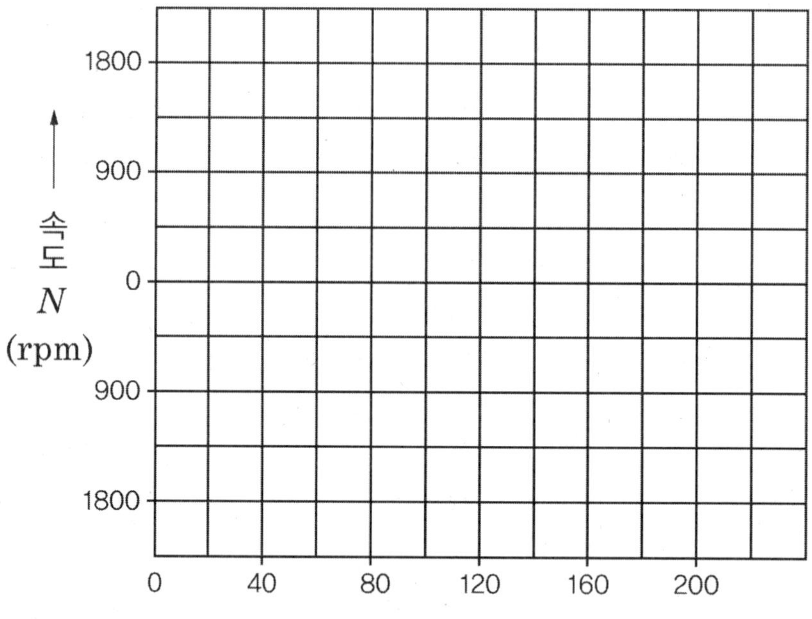

그림 4.7 회전자전압 대 회전속도 곡선

4.2 권선형유도전동기의 특성 II

1. 실험의 목적

(1) 권선형유도전동기의 기동특성을 학습한다.
(2) 전동기의 속도변화에 따른 회전자 및 고정자전류를 관찰한다.

2. 이론적 고찰

앞에서 실험한 결과를 고찰해볼 때 개방된 회전자권선을 통해서 전압이 유기됨을 알 수 있으며, 그때 2차회전자에 유기되는 전압은 전동기 동기속도가 0이 되었을 때 회전자 슬립[rpm/min]은 거의 선형적으로 비례함을 보여 주었다. 만일 회전자권선이 단락되었다면 유기전압은 권선 내부에 매우 큰 **순환전류(circulating current)**를 발생시킬 것이다. 이런 회전자전류를 공급시키기 위해서 고정자전류는 일반 여자전류 값보다 회전자전류 값이 증가해야 한다. 회전자권선에 소비되는 전력[VA]은 고정자권선에 의해 공급되며, 따라서 우리들은 아래와 같은 사항들에 대해서 예측할 수 있을 것이다.

(1) 전동기가 정지되어 있거나 또는 전동기가 저속도로 회전할 경우 **회전자(2차)전류**, **고정자(1차)전류**, **토크** 등은 증가될 것이다.
(2) 전동기가 동기속도로 회전 시 회전자전류와 발생토크는 0이 될 것이고, 고정자권선에는 오로지 **여자전류(excitating current)**만이 흐를 것이다.
(3) 전동기가 동기속도 이외의 속도로 회전할 경우 전류와 발생토크는 위의 두 값들 사이의 값을 가질 것이다.

3. 권선형유도전동기의 특성

1) 속도특성(Speed characteristic)

유도전동기에서 슬립(s)는 대단히 중요함을 알 수 있으며, 1차전류, 2차전류, 토크, 기계적 출력, 역률, 효율 등은 슬립(s)의 함수로 표시됨을 알 수 있다. 1차전압을 일정하게 유지하고 슬립(s) 또는 속도에 따라서 이들의 제량이 어떻게 변하는가를 표시한 곡선을 **속도특성곡선(speed characteristic curve)**이라 한다. 그림 4.8은 이들의 일례를 표시한 것이다.

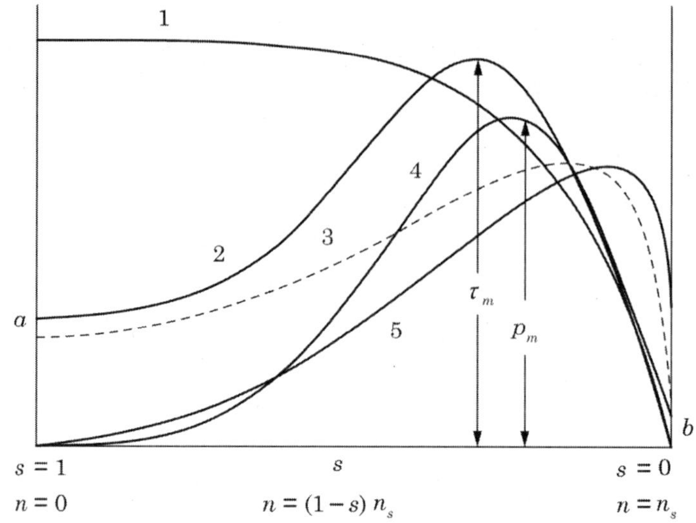

1. 1차전류　2. 토크　3. 역률　4. 출력　5. 효율

그림 4.8 속도특성곡선

2) 출력특성(Output characteristic)

유도전동기에 부하를 인가했을 때 그 출력에 따라 **전류, 토크, 속도, 역률** 등의 변화를 표시한 곡선을 **출력특성곡선**(output characteristic curve)이라 한다. 그림 4.9는 출력특성곡선의 일례를 표시한 곡선이다. 유도전동기는 거의 무효전류에 해당하는 무부하전류가 크기 때문에 역률이 낮은 특성을 갖는 전동기다.

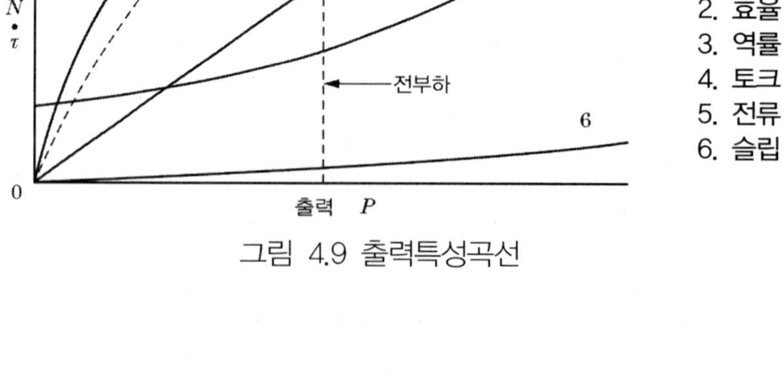

그림 4.9 출력특성곡선

4. 사용 기자재 및 부품

- 전원공급 장치 (0 ~ 120/208 [V_{ac}]) EMS 8821
- 권선형유도전동기 EMS 8231
- 전기동력계 모듈 EMS 8911
- 교류전압계모듈 (100/250 [V_{ac}]) EMS 8426
- 교류전류계모듈 (0.5/0.5 [A_{ac}]) EMS 8425
- 타이밍벨트 EMS 8942
- 결선리드선 EMS 8941

5. 실험 순서

☞ 주 의 : 이 실험에서는 고전압이 유기된다. 전원장치의 스위치를 켠 상태에서 어떤 결선도 하지 마시오. 개개의 실험이 완료된 후 전원공급 장치의 스위치를 끄시오.

1. 권선형유도전동기, 전기동력계, 전원장치 그리고 교류전류, 전압계를 이용하여 그림 4.10에 주어진 회로도를 연결하시오. 전동기의 고정자(1차측)는 3상 전원장치 가변 출력단자(0 ~ 208[V]) 4－5－6에 연결됨에 주의하시오.

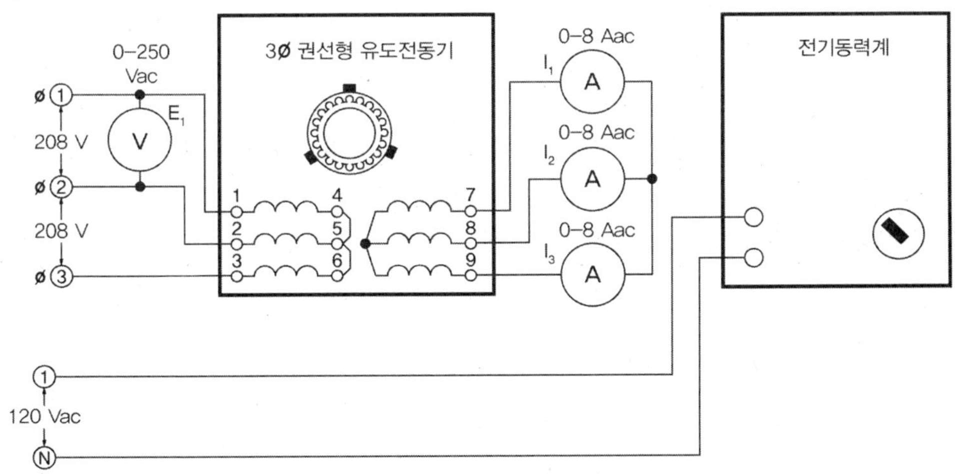

그림 4.10 전기동력계와 권선형유도전동기의 결선도

2.

(1) 타이밍벨트를 이용해서 전기동력계와 권선형유도전동기를 커플링하시오.

(2) 전기동력계의 입력 단자는 전원장치의 고정된 교류출력(120[V]), 단자 1－N으로 연결하시오.

(3) 전동기가 기동순간 최대부하를 인가하기 위해서 전기동력계의 조절손잡이를 시계방향으로 최대한 돌리시오.

3.

(1) 전원장치의 스위치를 켜고 교류전압 100[V]로 조정하시오. 전동기는 서서히 회전하기 시작할 것이다.

(2) 3개의 회전자전류와 발생토크를 측정하여 아래에 기록하시오.

전류: I_1 = ______[A], 전류: I_2 = ______[A], 전류: I_3 = ______[A]

토크: τ = ______[lbf·in]

(3) 3개의 회전자 전류는 대략 몇 [A]인가? 전류: I_2 = ________[A]

4.

(1) 전기동력계의 조절 손잡이를 서서히 조절하면서 전동기에 인가된 부하를 점차적으로 감소시키시오. 부하가 감소함에 따라 전동기의 속도는 어떻게 변화되는지 관찰하시오.

(2) 3개의 회전자 전류는 대략 동일한 값을 유지하는가? 예______ 아니오______

(3) 전동기의 속도가 증가함에 따라 회전자전류는 감소하는가? 예_____ 아니오______

(4) 전동기의 토크가 1[lbf·in]을 발생시킬 때 2차(회전자)전류를 측정하여 아래에 기록하시오.

전류: I_1 = ______[A], 전류: I_2 = ______[A], 전류: I_3 = ______[A]

(5) 전압을 0으로 한 다음 전원장치의 스위치를 끄시오.

5.

(1) 그림 4.4에 주어진 회로를 결선하시오. 3상 전원장치의 고정단자 1−2−3을 사용함에 주의하시오.

(2) 기동순간 전동기에 최대부하를 공급하기 위해 전기동력계의 제어손잡이를 최대한 시계방향으로 돌리시오.

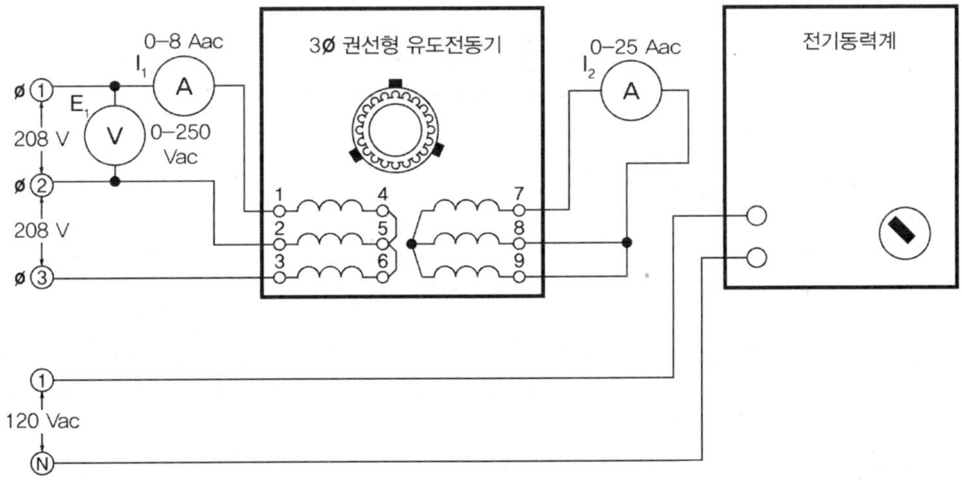

그림 4.11 권선형유도전동기의 결선도

6.

(1) 전원장치의 스위치를 켜시오. 전동기에 인가되는 전압 (E_1), 전류 (I_1), 전류 (I_2) 및 발생 토크(τ)를 신속히 측정하여 아래에 기록하시오. 전원 장치의 스위치를 끄시오.

전압: E_1 = __________ [V] 선류: I_1 = __________ [A]

전류: I_2 = __________ [A] 토크: τ = __________ [lbf·in]

(2) 전동기가 기동 시 전동기에 공급되는 피상전력을 계산하시오.

피상전력: P_a = ______________ [VA]

학 습 평 가

1. 전동기가 전 부하에서 1,500[rpm/min]으로 회전한다고 가정하면 아래에 주어진 출력 산출 공식을 이용하여 전부하토크 값을 계산하시오.

$$\text{출력 : } P = \frac{\text{회전속도(rpm/min)} \times \text{토크}(lbf.in) \times 1.59}{100,000} \ [\text{Hp}]$$

출력 P = [lbf·in]

2. 전부하토크 대 기동토크 비를 산출하시오.

토크비 σ

3. 전동기가 전부하시에 각 상당 고정자(1차) 전류가 1.2[A]라 할 때 전부하시 운전전류에 대한 기동전류 비를 계산하시오.

전류비 σ

4. 만일 권선형유도전동기의 고정자전압이 정격전압의 50[%] 감소하였다면 아래 주어진 항목들은 어떻게 변화될 것인가?

(1) 기동전류는 얼마나 감소하는가?

기동전류 I_S = [%]

(2) 피상전력은 얼마나 감소하는가?

피상전력 P_a = [%]

(3) 기동토크는 얼마나 감소하는가?

기동토크: $\tau_s =$ [%]

4.3 권선형유도전동기의 특성 III

1. 실험의 목적

(1) 무부하시 및 전부하시의 권선형유도전동기의 특성을 학습한다.

(2) 권선형유도전동기의 외부 가변저항을 변화시켰을 때 전동기의 속도변화를 관찰한다.

2. 이론적 고찰

권선형유도전동기의 3상 회전자권선의 3개의 끝(ends)은 회전자축에 부착된 3개의 슬립링을 통해서 도출된다. 슬립링 상의 브러시는 권선형유도전동기의 2차회로와 외부회로를 연결하는 중요한 역할을 한다. 브러시가 가감저항기를 통하여 연결되어 있으므로 농형유도전동기의 기동토크보다 권선형유도전동기의 기동토크가 더 큰 토크를 발생할 수 있다. 전동기가 기동순간 가감저항기의 전(全)저항은 회전자회로 내부에서 유지되므로 최대의 기동토크를 얻을 수 있다. 전동기가 정상 운전 속도에 도달하게 되면 가감저항기의 저항값을 서서히 감소시켜 최대의 전동기속도가 되도록 한다. 비록 권선형유도전동기의 기동토크는 농형유도전동기의 기동 토크보다 크지만, 전 속도에 이르면 농형유도전동기보다 효율적인 측면에서 보면 뒤진다. 그 이유는 권선형회전자의 저항이 농형유도전동기의 저항보다 크기 때문이다. 권선형유도전동기의 장점은 **가변속도 능력**(variable speed capability)을 가지고 있다는 것이다. 가감저항기의 저항값을 변화시키게 되면 퍼센티지[%] 슬립값이 변화되며, 결과적으로 전동기속도가 변화된다. 이 경우는 전동기운전 방법은 전속도 이하가 될 것이며, 따라서 전동기 효율 및 출력은 감소할 것이다. 뿐만 아니라 높은 회전자저항으로 인해서 부하가 변화함에 따라 전동기의 속도는 변화하기 쉽다.

3. 유도전동기의 비례추이 특성

1) 토크의 비례추이

유도전동기의 토크 τ'는 r_2'/s 이다. 따라서 r_2/s의 함수로 표시됨을 알 수 있다. 그리고 r_2/s가 일정하다면 즉 r_2를 m 배하고 동시에 s을 m 배하면 그 값은 변하지 않는다. 그림 4.12에서 2차회로의 저항이 2차권선의 저항만인 경우의 속도토크곡선을

τ'라 하고, τ_1토크가 슬립 s_1에서 발생한다고 생각하면, 2차회로의 저항을 m배한 경우는 같은 토크 τ_1는 슬립 ms_1에서 발생하므로 2차회로의 저항을 m배한 경우와 같은 토크 τ_1는 슬립 ms_1에서 발생한다고 생각할 수 있다. 따라서 2차회로의 저항이 r_2인 경우 속도토크곡선 τ'이 주어지면 2차회로의 저항 mr_2의 경우 속도토크곡선 τ''은 곡선 τ' 위의 토크값에 대응하는 슬립의 m 배의 슬립 점으로 이동해서 구할 수 있다. 이와 같이 r_2가 m배가 될 때, 이전과 동일한 토크가 이전 슬립의 m배인 점에서 발생한다는 것은 3상유도전동기가 가지고 있는 흥미 있는 특성으로, 이것을 토크의 **비례추이(proportional shifting)**라고 한다. 토크의 비례추이는 농형유도전동기와 같이 2차회로의 저항을 바꿀 수 없는 것에는 응용할 수 없지만 권선형유도전동기와 같이 2차회로의 저항을 가감저항기로 자유롭게 가감할 수 있는 전동기는 2차회로의 저항을 가감하여 비례추이에 따라 기동토크를 크게 하거나 속도제어를 실행할 수 있다.

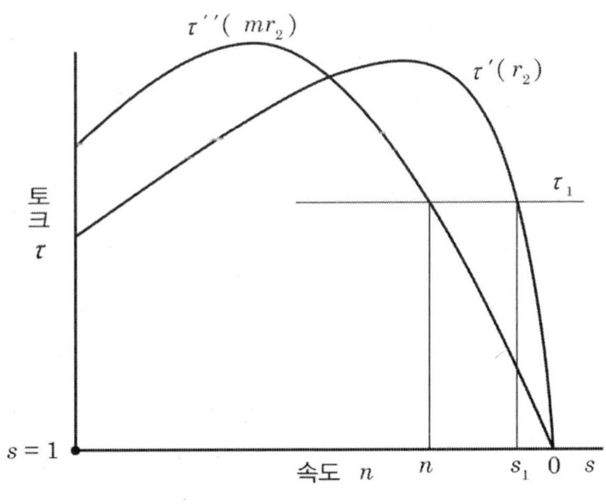

그림 4.12 토크의 비례추이

2) 비례추이를 하는 제량

토크 τ만이 아니고 1차전류(I_1), 역률$(\cos\phi)$, 1차입력(P_1)도 (r_2'/s), 즉 (r_2/s)의 함수로 표시할 수 있다. 즉, 2차회로 저항의 크기에 따라 비례추이를 할 수 있다. 이 관계를 그림 4.13의 점선으로 표시한 곡선은 전류의 비례추이를 나타낸 것이고 실선으로 표시한 곡선은 토크의 비례추이를 나타낸 곡선이다.

그러나 유도전동기에서 출력(P_o), 2차효율(η_2), 동손(P_{c2}), 효율(η) 등은 (r_2/s)의 함수로 표시할 수 없기 때문에 비례추이를 할 수 없다.

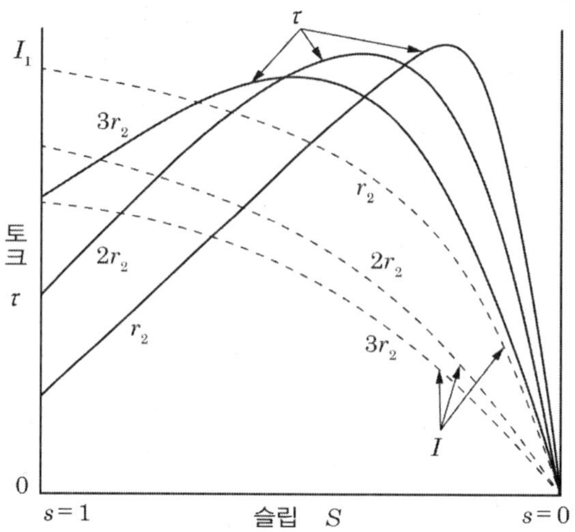

그림 4.13 전류 및 토크의 비례추이

4. 사용 기자재 및 부품

• 전원공급 장치 $(0 \sim 120/208\,[V_{ac}])$	EMS 8821
• 권선형유도전동기	EMS 8231
• 전기동력계 모듈	EMS 8911
• 3상전력계	EMS 8441
• 속도제어 가변저항기	EMS 8731
• 핸드타코미터	EMS 8920
• 교류전압계모듈 $(100/250\,[V_{ac}])$	EMS 8426
• 교류전류계모듈 $(2.5/2.5\,[A_{ac}])$	EMS 8425
• 타이밍벨트	EMS 8942
• 결선리드선	EMS 8941

5. 실험 순서

☞ 주 의 : 이 실험에서는 고전압이 유기된다. 전원장치의 스위치를 켠 상태에서 어떤 결선도 하지 마시오. 개개의 실험이 완료된 후 전원공급 장치의 스위치를 끄시오.

1.

(1) 모듈의 전(前)면상에 표시된 회로도에 특별한 주의를 기울이면서 속도 제어용 가감저항기의 구조를 관찰하시오.

(2) 3개의 가감저항의 암은 분리되어 단자 1-2-3으로 도출된다. 3개의 가감저항 나머지

끝 부분은 내부적으로 함께 연결되어 중성단자(N)를 통해서 도출된다.

(3) 3개의 가감저항기는 함께 연결되어 각 저항들을 한 개의 조절손잡이에 의해 동시에 변화시킬 수 있다.

(4) 조절손잡이를 반시계방향으로 최대한 돌리면 가감저항기의 저항은 0[Ω]이 된다. 이때 가감저항기의 조절손잡이를 시계방향으로 최대한 돌리면 저항값은 16[Ω]이다.

2. 선형유도전동기, 전기동력계, 전력계, 속도제어용 저항기, 전원장치 그리고 교류 전압, 전류계를 이용하여 그림 4.14에 주어진 회로를 연결하시오(**이때 전기동력계와 전동기를 커플링해서는 안 된다**).

3.

(1) 속도제어용 가감저항기를 반시계방향으로 최대한 돌려서 저항값을 0[Ω]으로 만든다.

(2) 전원장치의 스위치를 켜고 전압(E_1)이 208[V]가 되도록 조절하시오. 전동기는 회전하기 시작할 것이다.

(3) 3개의 선전류, 두 전력계가 지시하는 전력값(이때 두 전력계의 극성을 주의 깊게 관찰하시오)과 전동기의 속도를 측정하여 표 4-1에 기록하시오.

(4) 전압을 0으로 만든 후 전원장치의 스위치를 끄시오.

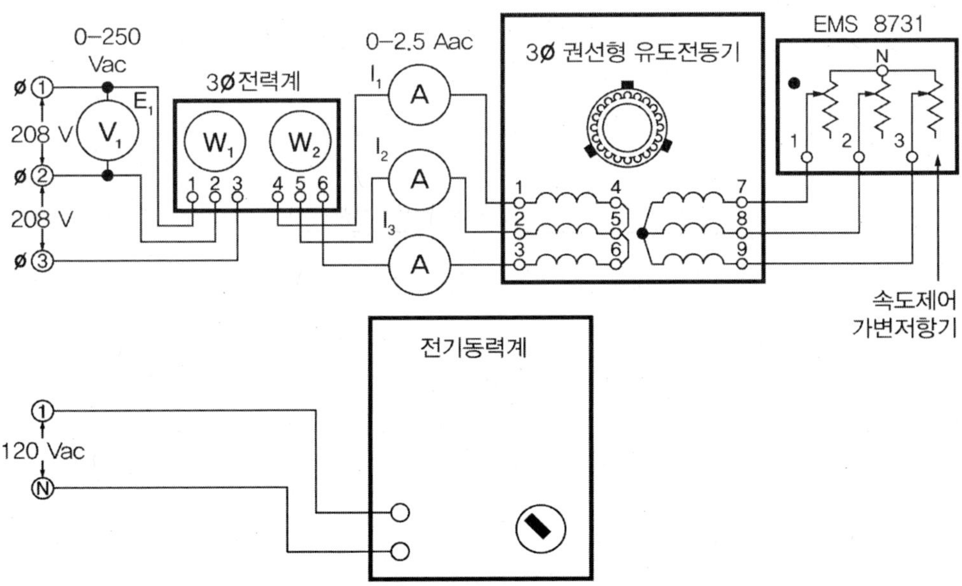

그림 4.14 속도제어용 가감저항기를 이용한 권선형유도전동기의 결선도

표 4-1

토크 τ [lbf·in]	전류 I_1 [A]	전류 I_2 [A]	전류 I_3 [A]	전력 W_1 [W]	전력 W_2 [W]	속도 [rpm/min]
0						
3						
6						
9						
12						

4.

(1) 타이밍벨트를 이용하여 전기동력계와 전동기를 커플링시키시오.
(2) 전기동력계의 조절손잡이를 최대한 반시계방향으로 돌리시오.
(3) 입력전압은 교류 208[V]로 유지한 상태에서 표 4-1에 주어진 각각의 토크값에 대해 실험 3을 계속하시오.
(4) 전압을 0으로 만든 후 전원장치의 스위치를 끄시오.

5.

(1) 계자저항 값을 최대로 하기 위해서 속도제어용 가감저항기의 조절손잡이를 최대한 반시계 방향으로 돌리시오.
(2) 전동기와 전기동력계의 커플링을 제거하시오.

6.

(1) 전원장치의 스위치를 켜고 전압(E_1)이 교류 208[V]가 되도록 조절하시오. 전동기는 기동하기 시작할 것이다.
(2) 표 4-2에 주어진 3개의 선전류, 두 전력계의 전력값, 전동기속도를 측정하여 기록하시오.
(3) 전압을 0으로 한 다음 전원장치의 스위치를 끄시오.

표 4-2

토크 τ [lbf·in]	전류 I_1 [A]	전류 I_2 [A]	전류 I_3 [A]	전력 W_1 [W]	전력 W_2 [W]	속도 [rpm/min]
0						
3						
6						
9						
12						

7.

(1) 타이밍벨트를 이용하여 전기동력계와 전동기를 커플링시키시오.

(2) 전기동력계의 조절손잡이를 최대한 반시계 방향으로 돌리시오.

(3) 입력 전압 208[V]를 유지한 상태에서 표 4-2에 주어진 각각의 토크값에 대한 실험 6을 계속하시오.

(4) 발생토크가 9[lbf·in]일 때 속도제어용 가감저항기의 조절손잡이를 시계방향으로부터 반시계방향으로 최대한 돌리시오.

(5) 이때 전동기의 속도변화는 어떠한가? 변한다 ________ 변하지 않는다 ________

(6) 토크의 변화는 발생하는가? 예 ______________ 아니오______________

(7) 전압을 0으로 만든 후 전원장치의 스위치를 끄시오.

8.

(1) 그림 4.15에 주어진 회로도를 연결하시오. 전원장치의 3상 고정자출력은 단자 1－2－3으로 결선하시오.

(2) 전동기가 기동순간 전동기에 최대의 기동부하를 공급하기 위해서 전기동력계의 조절손잡이를 시계방향으로 최대한 돌린다.

(3) 전동기에 최대의 저항을 공급하기 위해서 속도제어용 가감저항기의 조절손잡이를 시계방향으로 최대한 돌리시오.

9.

(1) 전원장치의 스위치를 켜고 전압(E_1), 전류(I_1), 전류(I_2) 및 전동기의 속도를 측정하여 아래에 기록하시오.

전압: $E_1 =$ ___________[V]　　전류: $I_1 =$ ___________[A]

전류: $I_2 =$ ___________[A]　　토크: $\tau =$ ___________[lbf·in]

(2) 전동기가 기동토크를 발생하는 순간 피상전력을 계산하여 아래에 기록하시오.

피상전력: P_a = ________________ [VA]

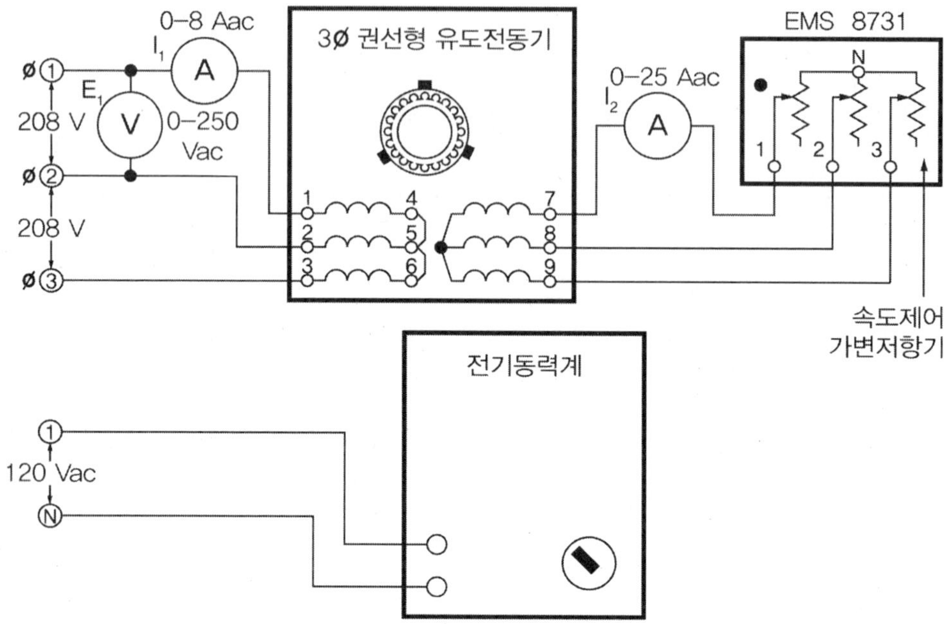

그림 4.15 3상 권선형유도전동기에 부하가 인가된 경우

학 습 평 가

1. 표 4-1의 결과를 이용하여 권선형유도전동기의 무부하특성을 산출하시오.

(1) 평균전류

평균전류 : I_{aver} = ________________ [A]

(2) 피상전력

피상전력 : P_a = ________________ [W]

(3) 유효전력

유효전력 : P = ________________ [W]

(4) 무효전력

무효진력 : P_{var} = ________________ [W]

(5) 역 률

역 률 : P_f = ________________

2. 외부저항이 0[Ω]일 때 표 4-1의 결과를 이용하여 권선형유도전동기의 발생토크가 9[lbf·in]일 때 아래 특성을 산출하시오.

(1) 평균전류

평균전류 : I_{aver} = ________________ [A]

(2) 피상전력

피상전력 : P_a = ________________ [W]

(3) 유효전력

유효전력 : P = ________________ [W]

(4) 무효전력

무효전력 : P_{var} = ________________ [W]

(5) 역 률

역 률 : P_f = ____________________

(6) 출 력

출 력 : P = ____________________[VA]

(7) 효 율

효 율 : ε = ____________________[%]

3. 외부저항이 16[Ω]일 때 표 4-2의 결과를 이용하여 권선형유도전동기의 발생토크가 9[lbf·in]일 때 아래 특성을 산출하시오.

(1) 평균전류 :

평균전류 : I_{aver} = ____________________[A]

(2) 피상전력 :

피상전력 : P_a = ____________________[W]

(3) 유효전력 :

유효전력 : P = ____________________[W]

(4) 무효전력 :

무효전력 : P_{var} = ____________________[W]

(5) 역 률 :

역 률 : P_f = ____________________

(6) 출 력 :

출 력 : P = ____________________[VA]

(7) 효 율 :

효 율 : ε = ____________________[%]

4. 실험 9와 표 4-2의 결과를 이용하여 다음의 비를 산출하시오(전동기 발생토크가 9[lbf·in]일 때 전부하에 대한 특성을 산출하시오).

(1) 전부하전류에 대한 기동전류를 산출하시오.

(2) 전부하토크에 대한 기동토크를 산출하시오.

(3) 무부하전류에 대한 전(全)부하전류를 산출하시오.

5. 외부저항이 전동기 내부 회로보다 훨씬 낮을 때 전동기 효율을 산출하시오.

6. 전동기에서 역률은 부하에 따라 변화된다. 그 이유를 아래에 설명하시오.

4.4 농형유도전동기의 특성

1. 실험의 목적

(1) 3상 농형유도전동기의 구조를 학습한다.

(2) 농형유도전동기의 기동특성, 무부하특성 및 전부하특성에 대해 학습한다.

2. 이론적 고찰

유도전동기(induction motor)의 회전자 중에서 가장 간단하고 가장 광범위하게 이용되는 회전자가 **농형회전자**(squirrel cage rotor)이다. 농형회전자는 슬롯 주변 둘레에 세로로 **성층철심**(laminated iron core)으로 구성되어 있다. 구리 혹은 알루미늄의 고체 막대(bars)를 단단하게 조여 회전자 슬롯에 끼워 넣는다. 회전자 양쪽 끝에 있는 단락환은 고체 구조로 만들기 위해서 용접한다. 단락환이나 막대는 철심보다 저항이 훨씬 적으므로 철심으로부터 특별한 절연을 할 필요가 없다. 몇몇 회전자 막대와 단락환이 철심부와 정확히 위치하기 위해서 단일 금속조직으로 된 주조물로서 회전자가 제작되는 경우도 있다.

단락회로의 요소는 실제적으로 하나의 단락된 권선으로 고정자자속에 의해 매우 큰 단락전류가 흐른다. 복잡하게 연결된 권선을 가진 권선형회전자나 직류전동기의 전기자를 비교해보면 농형회전자의 구조가 매우 간단함을 알 수 있다. 그래서 제작하기 쉬운 농형회전자는 근본적으로 고장이 잘 일어나지 않는다. 완성된 농형유도전동기의 회전자와 전기자는 매우 작은 **공극**(air gap)에 의해 서로 분리된다. 사실 이 공극의 간격은 기하학적으로 회전자가 회전할 수 있을 정도로 매우 좁다. 이 공극은 **전자유도작용**이 가능할 만큼의 간격이면 충분하다. 실제적으로 유도전동기의 고정자에 전력이 공급되었을 때 회전자계가 형성되는 것이다. 자속이 회전함에 따라서 **자속선**(flux lines)은 농형회전자 주변 둘레의 슬롯 내부에 끼워진 단락권선을 절단하게 되어 **전자유도작용**(electromagnetic induction)에 의해 회전자에 전압을 유기하게 된다. 이러한 권선은 매우 낮은 저항을 가진 단락회로이므로 유기기전력은 회전자 막대 내부에 높은 순환전류가 흐르게 된다. 또한 이 순환하는 회전자전류는 강한 자계를 형성한다. 이러한 국부적인 회전자계 때문에 회전자계로 끌리는 **자극**(magnetic pole)을 형성하게 되며, 따라서 회전자는 주자계와 함께 회전하게 된다. 일반적인 농형유도전동기의 기동토크는 상당히 낮다. 왜냐하면 회전자가 정지할 때는 **회전자저항**(R)에 비해서 상대적으로 **유도성리액턴스**(X_L)가 크기 때문이다. 이와 같은 조건에서 우리는 회전자전류가 회전자전압보다 90° 정도 뒤지게 된다는 것을 알 수 있다. 따라서 2차회로 내부의 역률이 낮다는 사실도 알 수 있다. 이 사실이 의미하는 것은 전원으로부터 전동기를 동작하기 위해 실제로 유효 에너지는 적고 부하에 따라 역률이 낮다는 것이다.

농형유도전동기는 이런 측면에서 보면 비효율적이지만, 회전자는 토크를 발생한다. 전동기가 운전을 시작하면 회전자와 회전자계 혹은 슬립 간에는 최고 100 ~ 50[%]까지 속도차이가 발생한다. 이와 같이 **슬립**(S)이 감소함에 따라 회전자에 유기되는 전압의 주파수가 감소하게 되는데 그 이유는 회전자계가 감소된 비율로 **도체**(conductor)를 절단하기 때문이다. 또한 유도성리액턴스가 감소함에 따라 역률은 증가하기 시작한다. 이러한 개선책은 토크증가와 속도증가로써 나타나게 된다. 일반적으로 농형유도전동기에서 슬립이 2 ~ 10[%] 정도 감소하였을 경우는 전동기속도가 안정하다고 볼 수 있다. 이와 같은 안정화 현상이 이루어지는 이유는 슬립이 2[%] 이하로 감소하였을 때 전동기속도가 증가하는 현상은 자연히 상쇄되기 때문이다. 또 전동기의 회전자속도가 동기속도 2[%] 범위 안에서 운전하였을 때 유도성의 감소효과는 전동기가 기동순간부터 속도가 증가함에 따른 토크의 증가현상이 극복되기 때문이다. 따라서 농형유도전동기는 직류분권전동기와 유사한 자동속도 조절기능을 가지게 된다.

3. 농형유도전동기의 특성

농형유도전동기는 모든 교류전동기 중 구조가 가장 간단한 전동기라 할 수 있다. 농형회전자(2차권선)는 권선이 없으며, 단락환으로 구성되어 있다. 따라서 농형회전자는 권선형회전자에 비해 구조가 간단하며, 가격이 저렴하고 취급 및 유지관리가 쉬우나 큰 기동전류를 요하는 반면, 기동토크는 크지 않아 주로 소형전동기에 사용되어 왔다. 그러나 최근 이러한 단점을 보완한 2중농형회전자나 심구농형회전자의 개발로 농형유도전동기의 회전토크를 크게 개선할 수 있어 중, 대형 전동기에 이용되고 있다.

1) 유도전동기의 무부하시험

유도전동기 입력(P_0) 중에는 철손(P_i) 이외에 기계손(P_m)과 1차권선의 동손($I_0^2 r_1$)이 포함되어 있으나, ($I_0 r_1$)은 매우 적으므로 무시할 수 있다. 철손(P_i)은 공급전압에 따라 변화하지만, 기계손(P_m)은 회전속도의 함수로 공급전압에 무관하므로 공급전압을 정격값 부근에서 동기속도를 유지하는 최젓값까지 변화시키며 인가전압

(V_1)과 입력(P_0)을 측정하여 V_1과 P_0의 관계곡선을 그림 4.16과 같이 그려서 이 곡선을 $V_1 = 0$점까지 연장하여 기계손(P_m)을 구한다. 그림 4.16은 전동기 입력에 대한 기계손과 철손을 나타낸 것이다. 3상유도전동기 무부하시험을 위한 결선도는 그림 4.17(b), 유도전동기 1차측 등가회로는 그림 4.17(a)와 같이 나타낸다. 유도전동기에 정격ㅂ주파수, 정격전압을 인가하여 선간전압(V_n), 무부하전류$(\dot{I}_0)$ 및 입력(P_0)을 측정하고 철손$(P_i = P_0 - P_m)$을 구한다. 측정값으로부터 무부하전류의 유효성분(철손전류) (I_i)과 무효성분(자화전류) (I_ϕ)은 다음과 같이 구할 수 있다.

$$I_0' = I_{01} - jI_{02}, \quad I_{01} = \frac{P_0}{\sqrt{3}V_n}, \quad I_{02} = \sqrt{I_0^2 - I_{01}^2}$$

철손전류(I_i)는 (I_{01})에서 기계손에 달하는 전류 값을 빼면,

$$I_i = I_{01} - \frac{P_m}{\sqrt{3}V_n}$$

여자전류는 $\dot{I}_0 = \dot{I}_i - jI_\phi$이 되므로 여자어드미턴스$(Y_0)$, 여자콘덕턴스$(g_0)$, 여자서셉터스$(b_0)$를 구하면 다음과 같다.

$$Y_0 = \sqrt{g_0^2 + b_0^2}, \quad g_0 = \frac{P_i}{V_n^2}, \quad b_0 = \frac{I_i}{V_n/\sqrt{3}}$$

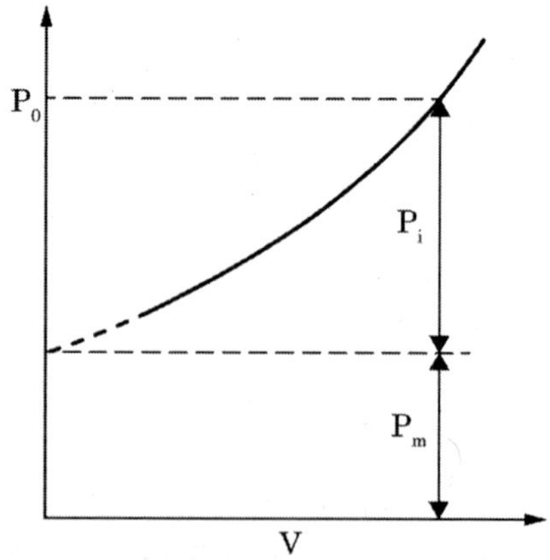

그림 4.16 전동기 철손과 기계손의 관계

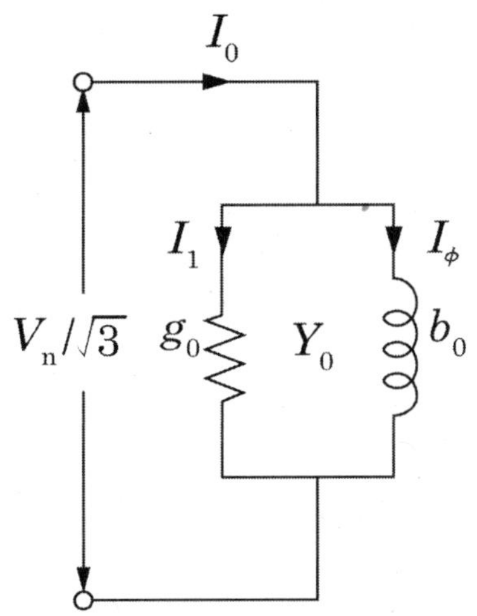

(a) 등가회로

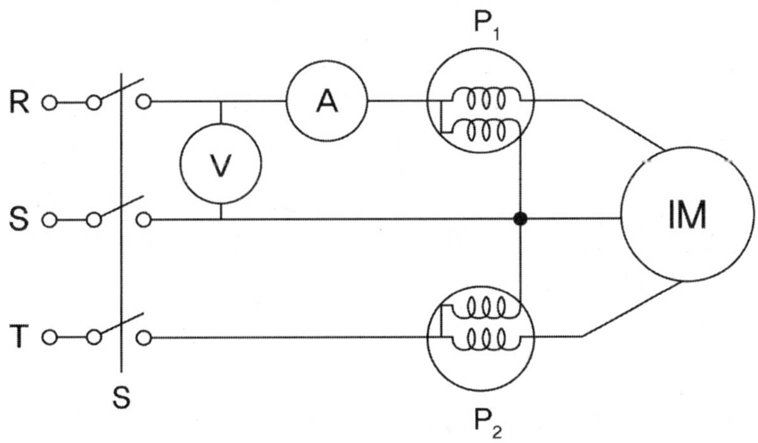

(b) 무부하시험 결선도

그림 4.17 유도전동기 무부하시험

2) 유도전동기의 구속시험

유도전동기가 구속상태인 경우, 슬립이 1로 유도전동기의 등가회로에서 등가부하저항은 0 [Ω]이 되므로 여자회로를 무시하면 등가회로는 그림 4.18(a)과 같다. 3상 유도전동기를 그림 4.18(b)와 같이 결선하고 회전자를 구속한 상태에서 전동기에 정격주파수의 낮은 전압 (V_s')을 인가하여 1차전류 (I_s')와 1차입력 (P_s')를 구한 다음 1차로 환산한 저항 값과 리액턴스 값을 구한다. 즉, 구속전류 (I_s)는 공급전압 (V_n) 에 비례하고 입력 (P_s)은 공급전압의 제곱에 비례하므로

$$I_s = \frac{V_n}{V_s'} I_s', \quad P_s = \left(\frac{V_n}{V_s'}\right) P_s'$$

이 되며, 그림 4.18(a)의 등가회로에서 P_s는 권선저항의 저항손과 같으므로 $P_s = 3I_s^2(r_1 + r_2')$에서 1차로 환산한 권선저항을 구하면 다음과 같다.

$$r_1 + r_2' = \frac{P_s}{3I_s^2}, \quad r_1 = r_2' = \frac{r_1 + r_2'}{2}\ [\Omega]$$

그림 4.18(a)의 등가회로 상에서 정격 상전압은 누설임피던스의 전압강하와 같으므로 $V_{s/}\sqrt{3} = I_s\sqrt{(r_1 + r_2')^2 + (x_1 + x_2')^2}$ 에서 1차, 2차 리액턴스를 구하면

$$x_1 + x_2' = \sqrt{\left(\frac{V_s}{\sqrt{3}I_s}\right) - \left(\frac{P_s}{3I_s^2}\right)}, \quad x_1 = x'^2 = \frac{x_1 + x_2'}{2}$$

와 같으며, 1차로 환산한 누설리액턴스를 구할 수 있고, 단락전류(I_s)는 유효성분(I_{s1})과 무효성분(I_{s2})로 나누어 다음과 같이 주어진다.

단락전류 $I_s = I_{s1} - jI_{s2}\,[A]$, 유효성분 $I_{s1} = \frac{P_s}{\sqrt{3}V_n} = \frac{P_s'}{\sqrt{3}} \times \frac{V_n}{V^{2_s}}$,

무효성분 $I_{s2} = \sqrt{I_s^2 - I_{s1}^2}$

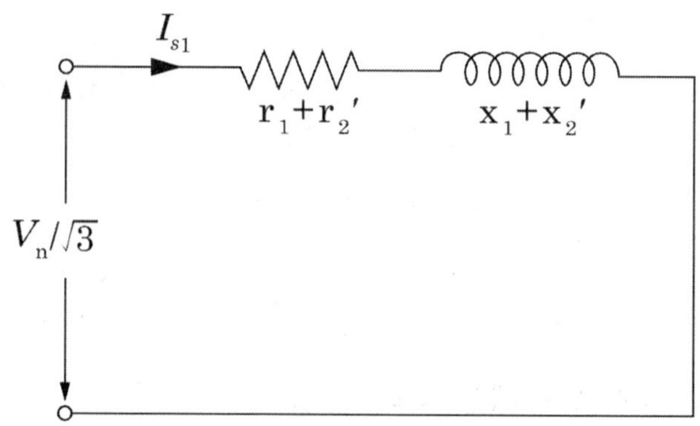

(a) 등가회로

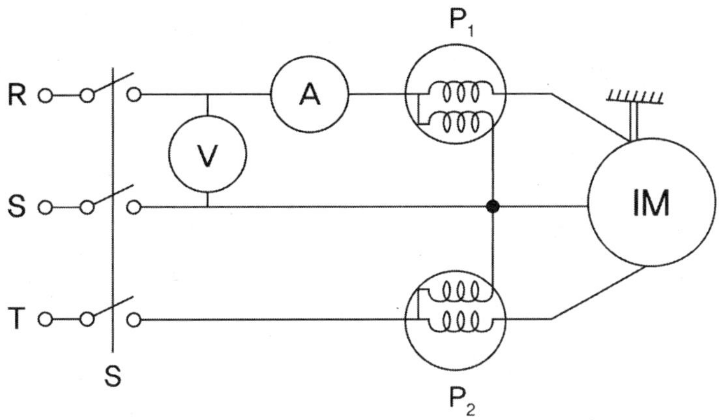

(b) 구속시험 결선도

그림 4.18 유도전동기 구속시험

4. 사용 기자재 및 부품

- 전원공급 장치 (0 ~ 120/208 [V_{ac}]) EMS 8821
- 농형유도전동기 EMS 8221
- 전기동력계 EMS 8911
- 3상전력계모듈 EMS 8441
- 핸드타코미터 EMS 8920
- 교류전압계모듈 (100/250 [V_{ac}]) EMS 8426
- 교류전류계모듈 (2.5/2.5/8 [A_{ac}]) EMS 8425
- 타이밍벨트 EMS 8942
- 결선리드선 EMS 8941

5. 실험 순서

☞ 주 의 : 이 실험에서는 고전압이 유기된다. 전원장치의 스위치를 켠 상태에서 어떤 결선도 하지 마시오. 개개의 실험이 완료된 후 전원공급 장치의 스위치를 끄시오.

1. 연결단자와 권선에 특별한 주의를 기울이면서 농형유도전동기의 구조를 관찰하시오.

2.

(1) 고정자권선을 관찰하시오. 이것은 고정자 주변 둘레의 공간에 가는 전선으로 많은 권선으로 구성되어 있다(농형유도전동기의 고정자권선은 권선형유도전동기의 고정자와 유사하다).

(2) 냉각팬을 관찰하시오.

(3) 농형회전자의 단락환을 관찰하시오.

(4) 회전자와 고정자 사이의 공극을 관찰하고, 공극의 길이를 알아보시오.

(5) 회전자와 전동기의 다른 부분들 사이에 전기적 결선이 되어있는가?

예 ______________ 아니오 ______________

3. 전동기를 앞면에서 관찰해보시오.

(1) 3개의 부분으로 구성된 전기자(고정자)권선은

단자 __________과 ____________번

단자 __________과 ____________번

단자 __________과 ____________번

(2) 전기자(고정자)권선의 정격전류는 몇 [A]인가? 정격전류 I_n = ___________[A]

(3) 전기자(고정자)권선의 정격전압은 몇 [V]인가? 정격전압 V_n = ___________[V]

(4) 사용 중인 전동기의 정격속도 및 정격출력은 어떻게 되는가?

정격속도 N = ___________[rpm/min], 정격출력 P = _____________[Hp]

4. 농형유도전동기, 전기동력계, 3상전력계, 전원장치, 교류전압, 전류계를 이용하여 그림 4.19에 주어진 회로도를 결선하시오. 이 순간 전기동력계와 전동기를 커플링시키지 마시오. 전기자권선은 전원공급 장치의 가변 3상 출력단자 4-5-6은 전력계로 와이결선(Y)되어 있다.

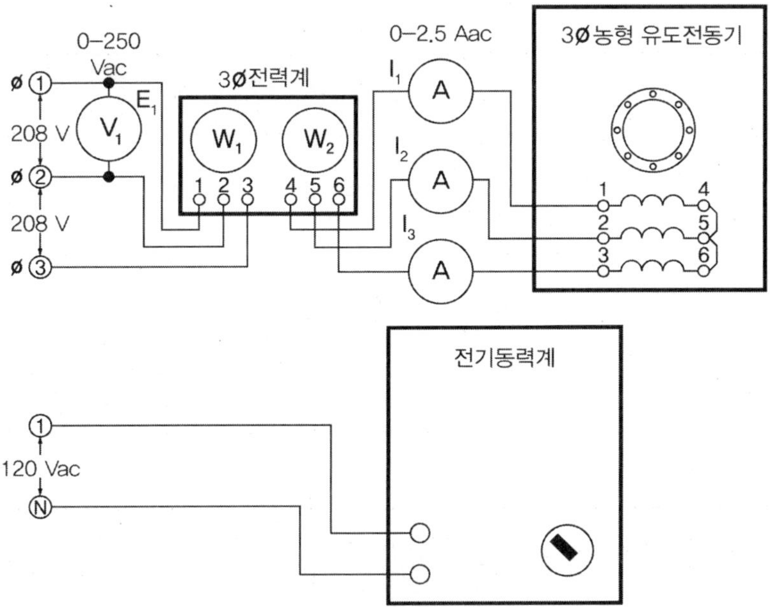

그림 4.19 전기동력계를 이용한 3상 농형유도전동기의 결선도

5.

(1) 전원장치의 스위치를 켜고, 전원장치의 가변조절 손잡이를 조절하여 전압계 (E_1)가 208 [V]를 지시할 때까지 조절하시오.

(2) 표 4-3에 주어진 3상선전류 (I_1, I_2, I_3), 두 전력계가 지시하는 전력값 (W_1, W_2) 그리고 전동기속도를 측정하여 아래 표에 기록하시오.

(3) 전압을 0으로 만든 후 전원장치의 스위치를 끄시오.

6.

(1) 타이밍벨트를 이용하여 전기동력계와 전동기를 커플링시키시오.

(2) 전기동력계의 조절손잡이를 최대한 반시계방향으로 돌리시오.

(3) 입력전압을 교류 208 [V]로 유지한 상태에서 표 4-4에 주어진 각각의 토크값에 대해 3상선전류 (I_1, I_2, I_3), 두 전력계가 지시하는 전력값 (W_1, W_2) 그리고 전동기속도를 측정하여 표 4-4에 기록하시오.

(4) 전압을 0으로 만든 후 전원장치의 스위치를 끄시오.

표 4-3

토크 τ [lbf·in]	전류 I_1 [A]	전류 I_2 [A]	전류 I_3 [A]	전력 W_1 [W]	전력 W_2 [W]	속도 [rpm/min]
0						
3						
6						
9						
12						

표 4-4

토크 τ [lbf·in]	전류 I_1 [A]	전류 I_2 [A]	전류 I_3 [A]	전력 W_1 [W]	전력 W_2 [W]	속도 [rpm/min]
0						
3						
6						
9						
12						

7.

(1) 그림 4.20에 주어진 회로를 결선하시오. 전원장치의 3상 고정단자 1－2－3을 이용함에 주의하시오.

(2) 전동기가 기동순간 최대부하를 공급하기 위해서 전기동력계의 조절손잡이를 최대한 시계 방향으로 돌리시오.

8.

(1) 전원장치의 스위치를 켜고 신속히 전압 (E_1), 전류 (I_1), 기동토크 (τ_S)를 측정하여 아래에 기록하시오.

전압: E_1 = ______ [V], 전류: I_1 = ______ [A], 기동토크: τ_S = ______ [lbf·in]

(2) 전동기가 기동하는 순간 피상전력을 계산하여 아래에 기록하시오.

피상전력 P_a = ________ [VA]

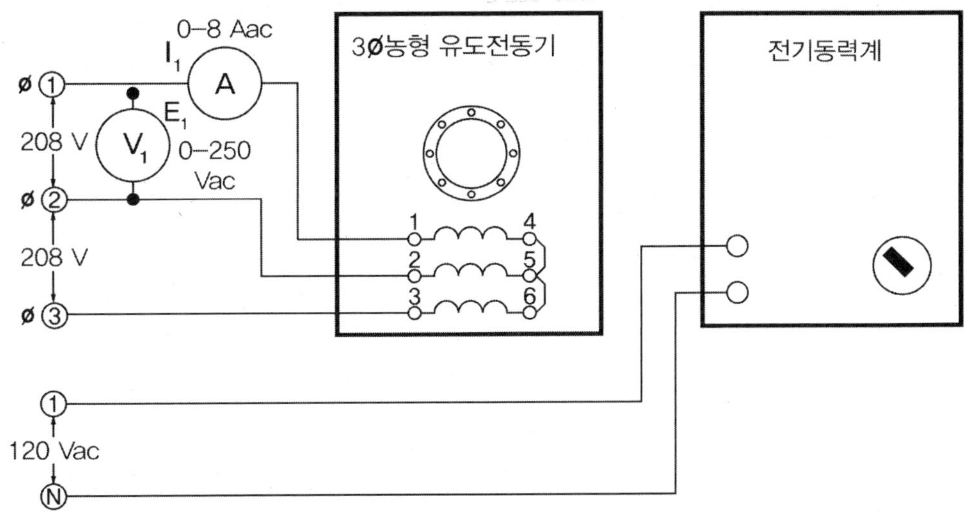

그림 4.20 3상 농형유도전동기에 부하가 인가된 경우

학 습 평 가

1. 표 4-3의 결과를 이용하여 농형유도전동기의 무부하 특성을 산출하시오.

(1) 평균전류

평균전류 : I_{aver} = ________________ [A]

(2) 피상전력

피상전력 : P_a = ________________ [W]

(3) 유효전력

유효전력 : P = ______________ [W]

(4) 무효전력

무효전력 : P_{var} = ______________ [W]

(5) 역 률

역 률 : P_f = ______________

2. 표 4-3의 결과를 이용하여 농형유도전동기의 발생 토크가 9[lbf·in]일 때 아래 특성을 산출하시오.

(1) 평균전류

평균전류 : I_{aver} = ______________ [A]

(2) 피상전력

피상전력 : P_a = ______________ [W]

(3) 유효전력

유효전력 : P = ______________ [W]

(4) 무효전력

무효전력 : P_{var} = ______________ [W]

(5) 역 률

역 률 : P_f = ______________

(6) 출 력

출 력 : P = ______________ [VA]

(7) 효 율

효 율 : ε = ______________ [%]

3. 실험 8의 결과와 표 4-2의 결과를 이용하여 농형유도전동기가 전부하에서 9[lbf·in]의 토크를 발생시킬 때 아래 특성을 산출하시오.

(1) 전부하전류에 대한 기동전류비를 산출하시오.

/

(2) 전부하토크에 대한 기동토크비를 산출하시오.

/

(3) 무부하전류에 대한 전 부하전류를 산출하시오.

/

4. 권선형유도전동기와 농형유도전동기의 운전특성을 비교 설명하시오.

5. 농형유도전동기가 현대 산업사회에 가장 널리 이용되고 있는 이유를 아래에 설명하시오.

6. 만일 전동기의 전기자에 공급되는 전원주파수가 50[Hz]라면 아래 항목들에 대해 설명하시오.

(1) 어느 속도에서 전동기가 운전하는가?

(2) 여자전류는 어떻게 변화하는가?(증가, 감소, 동일하게 유지) 아래에 설명하시오.

4.5 주파수 변환법

1. 실험의 목적

(1) 회전주파수변환기의 무부하 및 전부하시의 특성을 관찰한다.
(2) 전원주파수 120[Hz]를 이용하여 농형유도전동기를 동작시킨다.

2. 이론적 고찰

권선형유도전동기의 특성 I에서 이미 학습한 바와 같이 만일 3상 권선형유도전동기의 전기자(고정자)측이 전원에 접속되어 있고, 회전자에 기계적 부하가 인가되어 있다면 회전방향과 회전속도에 따라 회전자 출력전압 주파수는 어떻게 변화되는가?

이번 실험에서는 권선형유도전동기의 전기자(고정자)에 60[Hz]의 전원을 공급하고 전동기속도가 동기속도인 1,800[rpm/min]으로 운전한다. 전동기 회전방향은 고정자 권선에 발생한 회전자계의 방향과는 반대로 회전할 것이다. 결과적으로 회전자 출력전압의 주파수는 120[Hz]가 된다.

회전주파수변환기에 전달된 전력은 다음의 두 가지 전원으로부터 발생한다.

(1) 한 전원은 고정자권선에 연결된 전기적 전원장치에 의한 전력이고,
(2) 또한 전원은 회전하는 회전자 축에 전달되는 기계적인 전력이다.

특별한 경우에 출력주파수는 두 배가 되는데, 즉 고정자에 전달되는 전기적 전력과 기계적 전력이 동일한 경우다. 따라서 회전주파수변환기는 고정자(전기자)가 받는 전력의 **2배**만큼 전력을 부하로 전달할 것이다. 회전자를 구동시키는 기계적인 전력원으로부터 다른 전력을 발생한다. 이런 종류의 회전주파수변환기가 현대 산업사회에 널리 사용되는 것은 소형 고속도 유도전동기를 구동하는 데 필요한 높은 주파수를 발생시킬 수 있기 때문이다.

3. 유도주파수 변환기의 원리

3상 유도전동기의 2차주파수와 2차전압은 슬립 s에 비례하므로 권선형전동기를 주파수 f_1의 전원에 접속하고 동기속도 n_s의 회전자속을 만들고 2차측을 개방상태로

회전자에 외력을 인가하면 임의의 속도 n 로 회전하는 슬립링이 발생하여 2차주파수 f_2 는 다음과 같이 주어진다.

$$f_2 = s\,f_1 = \frac{n_s - n}{n_s}\,f_1$$

따라서 회전자속과 동일한 방향으로 회전하는 경우 $S < 1$ 이 되므로 $f_2 < f_1$ 의 교류가 흐르고 회전자속과 반대방향으로 회전시키면 $S > 1$ 이 되기 때문에 $f_2 > f_1$ 이 된다. 따라서 일종의 주파수변환기로 작용하게 된다. 그러나 1차전압이 일정하면 2차전압이 주파수와 함께 변화하는 결점이 있다. 이것은 상용주파수에서 100 ~ 180 [Hz] 정도의 주파수를 얻는 데 이용된다. 이 **유도주파수변환기(induction frequency changer)**는 단독으로 2차주파수를 얻을 수도 있지만 보통 회전자는 다른 회전기와 연결하고 외력을 가하여 운전한다.

4. 사용 기자재 및 부품

• 전원공급 장치 (0 ~ 120/208 [V_{ac}])	EMS 8821
• 권선형유도전동기	EMS 8231
• 동기전동기/발전기	EMS 8241
• 농형유도전동기	EMS 8221
• 전기동력계	EMS 8911
• 3상전력계모듈	EMS 8441
• 핸드타코미터	EMS 8920
• 저항기 모듈	EMS8311
• 교류전압계모듈 (100/250 [V_{ac}])	EMS 8426
• 교류전류계모듈 (2.5/2.5/8 [A_{ac}])	EMS 8425
• 타이밍벨트	EMS 8942
• 결선리드선	EMS 8941

5. 실험 순서

☞ 주 의 : 이 실험에서는 고전압이 유기된다. 전원장치의 스위치를 켠 상태에서 어떤 결선도 하지 마시오. 개개의 실험이 완료된 후 전원공급 장치의 스위치를 끄시오.

1. 동기전동기/발전기, 권선형유도전동기, 3상 전력계, 저항기, 전원장치, 교류전압, 전류계를 이용하여 그림 4.21에 주어진 회로도를 연결하시오. 동기전동기/발전기의 전기자에 3상 고정 출력단자 1－2－3을 통해서 208[V]가 공급됨에 주의하시오. 또한 동기전동기의 회전자는 전원장치의 단자 8－N을 통해서 직류 120[V]가 공급된다. 3상 권선형유도전동기의 전기자(고정자)는 3상전력계를 통해서 전원장치의 3상 가변출력 단자 4－5－6을 통해 0 ~ 208[V]가 공급된다. 또한 회전자권선의 단자는 델타결선(△)으로 저항부하(R_L)로 연결되어있다.

2.

(1) 타이밍벨트를 이용하여 권선형 회전주파수 변환기와 동기전동기를 커플링시키시오.

(2) 모든 부하 저항기의 스위치를 개방위치에 두시오.

(3) 만일 동기전동기에 스위치가 없다면 저항을 최대로 하기 위해서 계자조정가감저항기를 최대한 반시계방향으로 돌리시오.

(4) 만일 동기전동기에 스위치가 있다면 개방위치에 두시오.

3.

(1) 전원장치의 스위치를 켜시오. 동기전동기는 운전을 시작할 것이다.

(2) 만일 동기전동기에 스위치가 있다면 이 순간에 닫으시오.

(3) 전원장치의 전압(E_1)이 교류 208[V]가 될 때까지 조절하시오.

(4) 여자전류가 최소가 되도록 동기전동기의 직류여자를 조절하시오. 나머지 실험에서도 이 과정은 진행되어야 한다.

(5) 전압(E_2), 전류(I_1, I_2), 전력(W_1, W_2)을 측정하여 아래에 기록하시오.

전압: E_2 = __________[V], 전류: I_1 = _________[A], 전류: I_2 = ________[A]

전력: W_1 = __________[W], 전력: W_2 = ________[W]

► 만일 전압(E_2)이 0[V]라면 고정자의 회전자계방향과 동일한 방향으로 전동기 회전자는 회전할 것이다.

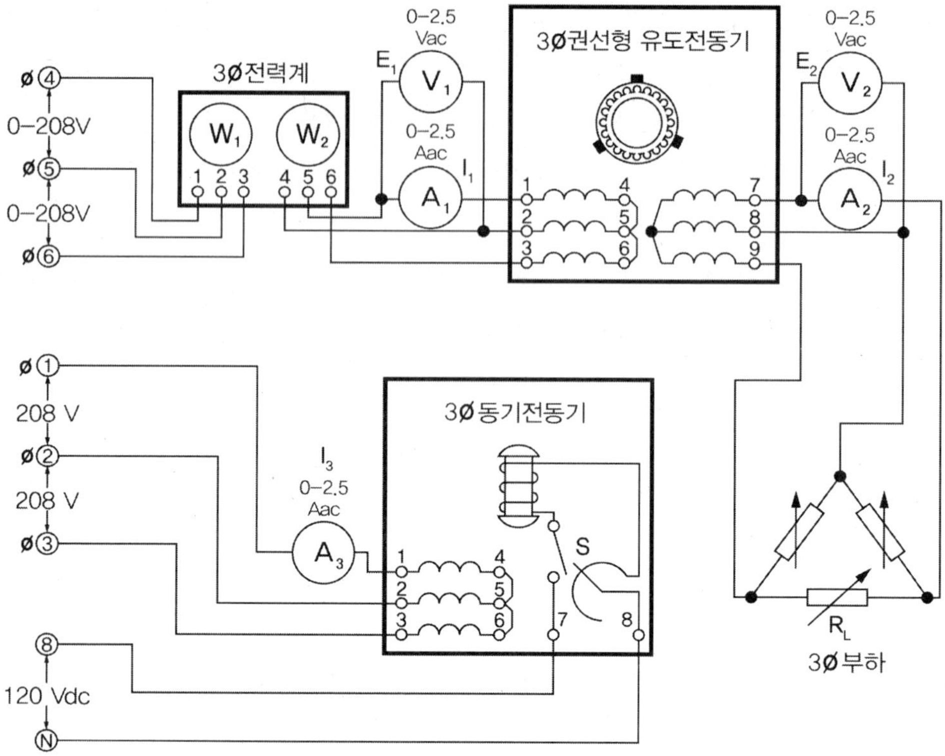

그림 4.21 동기전동기와 권선형유도전동기를 이용한 주파수 변환법

4.

(1) 각 상의 부하 저항값이 240 [Ω]이 되도록 3상 부하저항을 서서히 증가시키시오.

(2) 전압 (E_2), 전류 (I_1, I_2), 전력 (W_1, W_2)을 측정하여 아래에 기록하시오.

전압: E_2 = __________ [V], 전류: I_1 = __________ [A], 전류: I_2 = __________ [A]

전력: W_1 = __________ [W], 전력: W_2 = __________ [W]

(3) 부하 저항기의 스위치를 개방한 다음 부하를 제거하시오.

(4) 전압을 0으로 만든 다음 전원장치의 스위치를 끄시오.

5. 실험 4에서 고정자에 전달된 유효전력 및 부하에 전달된 유효전력을 계산하여 아래에 기록하시오.

(1) 고정자에 전달된 유효전력

유효전력 : P = __________________ [W]

(2) 부하에 전달된 유효전력

유효전력 : P = __________________ [W]

(3) 부하에 전달된 전력이 고정자에 전달된 전력보다 크다. 그 이유를 아래에 설명하시오.

____

____

6. 그림 4.10에 표시된 바와 같이 농형유도전동기를 이용하여 저항부하의 델타결선(Δ)을 와이결선(Y)으로 교체하시오.

7.

(1) 전원장치의 스위치를 켜고, 전압(E_1)이 교류 208[V]가 될 때까지 조절하시오.

(2) 농형유도전동기의 속도(N)와 전압(E_2), 전류(I_1, I_2), 전력(W_1, W_2)을 측정하여 아래에 기록하시오.

전압: E_2 = __________[V], 전류: I_1 = __________[A], 전류: I_2 = __________[A]

전력: W_1 = __________[W], 전력: W_2 = __________[W]

속도: N = __________[rpm/min]

(3) 전압을 0으로 만든 다음 전원장치의 스위치를 끄시오. 3상 선전류(I_1, I_2, I_3), 두 전력계가 지시하는 전력값(W_1, W_2) 그리고 전동기속도를 측정하여 표 4-5에 기록하시오.

(4) 전압을 0으로 만든 후 전원장치의 스위치를 끄시오.

표 4-5

토크 τ [lbf·in]	전류 I_1 [A]	전류 I_2 [A]	전류 I_3 [A]	전력 W_1 [W]	전력 W_2 [W]	속도 [rpm/min]
0						
3						
6						
9						
12						

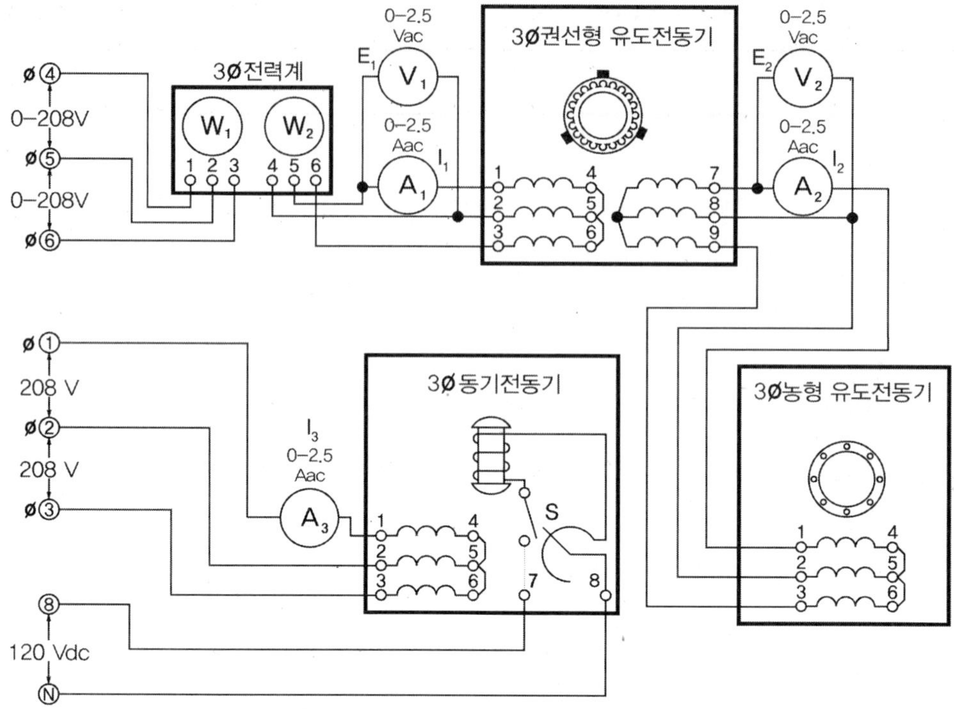

그림 4.22 3상 권선형유도전동기와 동기전동기의 결선도

학 습 평 가

1. 실험 7에서 유도전동기가 빠르게 회전하는 이유를 아래에 설명하시오.

2. 만일 회전자가 900[rpm/min]으로 회전한다면 권선형유도전동기가 발생하는 주파수는 몇 [Hz]인가? (가능하면 두 가지로 설명하시오)

3. 1,200[rpm/min]의 공칭속도로 운전되고 있는 6극 권선형유도전동기가 공칭속도 3,600[rpm/min]로 회전하는 농형유도전동기에 의해 구동되고 있다.

(1) 이 결합으로 얻을 수 있는 최대주파수는 몇 [Hz]인가? 아래에 설명하시오.

(2) 최소주파수는 몇 [Hz]를 얻을 수 있는가? 아래에 설명하시오.

4.6 리액턴스와 주파수의 관계

1. 실험의 목적

(1) 주파수가 2배로 증가하면 **유도성리액턴스**(inductive reactance)도 **2배**로 증가하는지 학습한다.

(2) 주파수가 2배로 증가하면 **용량성리액턴스**(capacitive reactance)는 1/2배로 감소하는지 학습한다.

2. 이론적 고찰

용량성 및 유도성리액턴스와, 이에 대한 공식적인 정격의 관계를 이번 실험에서 학습하고자 한다. 우리는 지금부터 이들의 연관성을 간략하게 재조명할 것이며, '**리액턴스**'와 주파수의 관계가 유도성부하와 용량성부하에서 어떤 연관성이 있는지 학습하기로 한다.

► 유도성 리액턴스(inductive reactance)

직류 유도성회로에서 인덕턴스는 전류값이 변화할 때만 전류의 흐름에 영향을 준다. 직류 회로에 전원이 공급되면 인덕턴스는 전류의 증가를 방해한다. 반면에 직류회로에 전원이 차단되면 인덕턴스는 전류의 감소를 방해한다. 그러나 직류 정상전류의 흐름은 회로 내부의 저항에 의해서만 방해를 받는다. 교류 유도성회로에서 전류는 연속적으로 변화하므로 자기유도에 의해서 **기전력(EMF)**을 연속적으로 유기한다. 이 유기된 기자력은 연속적으로 전류의 변화를 방해하므로 옴[Ω]으로 측정될 수 있다. 교류전류의 흐름에 대한 인덕턴스를 방해하는 작용을 **유도성리액턴스**라 하고 X_L로 표시한다. **유도성리액턴스**만을 포함하는 회로에 흐르는 전류는 다음과 같이 주어진다.

$$\text{전 류 } I = E/X_L \text{ [A]}$$

여기서 I : 실효전류 [A], V : 실효전압 [V], X_L : 유도성리액턴스 [Ω]이다.

유도성리액턴스의 값은 회로의 인덕턴스와 전류의 변화 비에 의해 결정된다. 또한 전류의 변화 비는 회로에 공급되는 전압의 주파수에 의해 결정된다. 유도성리액턴스의 값 옴[Ω]은 아래 주어진 식으로 계산된다.

$$\text{리액턴스 } X_L = 2\pi f L \, [\Omega]$$

여기서 π : 3.14, f : 주파수 [Hz], L : 인덕턴스 [H]이다.

► 용량성리액턴스(capacitive reactance)

용량성리액턴스는 커패시턴스와 어떤 용량성회로에 흐르는 전류에 반비례한다. 용량성회로에 흐르는 전류는 커패시턴스와 용량성회로에 공급된 전압의 변화에 직접적으로 비례한다. 전압의 변화 비는 공급전원 주파수에 의해 결정된다. 그러므로 만일 주어진 회로에 주파수 또는 커패시턴스가 증가한다면 전류의 흐름은 증가할 것이다. 이것을 다시 말하면 커패시턴스는 전류의 흐름을 방해함으로 주파수와 커패시턴스에 반비례할 것이다. 커패시턴스(X_C)는 옴[Ω]으로 표시되며, 저항과 유도성리액턴스로부터 아래와 같이 주어진다.

$$\text{커패시턴스 } X_C = \frac{1}{2\pi f C} \, [\Omega]$$

여기서 π : 3.14, f : 주파수 [Hz], C : 커패시턴스 [Farady]이다.

전류의 흐름은 아래 주어진 식과 같이 오직 회로에 포함된 커패시턴스에 의해서 결정된다.

$$\text{전 류 } I = E / X_C \, [A]$$

여기서 I: 실효전류 [A], E : 용량성리액턴스 전압 [V], X_C : 용량성 리액턴스 [Ω]이다. 이번 실험은 전원주파수 60 [Hz] 및 120 [Hz]를 이용한 다양한 실험을 실행하고자 한다. 권선형유도전동기에 회전주파수변환기를 접속하여 120 [Hz]의 전원주파수를 이용한다. 각각의 병렬 LC 회로에 주파수를 이용하였을 경우 공진형에 대해 학습해 보기로 한다.

3. 사용 기자재 및 부품

• 전원공급 장치 (0 ~ 120/208 [V_{ac}])	EMS 8821
• 권선형유도전동기	EMS 8231
• 동기전동기/발전기	EMS 8241
• 저항기 모듈	EMS 8311
• 인덕턴스 모듈	EMS 8311
• 커패시턴스 모듈	EMS 8311
• 교류전압계모듈 (100 [V_{ac}])	EMS 8426
• 교류전류계모듈 (0.5/0.5 [A_{ac}])	EMS 8425
• 타이밍벨트	EMS 8942
• 결선리드선	EMS 8941

4. 실험 순서

☞ 주 의 : 이 실험에서는 고전압이 유기된다. 전원장치의 스위치를 켠 상태에서 어떠한 결선도 하지 마시오. 개개의 실험이 완료된 후 전원공급 장치의 스위치를 끄시오.

1. 커패시턴스, 저항기, 인덕턴스, 전원장치, 교류전압계, 교류전류계를 이용하여 그림 4.23에 주어진 회로도를 연결하시오. 커패시턴스, 인덕턴스, 저항기는 병렬로 접속되어 있으며, 전원장치의 단자 4－N과 연결되어 교류가변전원 0 ~ 120[V]이 공급된다.

2.

(1) 부하저항이 300 [Ω]이 되도록 저항기를 조절하시오.

(2) 부하저항이 300 [Ω]이 되도록 커패시턴스를 조절하시오.

(3) 부하저항이 300 [Ω]이 되도록 인덕턴스를 조절하시오.

(4) 전원장치의 스위치를 켜고 전압 (E_1)이 75[V]가 되도록 조절하시오.

(5) 3개의 부하전류를 측정하여 아래에 기록하시오.

I_R = __________ [A], I_C = ____________ [A], I_L = ____________ [A]

(6) 전압을 0으로 만든 후 전원장치의 스위치를 끄시오.

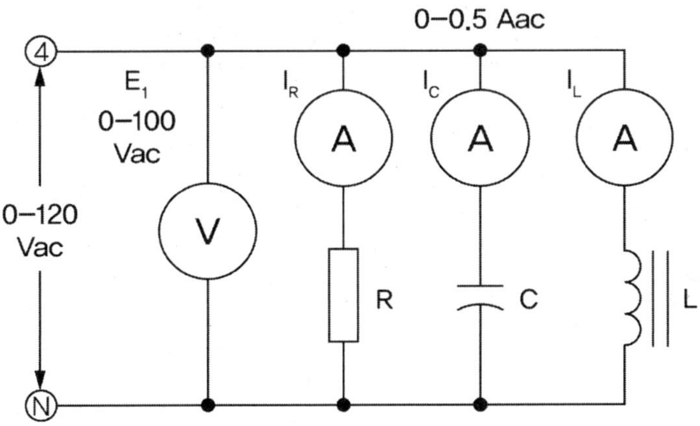

그림 4.23 R, L, C 병렬회로에서 부하전류 측정법

3.

(1) 실험 2의 결과를 이용하여 60 [Hz]에서 아래에 주어진 항목들을 계산하시오.

$R = E_1/I_R =$ ________ [Ω], $X_C = E_1/I_C =$ ________ [Ω],

$X_L = E_1/I_L =$ ________ [Ω]

(2) 계산한 부하값과 열거한 부하값을 비교해보시오.

4.

(1) 그림 4.24에 주어진 회로도를 결선하시오.

(2) 커패시턴스 부하가 300 [Ω]이 되도록 조절하시오.

(3) 인덕턴스 부하가 300 [Ω]이 되도록 조절하시오.

(4) 전압 (E_1)이 교류 75 [V]가 되도록 전원장치를 조절하시오.

(5) 전체 전류와 각각의 부하전류를 측정하여 아래에 기록하시오.

전체전류 $I_T =$ ____________ [A], 부하전류 $I_C =$ ____________ [A],

부하전류 $I_L =$ ____________ [A]

(6) 전압을 0으로 만든 후 전원장치의 스위치를 끄시오.

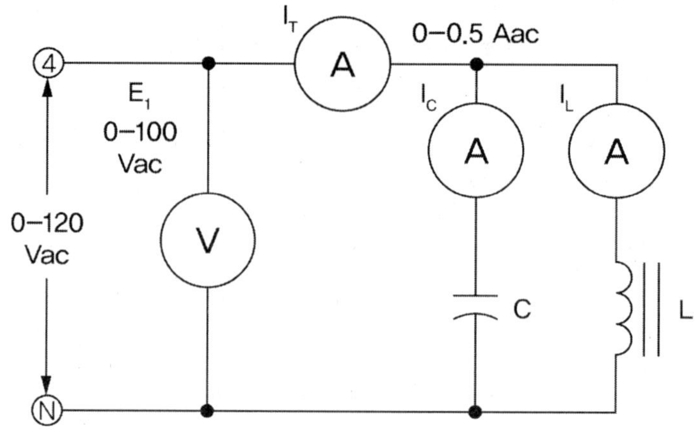

그림 4.24 L, C 병렬회로에서 부하전류 측정법

5. 교류전원 120[Hz], 75[V]를 이용한 경우의 실험 2와 4를 행하시오.

(1) 권선형유도전동기, 동기전동기/발전기를 이용하여 그림 4.25에 주어진 회로도를 결선하시오. 동기전동기의 고정자(전기자)는 고정된 3상전압 208[V]는 전원장치의 출력단자 1-2-3으로 연결하시오. 동기전동기의 회전자는 고정된 교류 120[V] 출력단자 8-N으로 연결하시오. 권선형유도전동기의 고정자(전기자)는 3상 전원장치의 가변출력단자 4-5-6로 연결하시오. 부하는 권선형유도전동기 회전자 단자 7-9로 연결하시오.

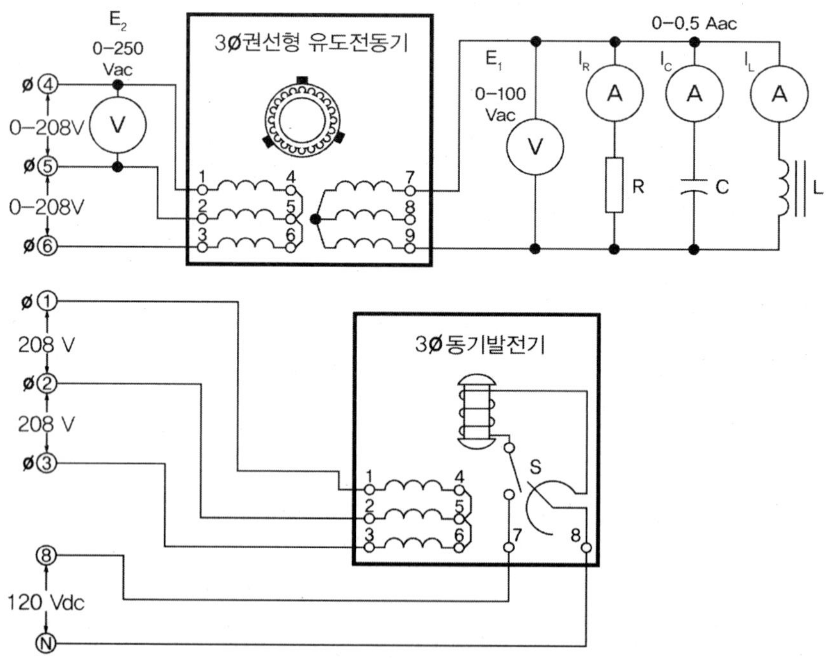

그림 4.25 동기전동기와 권선형유도전동기를 이용한 주파수 변환법

6.

(1) 타이밍벨트를 이용하여 동기전동기와 권선형주파수변환기를 커플링하시오.

(2) 만일 동기전동기에 스위치가 부착되어있지 않다면 최대저항을 만들기 위해서 계자가감 저항기의 조절손잡이를 반시계방향으로 최대한 돌리시오.

(3) 동기전동기의 스위치를 개방해두시오.

(4) 부하모듈 스위치를 개방하시오.

7.

(1) 전원장치의 스위치를 켜시오. 동기전동기는 기동하기 시작할 것이다.

(2) 만일 동기전동기에 스위치가 부착되어있다면 이 순간에 닫으시오.

(3) 부하전압 $E_1 = 75$ [V]가 될 때까지 전원장치의 조절손잡이를 조절하시오. 전원장치의 스위치를 끄고, 고정자의 어느 두 선과 교체하시오.

☞ **주 의 : 만일** $E_1 = 0$ [V]**라면 회전자는 고정자(전기자)의 자계방향과 동일한 방향으로 회전할 것이다.**

8. 실험 2의 순서를 반복하시오.

(1) 부하저항을 300 [Ω]으로 조절하시오.

(2) 60 [Hz]일 때 커패시턴스 부하를 300 [Ω]으로 조절하시오. 120 [Hz]에서 리액턴스는 어떻게 되는가? 계산하여 기록하시오. ________________ [Ω]

(3) 60 [Hz]일 때 인덕턴스 부하를 300 [Ω]으로 조절하시오. 120 [Hz]에서 리액턴스는 어떻게 되는가? 계산하여 기록하시오. ________________ [Ω]

(4) 만일 필요하다면 전압 (E_1)을 교류 75 [V]로 고정시킨 상태에서 전원장치를 조절하시오.

(5) 120 [Hz]에서 3개의 전류를 측정하여 아래에 기록하시오.

$I_R =$ __________ [A], $I_C =$ __________ [A], $I_L =$ __________ [A]

(6) 모든 부하스위치를 개방하시오.

(7) 전압을 0으로 만든 후 전원장치의 스위치를 끄시오.

9.

(1) 실험 8의 결과치를 이용하여 120 [Hz] 부하일 때 다음 항목들을 계산하여 기록하시오.

$R = \frac{E_1}{I_R} =$ ________ [Ω], $X_C = \frac{E_1}{I_C} =$ ________ [Ω], $X_L = \frac{E_1}{I_L} =$ ________ [Ω]

(2) 실험 3에서 계산한 60 [Hz] 부하값과 120 [Hz] 부하값을 비교하시오. 그 차가 발생한다면 이유를 아래에 설명하시오.

____

____

____

10.

(1) 그림 4.24에 주어진 부하회로를 그림 4.26에 주어진 회전변환기의 출력전압 75 [V]를 단자 7－9로 연결하시오.

(2) 전원장치의 스위치를 켜고, 부하전압 $E_1 = 75$ [V]가 될 때까지 전원장치의 조절손잡이를 조절하시오.

(3) 60 [Hz]에서 커패시터 부하를 1,200 [Ω]으로 조절하시오. 이것을 120 [Hz]에서 리액턴스를 계산하여 기록하시오. __________ [Ω]

(4) 60 [Hz]에서 인덕턴스 부하를 300 [Ω]으로 조절하시오. 이것을 120 [Hz]에서 리액턴스를 계산하여 기록하시오. __________ [Ω]

(5) 만일 필요하다면 전압 (E_1)을 교류 75 [V]로 고정시킨 상태에서 전원장치를 조절하시오.

(6) 전체 전류와 각각의 부하전류를 측정하여 아래에 기록하시오.

전체전류: $I_T =$ ________ [A], 부하전류: $I_C =$ ________ [A],

부하전류: $I_L =$ ________ [A],

(7) 지금 병렬공진 조건이 발생하는가? 예 ________ 아니오 ________

(8) 두 개의 부하스위치를 개방하시오.

(9) 전압을 0으로 만든 후 전원장치의 스위치를 끄시오.

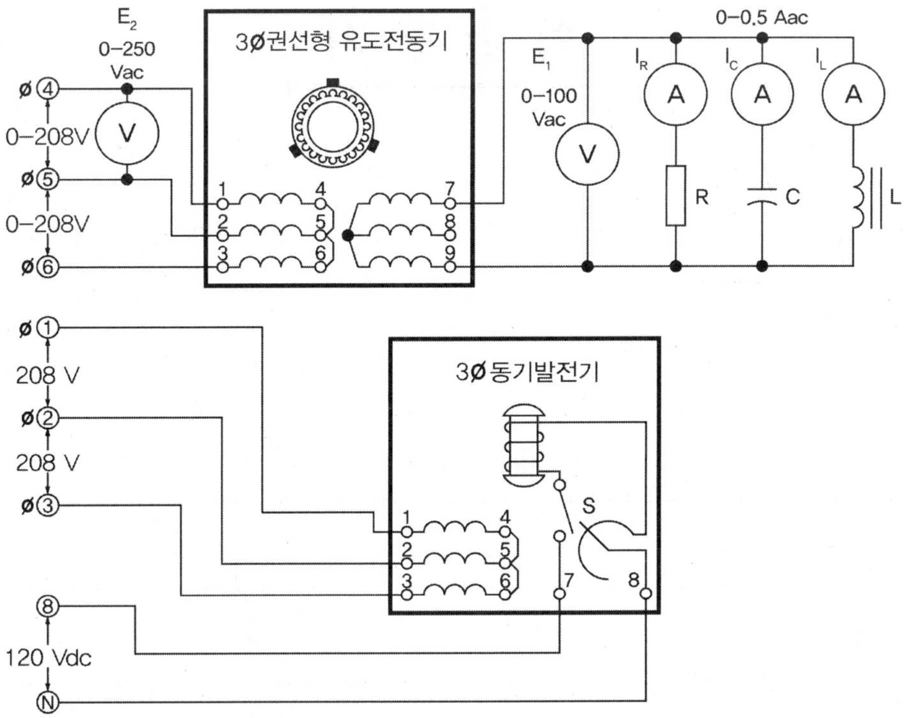

그림 4.26 권선형유도전동기의 2차측에 R, L, C 병렬부하가 인가된 경우

학 습 평 가

1. 이번 실험에서 주파수의 변화가 아래 주어진 변수들에 어떤 영향을 주는지? 설명하시오.

(1) 저 항 R =

(2) 커패시턴스 C =

(3) 인덕턴스 L =

(4) 용량성리액턴스 X_c =

(5) 유도성리액턴스 X_L =

2. 유도성리액턴스는 주파수에 직접적으로 비례하는가? 설명하시오.

예 : 아니오 :

3. 용량성리액턴스는 주파수에 직접적으로 비례하는가? 설명하시오.

예 : 아니오 :

4. 실험 4에서 교류 120[V], 240[Hz]를 인가한 경우 전류 I_L, I_C, I_T 값을 계산하여 기록하시오.

(1) I_L = ____________ [A]

(2) $I_C =$ ______________ [A]

(3) $I_T =$ ______________ [A]

4.7 분상유도전동기의 특성 I

1. 실험의 목적

(1) 분상유도전동기의 구조를 학습한다.

(2) 분상유도전동기의 권선저항을 측정한다.

2. 이론적 고찰

교류전동기의 시동 및 운전을 위해서는 표준 단상전원으로부터 2개의 상을 얻어야 한다. 이 과정을 분상이라 하며, 대개 교류전동기의 고정자 회로 내에 구성되어 있다.

2상전력(two-phase power) 역시 회전자계를 형성한다. 고정자의 **주권선**(main winding)과 **운전권선**(run winding)을 구별하기 위해 **기동권선**(start winding)이라 불리는 **보조권선**(auxiliary winding)을 둔다. **분상교류전동기**(split-phase AC motor)의 기동권선은 전동기를 기동할 때만 사용되며, 높은 저항 값과 낮은 유도리액턴스 값을 가진다. 전력이 우선 공급되면 양 권선에 에너지가 발생하는데, 양 권선의 리액턴스 차로 인해 운전권선의 전류는 기동권선의 전류보다 뒤지게 되어 양 권선의 위상차가 발생하게 된다. 이론적으로 보면 이들 전류의 위상차는 90°이어야 하나, 실제 전동기의 경우 이보다 매우 적다. 그럼에도 불구하고 권선은 고정자 내의 회전자계를 만들며, 다른 상의 자계도 만든다. 이것이 회전자에 토크를 공급해서 전동기를 기동시키는 것이다.

전동기의 회전속도가 증가하면 고정자권선의 자계가 없어도 운전권선에 의해 회전자 권선의 자속은 계속 변화한다. 기동권선은 원심개폐기라 불리는 기계장치에 의해 회로에서 스위치를 분리시킨다. 왜냐하면 이것은 원심력에 의해 회전자에 회전력이 발생하기 때문이다. 분상 회전계자의 방향은 기동권선의 결선을 바꿈으로써 역으로 동작한다. 이는 자계의 회전방향이 반대로 작용하기 때문에 **초기이상**(initial phase shift)의 방향을 바꿈으로써 이루어지는 것이다. 분상전동기는 다른 모든 단상 유도전동기와 같이 공급 전력 주파수의 **2배**의 기계력으로 진동을 발생시킨다.

3. 단상유도전동기(Single phase induction motor)

단상유도전동기의 2차권선은 3상 농형유도전동기와 같은 농형이지만 1차권선은 단상권선이다. 따라서 이것에 단상교류가 흐르면 권선의 축 방향으로 크기만 변화하는 교번자계가 발생하므로 기동토크를 발생할 수 없으며 또한 스스로 기동할 수 없다. 그런데 경부하에서 회전 중인 3상유도전동기의 3단자 중 1단자를 전원으로부터 분리해도 전동기는 회전방향으로 계속 회전할 것이다. 따라서 기동토크를 인가하는 장치가 없는 단상유도전동기라도 그 1차측을 전원에 연결하고 회전자에 외력을 가하여 어느 방향으로 회전시키면 같은 방향으로 토크를 발생하여 운전을 계속할 것이다. 이러한 사실로 미루어 보면 단상유도전동기는 일단 어느 방향으로 회전을 시작하면 3상유도전동기와 같이 계속 회전할 수 있음을 알 수 있다.

1) 단상유도전동기의 기본원리

단상유도전동기의 1차권선이 만드는 교번자속은 그림 4.27과 같이 그 크기는 원래 교번자속의 1/2과 같고 상호 반대방향의 동기속도(n_s)로 회전하는 2개의 회전자속(ϕ_a, ϕ_b)로 나누어 생각할 수 있다.

그림 4.27에서 $\phi = \phi_m \cos\omega t$가 Y 축 방향으로 교번하는 하나의 교번자속으로 하고, (ϕ_a, ϕ_b)는 크기가 $\phi_m/2$과 같으며, 동일한 각속도(ω)로 상호 반대방향으로 회전하는 2개의 회전자속이다. 지금 ϕ_a 및 ϕ_b의 X 축 상의 합성성분을 ϕ_x, Y 축 상의 합성성분을 ϕ_y라 하면,

$$\phi_x = \phi_a \sin(-\omega t) + \phi_b \sin\omega t = -\frac{\phi_m}{2}\sin\omega t + \frac{\phi_m}{2}\sin\omega t = 0$$

$$\phi_y = \phi_b \cos(-\omega t) + \phi_b \cos\omega t = -\frac{\phi_m}{2}\cos\omega t + \frac{\Phi_m}{2}\cos\omega t = \phi_m \cos\omega t$$

$$\therefore \ 합성자속 = \sqrt{\phi_x^2 + \phi_y^2} = \phi_y = \phi_m \cos\omega t$$

이 2개의 회전자속의 합성은 1개의 교번자속과 같으며, 1개의 교번자속은 그 최댓값의 1/2의 크기를 가지고 동일한 각속도(ω)로 서로 반대방향으로 회전하는 2개의 회전자속으로 나누어 생각할 수 있다. 이 회전자속 중에 시계방향으로 회전하는 자속을 ϕ_a, 반시계방향으로 회전하는 자속을 ϕ_b라 하면 단상유도전동기의 회전자에는 ϕ_a 방향의 회전자속을 발생하는 유도전동기와 ϕ_b 방향의 회전자속을 발생하는 유도전동기로 2개의 토크작용을 생각할 수 있다. 따라서 단상유도전동기는 그림 4.28에 나타낸 것처럼 1개의 축 상에 회전자속의 방향이 서로 반대인 2개의 2상유도전동기 A·B가 직결되어 있다고 생각할 수 있다. 이것을 **2전동기설(two-motor theory)**이라 한다.

그림 4.29에서 회전자가 슬립(s)이면, $n = (1-s)n_s$의 속도로 시계방향으로 회전

하고 있는 것으로 생각할 수 있으며, 2차권선(회전자권선)의 ϕ_a 에 대한 상대속도는 $n_s - n = n_s$ 가 되고, ϕ_b 에 대한 상대속도는 $n_s + n = (2-s)n_s$ 가 된다. 즉 2차권선 중에는 sf_1[Hz]과 $(2-s)f_1$ 의 전류가 동시에 존재하게 된다. 다음에 ϕ_a, ϕ_b 와 2차전류 I_2 와의 사이에 발생하는 토크를 고려해보면 ϕ_a 와 I_2 사이의 관계는 3상 유도전동기의 경우와 같이 속도-토크곡선은 그림 4.29의 τ_a 와 같이 나타난다. 또한, ϕ_b 와 I_2 사이에 발생하는 속도-토크곡선은 그림 4.29의 τ_b 와 같이 나타난다. 그래서 어떤 슬립(s)에 대해서는 τ_a 와 τ_b 는 방향이 서로 반대가 된다.

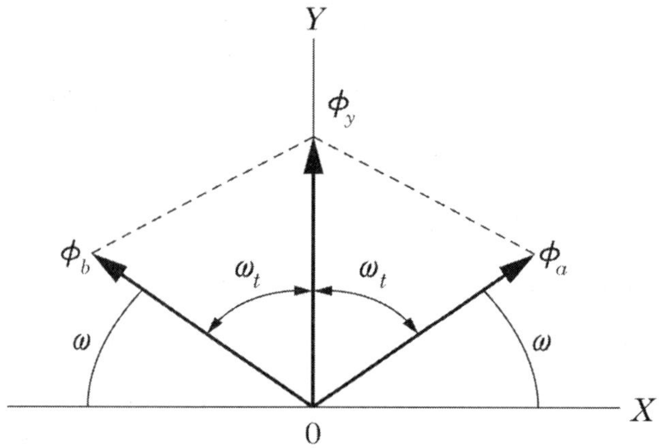

그림 4.27 교번자속의 해석

그림 4.29에서 알 수 있는 바와 같이 전동기가 정지되어 있을 때, 즉 $s = 1$ 인 경우는 $\tau_a + (-\tau_b') = 0$ 이 되고 기동토크는 발생되지 않는다. 그런데 시계방향으로 회전하게 되면 $\tau_a > \tau_b$ 이고, 시계방향으로 토크를 발생하므로 시계방향으로 회전을 계속할 것이며, 무부하이면 거의 동기속도로 회전한다. 단상유도전동기의 속도-토크곡선 τ_a 와 τ_b 가 합성토크 중 A 전동기의 슬립 $s_a (= s) = 1$ 과 $s_a = 0$ 사이에 토크곡선(τ)이 표시된다. 또 전동기가 반시계방향으로 회전하게 되면 반시계방향으로 회전을 계속하고 이 경우의 속도-토크곡선은 $s_b = 1$, $s_b = 0$ 사이에도 토크곡선(τ)가 표시된다.

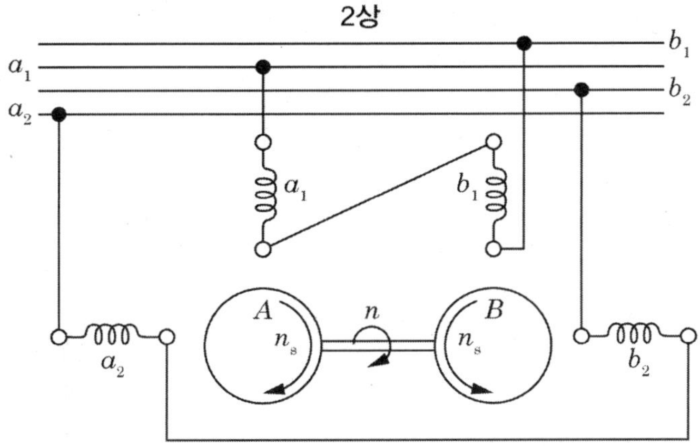

그림 4.28 단상유도전동기의 원리(2전동기설)

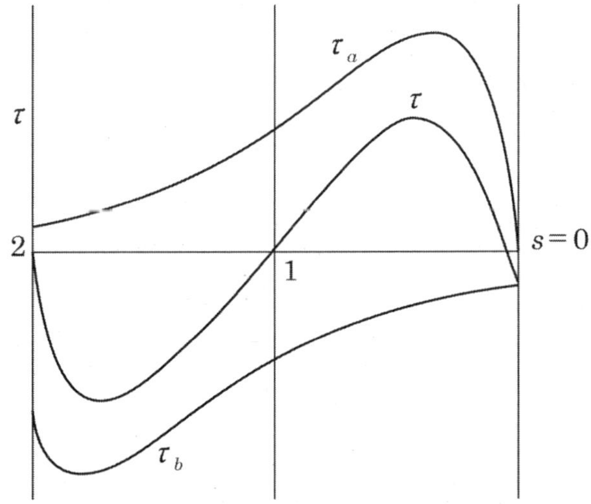

그림 4.29 단상유도전동기의 속도-토크특성

2) 단상유도전동기의 특성과 용도

일반적으로 단상유도전동기는 전(全)부하전류에 대한 무부하전류가 차지하는 비중이 상당히 크며 역률, 효율 그 밖의 성능은 동일한 정격의 3상유도전동기에 비해서 상당히 떨어진다. 또한 용량에 비해 중량도 크고 가격도 비싸다. 그러나 전등선과 같이 간단히 사용하기에 편리하기 때문에 **가정용, 소공업용, 농사용** 등에 있어서 0.75 [kW] 이하의 소출력 등에 널리 사용되고 있다. 그림 4.30은 단상유도전동기의 토크, 출력, 1차전류, 효율, 역률 등의 속도에 대한 관계를 표시한 곡선의 일례를 나타낸 것이다.

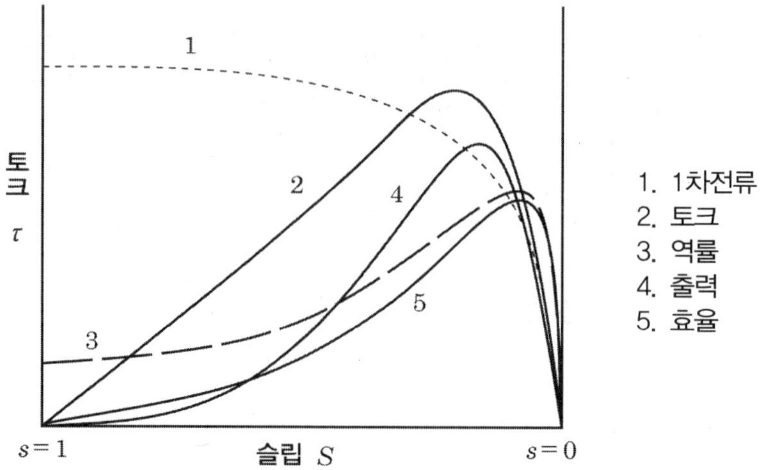

그림 4.30 단상유도전동기 속도-토크특성

4. 사용 기자재 및 부품

- 전원공급 장치 (0 ~ 120 [V_{dc}]) EMS 8821
- 분상/콘덴서기동전동기 모듈 EMS 8251
- 직류전압, 전류계 모듈 (20 [V_{dc}], 2.5 [A_{dc}]) EMS 8412
- 옴 미터 EMS 8946
- 결선리드선 EMS 8941

5. 실험 순서

☞ 주 의 : 이 실험에서는 고전압이 유기되므로 전원장치의 스위치를 켠 상태에서 어떤 결선도 하지 마시오. 개개의 실험이 완료된 후 전원공급 장치의 스위치를 끄시오.

1. 전동기, 원심개폐기, 연결 단자에 주의하면서 분상/콘덴서전동기모듈의 구조를 관찰하시오. 모듈 뒷면에 정착된 콘덴서기동전동기로서 결선된 경우에 한하여 사용된다.

2. 모듈의 정면으로부터 전동기를 볼 때:

(1) 주 고정자권선은 지름이 큰 **와이어**(wire)에 많은 권선이 감겨있다.

(2) 고정자의 보조권선은 주 고정자권선 안쪽에 감겨 있으며, 작은 지름의 와이어에 더 적은 권선이 감겨있다. 보조권선을 살펴보기로 하자.

(3) 보조권선을 주권선이라 할 수 있는가? 할 수 있다면 아래에 설명하시오.

___

___

___

(4) 고정자극은 몇 개인가? 아래에 설명하시오.

___

___

(5) 보조 고정자극은 몇 개인가? 아래에 설명하시오.

___

___

(6) 이 전동기는 몇 극 전동기인가? ___

(7) 각 극에 분배되어 있는 슬롯 수에 주목하시오.

(8) 회전자의 구조를 관찰하시오.

(9) 회전자의 알루미늄 **단락환**(end ring)을 관찰하시오.

(10) 회전자와 고정자는 **공극**(air gap)과 분리되어 있음에 주목하시오.

(11) 팬(fan)은 전체적으로 공극으로 둘러 싸여있다는 것에 주목하시오.

(12) 1/1000인치 단위로 공극의 길이를 계산해 보시오.

3. 모듈의 뒷면으로부터 전동기를 볼 때:

(1) 축에 부착된 원심 개폐기에 주목하시오.

(2) **원심추**(centrifugal weight)를 뽑아낸 다음 **절연슬리브**(insulated sleeve)의 움직임에 대해 주목하시오.

(3) 추를 뽑았을 때 정지식 전기접촉기가 열림에 주목하시오.

(4) 만일 원심개폐기에 감겨있는 스프링이 잘 움직이지 않는다면, **전기적 접촉기**(electrical contacts)는 **축 속도**(shaft speed)가 낮을 때 혹은 높을 때 열리는가?

4. 모듈의 앞면을 관찰할 때:

(1) 주권선 단자 몇 번과 몇 번이 연결되어 있는가? ___

(2) 보조권선은 몇 번과 몇 번이 연결되어 있는가? ___

(3) 원심개폐기는 몇 번과 몇 번이 연결되어 있는가? ___

(4) 콘덴서는 몇 번과 몇 번이 연결되어 있는가? ___

(5) 보조권선의 전류는 간헐적인 반면 주권선의 정격전류는 5[A]이다.

5. 옴 미터를 사용하여 주권선과 보조권선의 저항을 측정하여 기록하시오.

   주권선: ________________[Ω]

   보조권선: ________________[Ω]

6. 직류전원장치와 분상전동기모듈을 이용하여 그림 4.31의 회로를 결선하시오.

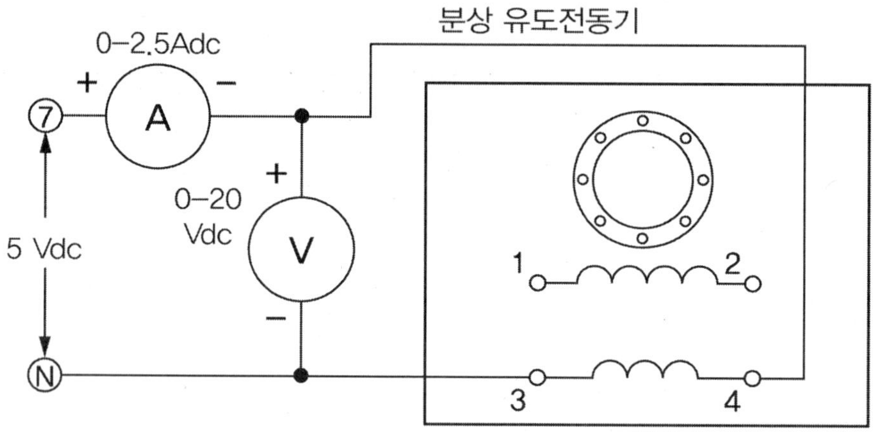

그림 4.31 분상전동기 결선도

7. 전원공급 장치를 켜고, 주권선(단자 1−2)에 연결된 전압계가 정확히 직류 5[V]를 지시하도록 조절하시오.

   $I_{(주권선)}$ = ________________[A_{dc}]

   $R_{(주권선)}$ = E / I = ____________[Ω]

8. 전압을 0으로 한 다음 전원장치를 끄시오. 그리고 그림 4.32에 나타난 회로를 결선하시오.

9. 전원장치를 켜시오. 보조권선(단자 3−4)에 연결된 전압계가 직류 5[V]를 정확히 지시할 때까지 조절하시오.

   $I_{(보조권선)}$ = ____________[A_{dc}]

   $R_{(보조권선)}$ = ____________[Ω]

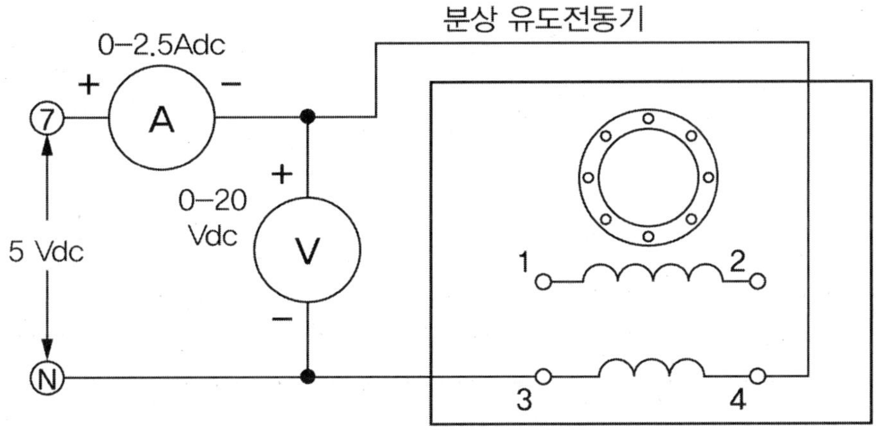

그림 4.32 분상전동기 결선도

10. 전압을 0으로 만든 다음 전원장치를 끄시오.

(1) 실험 7, 9의 결과와 실험 5의 결과를 비교해서 아래에 설명하시오.

(2) 주권선은 보조권선에 비해 많은 권선이 감겨져 있음에도 불구하고 저항은 낮다. 그 이유를 아래에 설명하시오.

학 습 평 가

1. 만일 분상전동기가 주권선에 2개의 극을 가지고 있다면, 보조권선에 몇 개의 극이 필요한가?

2. 8극 분상전동기의 기동권선과 운전권선에는 각각 몇 개의 극이 필요한가?

   운전권선 ______________

   기동권선 ______________

3. 보조권선이 필요한 이유를 아래에 설명하시오.

4. 분상전동기에서 보조권선과 주권선이 어떻게 다른지 그 이유를 아래에 설명하시오.

5. 운전권선과 기동권선이 같다면 어떤 현상이 발생하는지 아래에 설명하시오.

4.8 분상유도전동기의 특성 II

1. 실험의 목적

(1) 기본적으로 전동기권선의 연결법을 학습한다.
(2) 분상전동기의 기동 및 운전특성을 관찰한다.

2. 이론적 고찰

분상유도전동기에 전원이 공급된 경우 운전(주권선) 및 기동(보조권선)권선 모두 일반 전부하 전류의 **4~5배**의 전류를 필요로 한다. 즉, 이들 권선에서의 열손실이 보통의 **16~25배**에 달하는 것이다. 따라서 권선의 **과열**(overheating)을 방지하기 위해서는 기동시간이 짧아야 한다. 높은 기동전류는 농형회전자 내에 부분적으로 높은 전류를 만들게 되므로 결과적으로 전동기 전체가 기동시간동안 빠르게 과열되는 원인이 된다. 분상전동기의 보조권선 내에 있는 지름이 작은 권선은 허용전류가 적으므로 **4~6초** 내에 전력선으로부터 **단락**(disconnect)시키지 않으면 타버릴 것이다.

3. 단상유도전동기의 종류와 특성

단상유도전동기는 자기 스스로 기동할 수 없으므로 기동장치를 설치하지 않으면 기동토크는 0이다. 따라서 자기기동을 위해 기동장치가 반드시 필요하고 그 기동장치의 종류에 따라 **분상기동형**(split phase starting type), **세이딩코일형**(shaded coil type), **반발기동형**(repulsion starting type), **콘덴서기동형**(condenser starting type) 등으로 구분한다.

1) 분상기동형 단상유도전동기

이 형의 1차권선은 그림 4.33(a)과 같이 고정자철심에 감겨진 주권선 M과 이것과 전기적으로 $\pi/2$ 다른 위치에 있는 보조권선(기동권선) A로 구성된다. A는 M과 병렬로 전원에 접속돼 있고, M보다 가는 선을 사용하여 권선을 적게 감아서 권선저항을 크게 취하고 있다.

이와 같은 권선에 단상전압 V_1을 인가하면 리액턴스가 큰 권선 M은 단자전압 V_1 보다 뒤진 위상의 전류 I_m 가 흐르지만 권선 A 의 회로는 리액턴스가 작고 저항이 크므로 그림 4.33(b)에 나타낸 것처럼 I_M 과 I_A 사이의 α 만큼의 위상차가 있어 타원형 회전자계가 발생하고 시계방향으로 회전하는 기동토크가 발생한다. 전동기가 기동하여 동기속도의 60 ~ 80 [%] 정도에 도달할 때 **원심개폐기(centrifugal switch)** (S) 를 이용하여 권선 A 의 회로를 자동적으로 개방하여 손실을 줄이도록 한다. 특히 기동특성을 양호하게 하기 위해서 농형권선에 사구슬롯을 설치하는 경우가 많다.

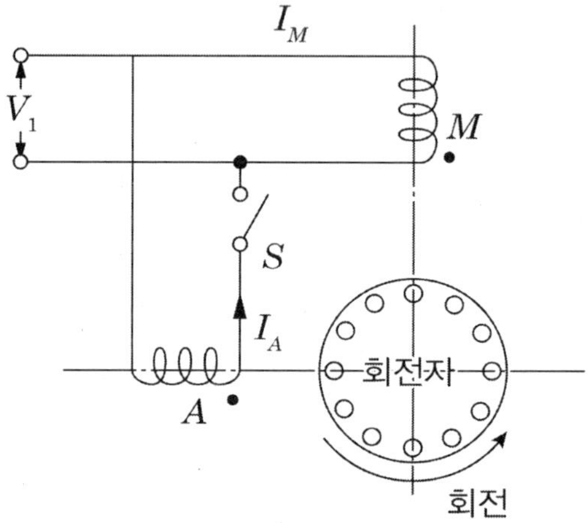

(a) 분상유도전동기 접속도

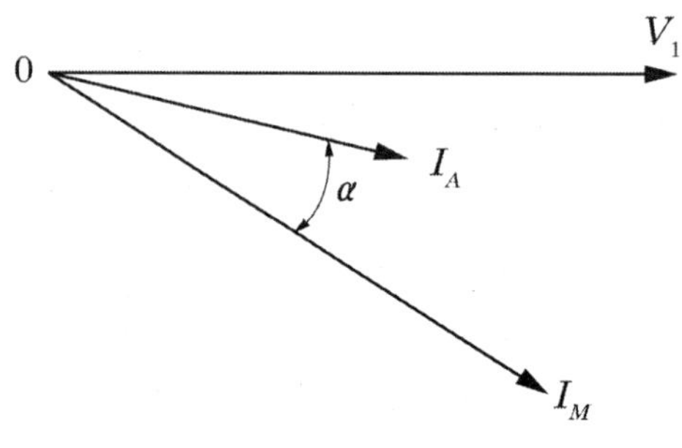

(b) 벡터도

그림 4.33 분상기동형의 원리

4. 사용 기자재 및 부품

- 전원공급 장치 (0 ~ 120 [V_{dc}]) EMS 8821
- 분상/콘덴서기동전동기 모듈 EMS 8251
- 교류전압계모듈 (100 [V_{dc}]) EMS 8426
- 핸드타코미터 EMS 8920
- 결선리드선 EMS 8941

5. 실험 순서

☞ 주 의 : 이 실험에서는 고전압이 유기되므로 전원장치의 스위치를 켠 상태에서 어떤 결선도 하지 마시오. 개개의 실험이 완료된 후 전원공급 장치의 스위치를 끄시오.

1. 이 실험을 진행하기에 앞서 전원공급 장치를 조절하여 교류 100[V]가 되게 하시오.

(1) 전원공급 장치의 단자 4－N에 교류 전압계를 연결하시오.

(2) 전원공급 장치를 켜고 전압계가 교류 100[V]를 지시할 때까지 조절하시오.

☞ 주 의 : 특별한 지시가 없는 한 전압조절기에 손대지 마시오.

(3) 전원공급 장치의 스위치를 끄시오.

2.

(1) 분상전동기 주권선의 단자 1－2를 이미 설정된 전원공급 장치의 교류 100[V] 출력 단자 4－N에 연결하시오.

(2) 3초 이내에 전원공급 장치의 스위치를 닫으시오.

(3) 전동기가 소음을 발생하는가? ____________

(4) 전동기는 회전하는가? __________________

3.

(1) 모듈의 정면판을 내리시오. 모듈의 뒷면을 주의 깊게 관찰하시오. 전원공급 장치의 스위치를 닫는 순간 손으로 빨리 전동기 축을 돌리시오.

(2) 3초 이내에 전원장치의 스위치를 닫으시오.

(3) 전동기는 회전하는가? ______________

(4) 전동기의 회전방향은 어떻게 되는가? ______________

(5) 모듈의 정면을 원위치로 돌려놓으시오.

4.

(1) 주권선을 전원공급 장치 단자 1－2에서 분리시키시오.

(2) 이미 설정한 교류 100[V] 전원공급 장치의 단자 4－N에 보조권선 단자 3－4를 연결하시오.

(3) 3초 이내에 전원스위치를 닫으시오.

(4) 전동기가 소음을 발생하는가? _____________

(5) 전동기는 회전하는가? ___________________

5.

(1) 주권선의 단자 1－2와 보조권선의 단자 3－4를 병렬로 연결하시오.

(2) 병렬권선에 이미 설정된 전원공급 장치의 교류 100[V] 단자에 연결하시오.

(3) 3초 이내에 전원 장치의 스위치를 닫으시오.

(4) 전동기는 기동하는가? ______________

(5) 전동기에서 소음이 나는가? ________________

(6) 전동기의 회전방향은 어떤가? ______________

6.

(1) 두 권선을 병렬로 결선한 리드선을 교체하시오.

(2) 3초 이내에 전원 스위치를 닫으시오.

(3) 전동기 회전방향은 어떤가?

(4) 분상전동기의 회전방향을 역으로 하기 위한 방법은 무엇인가?

---

7. 그림 4.34에 주어진 회로도를 결선하시오. 원심개폐기는 보조권선에 직렬로 연결되어 있으며, 권선 모두 교류 100[V] 전원단자 4－N에 병렬로 연결되어 있다. 단자 4－5 사이에 연결되는 콘덴서는 분상전동기로 작동할 경우 사용하지 않는다.

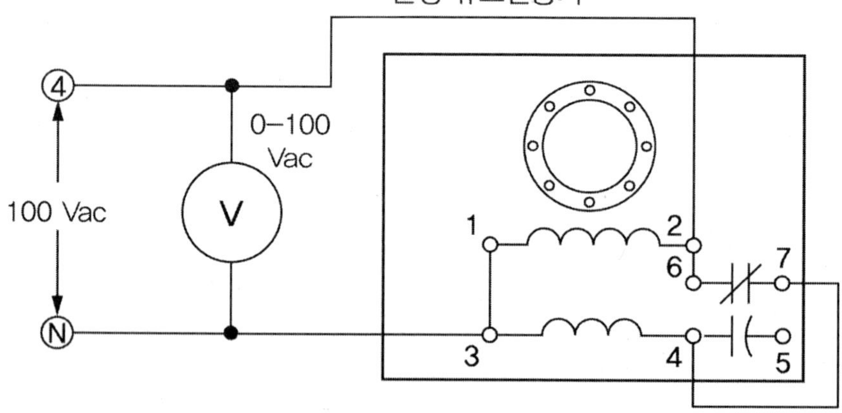

그림 4.34 분상전동기 결선도

8.

(1) 전원스위치를 닫으시오. 출력전압은 교류 100[V]에 고정시키시오.

(2) 전동기는 기동하는가? ____________

(3) 원심스위치는 동작하는가? ________________

(4) 기동시간을 측정하시오? ________________

(5) 타코미터를 이용하여 전동기의 회전속도를 측정하시오.

(6) 입력전압이 교류 80[V]가 되게 줄이고, 전동기의 회전속도를 측정하시오.

(7) 전압을 교류 100[V]로 만든 다음 전원스위치를 끄시오.

9. 그림 4.35에 주어진 회로를 결선하시오. 두 권선은 병렬로 연결되어 있고, 원심스위치는 직렬로 연결되어 있으며, 전동기권선과 전원 단자 1－2은 병렬로 연결되어 있다.

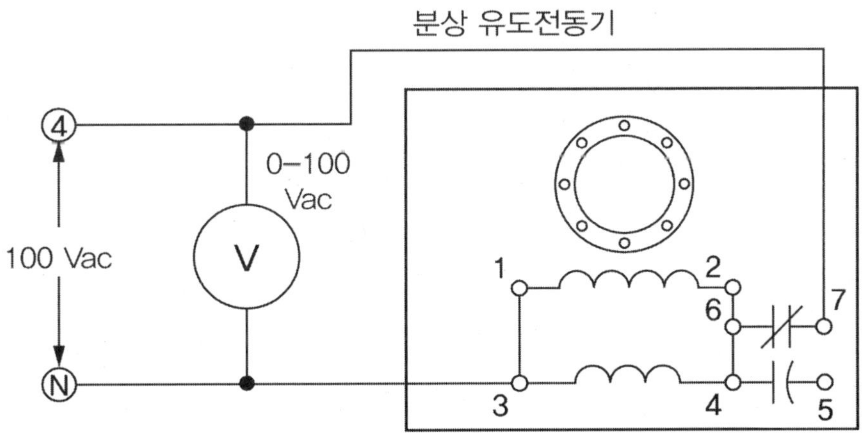

그림 4.35 분상전동기 결선도

10. 전동기에 전원을 공급하기 전에 아래 질문에 답하시오.

(1) 두 권선을 통해서 전류가 흐르는가? ____________________

(2) 기동토크는 발생하는가? ________________________

(3) 전동기는 기동해서 운전하게 되는가? ____________________

(4) 마지막에는 어떤 결과가 발생하는가?

____

____

____

11.

(1) 전원장치의 스위치를 닫고 어떤 일이 발생하는지 살펴보시오.

(2) 원심스위치의 동작을 관찰하시오.

(3) 속도가 어느 정도일 때 원심스위치가 닫히는가? ____________________[rpm/min]

(4) 전압을 0으로 만든 다음 전원장치를 끄시오.

학 습 평 가

1. 만일 운전권선(주권선) 혹은 기동권선(보조권선)만이 여자된다면 단상유도전동기가 기동되는가? 아래에 설명하시오.

2. 한 개의 권선이 이미 기동되었다면 전동기는 운전이 가능한가? 아래에 설명하시오.

3. 전동기의 회전방향을 역으로 하는 방법은 무엇인가? 아래에 설명하시오.

4. 만일 스프링이 원심스위치에 사용되는 스프링보다 2배 정도 움직임이 원활치 못하다면, 전원이 공급될 경우 전동기에 어떤 일이 발생하는가? 아래에 설명하시오.

5. 실험 11에서 전동기의 동작을 상세히 설명하시오.

6. 만약 운전권선과 보조권선이 직렬로 연결되었다면, 전동기는 회전하는가? 설명하시오.

7. 분상전동기의 속도는 공급되는 전압의 변화에 따라 변화되는가? 변화된다면 아래에 설명하시오.

4.9 분상유도전동기의 특성 III

1. 실험의 목적

(1) 부하 및 무부하시의 분상전동기의 기동특성과 동작특성을 관찰한다.

(2) 분상전동기의 역률과 효율에 대해 학습한다.

2. 이론적 고찰

분상전동기의 기동전류는 보통 전부하전류의 **4~5배**에 달한다. 이것에 의한 2가지 효과는 다음과 같다.

(1) 전동기가 기동 중 매우 빠르게 과열된다.

(2) 높은 기동전류는 전압을 크게 감소시켜 기동토크가 크게 감소한다.

무부하전류는 대개 전(全)부하전류의 60 ~ 80 [%]이며, 이는 3상교류전동기와 비교해 볼 때 비교적 높은 편이다. 무부하전류의 대부분은 전동기 내에 자계를 형성하는 데 사용되며, 약간의 무부하전류만 철손, 동손, 기계적인 마찰을 줄이는 데 이용되고 있다. 상당히 큰 자화전류로 인해서 이러한 전동기들의 역률은 전부하시에도 60 [%]를 넘기지 못한다. 분상전동기가 3상전동기에 비해 소음이 많은 이유는 교류 120 [cycle]의 기계적 진동 때문이며, 이와 같은 진동은 지지용 탄력고무를 사용하여 줄일 수 있다.

3. 콘덴서기동 분상유도전동기의 원리

콘덴서전동기(condenser motor)는 콘덴서를 어떤 상에 접속시켜 단상전원에 의해 기동하여 운전을 행하는 유도전동기를 총칭한 것으로, 콘덴서 사용방법에 따라 그림 4.36과 같이 분류한다.

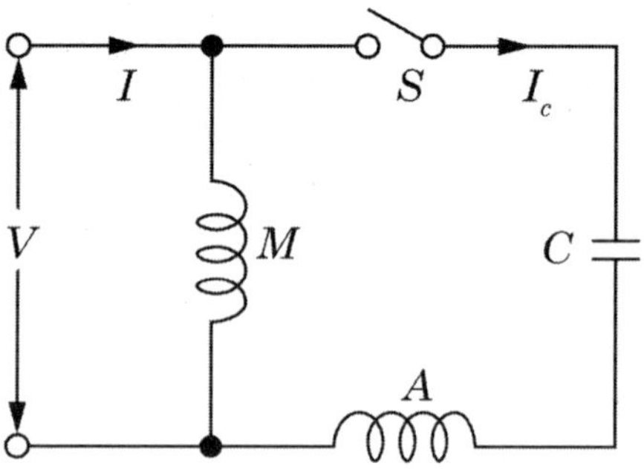

(a) 콘덴서기동형

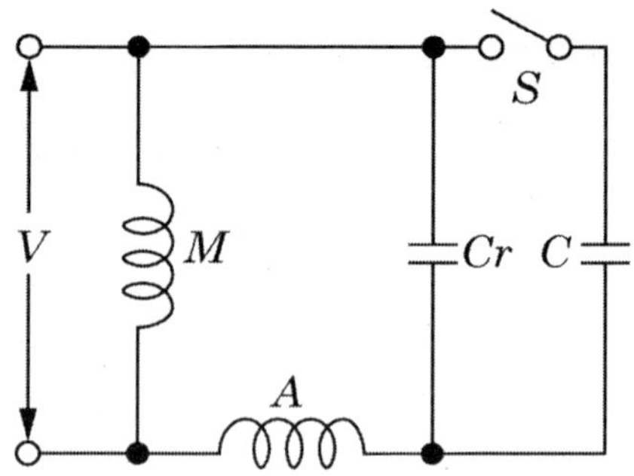

(b) 2가 콘덴서전동기

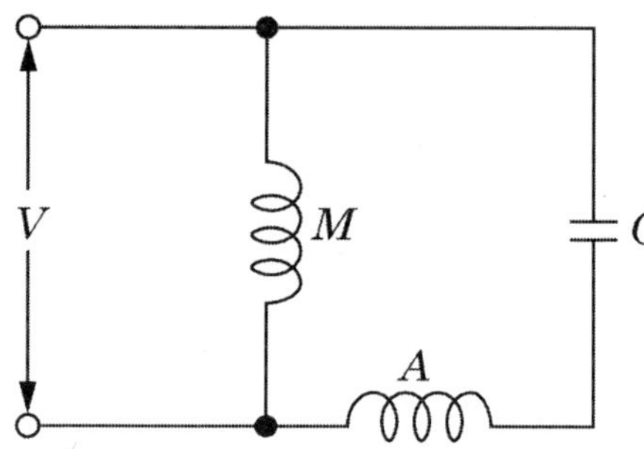

(c) 영구 콘덴서전동기

그림 4.36 콘덴서전동기의 종류

1) 콘덴서기동형(Condenser starting type)

이런 형태는 분상기동형의 일종으로 그림 4.36(a)과 같이 보조권선 (A) 에 직렬로 콘덴서를 접속하여 분상을 만든다. 기동이 완료되면 원심개폐기 (S) 로 보조권선 (A) 을 분리시킨다. 콘덴서를 분상으로 사용하게 되면 그림 4.37에 나타낸 것처럼 보조권선 (A) 의 전류 (I_A) 는 단자전압 (V_1) 보다 위상이 앞서고 주권선 (M) 의 전류 (I_M) 은 (V_1) 보다 위상이 뒤지므로 I_A 와 I_M 사이에 위상차 α가 생긴다.

위상차 α는 C 의 선택 방법에 따라 저항과 리액턴스에 의해 분상기동형보다 더욱 크고 거의 $\pi/2$ 가깝게 할 수 있다. 따라서 회전자계는 더욱 원형에 가까운 것이 되며 기동특성이 현저히 개선되어 200 ~ 300 [%] 의 기동토크를 얻을 수 있다. 콘덴서기동형 단상유도전동기는 기동전류가 비교적 적고 기동토크가 크므로 **소형펌프, 소형공작기계, 공기압축기** 등 광범위하게 이용되고 있다.

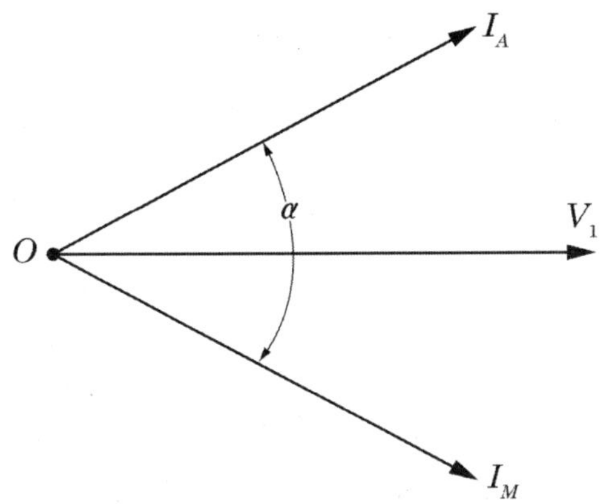

그림 4.37 전압, 전류벡터도

4. 사용 기자재 및 부품

- 전원공급 장치 (120 [V_{ac}], 0 ~ 120 [V_{ac}]) EMS 8821
- 분상/콘덴서기동전동기 모듈 EMS 8251
- 교류전압계 모듈 (250 [V_{ac}]) EMS 8426
- 교류전류계 모듈 (2.5/8/25 [A_{ac}]) EMS 8425
- 전기동력계 모듈 EMS 8911
- 단상전력계 모듈 (750 [W]) EMS 8431
- 핸드타코미터 EMS 8920
- 결선리드선 EMS 8941

5. 실험 순서

☞ 주 의 : 이 실험에서는 고전압이 유기되므로 전원장치의 스위치를 켠 상태에서 어떤 결선도 하지 마시오. 개개의 실험이 완료된 후 전원공급 장치의 스위치를 끄시오.

1. 분상/콘덴서기동전동기. 전원장치, 교류전류계를 이용하여 주어진 그림 4.38의 회로도를 결선하시오. 전원 단자 1－N을 이용하여 교류전압 120[V]이 공급된다.

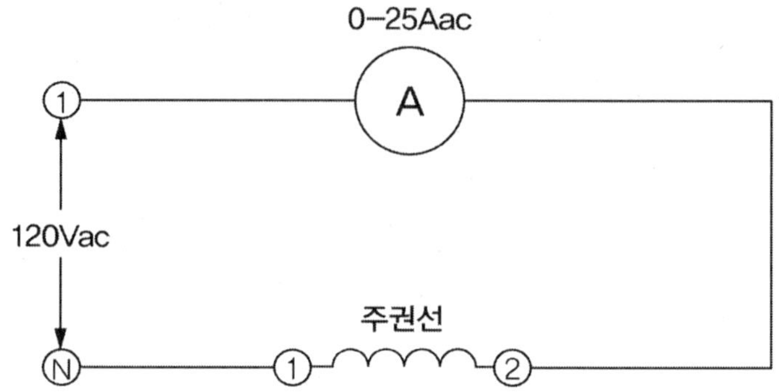

그림 4.38 분상전동기 주권선 접속도

2. 전원스위치를 닫고 주권선에 흐르는 전류를 **3초** 이내에 가능한 빨리 측정한다.

$I_{(주권선)}$ =_____________[A_{ac}]

3.

(1) 주권선으로부터 연결선을 뽑아 주어진 그림 4.39와 같이 보조권선 3-4로 연결하시오.

(2) 실험 2의 절차를 진행하시오. 가능한 빨리 보조권선에 흐르는 전류를 측정하여 기록하시오.

$I_{(보조권선)}$ = ___________[A_{ac}]

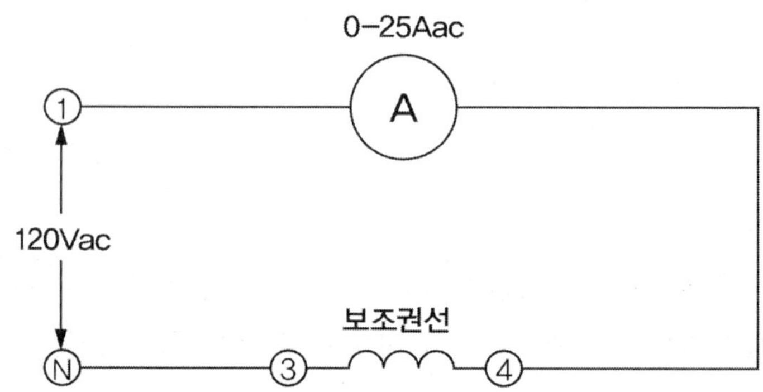

그림 4.39 분상전동기 보조권선 접속도

4.

(1) 그림 4.40에 나타낸 것처럼 단자 1-2와 3-4를 병렬로 결선하시오.

(2) 타이밍벨트를 이용하여 분상전동기와 전기동력계를 커플링하시오.

(3) 전기동력계를 전원장치의 교류 120[V] 단자 1-N에 연결하시오.

(4) 전기동력계의 손잡이를 시계방향으로 최대한 돌리시오(이것은 분상전동기에 최대 기동부하를 제공하기 위함이다).

(5) 전원장치의 스위치를 닫고, 가능한 3초 이내에 빨리 기동전류를 측정하시오.

$$I_{(\text{기동권선})} = \_\_\_\_\_\_\_\_\_\_ [A_{ac}]$$

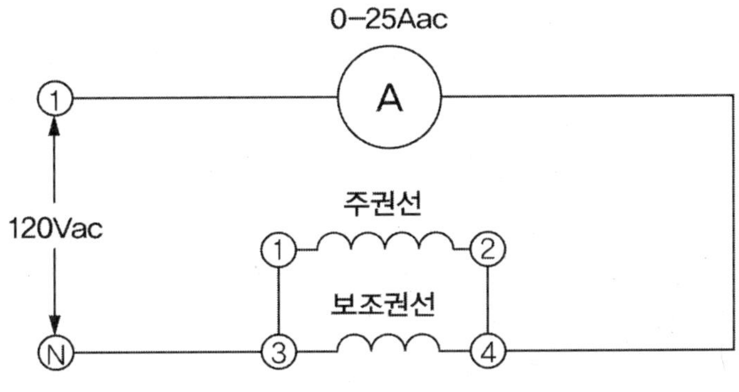

그림 4.40 분상전동기 주권선과 보조권선 접속도

► 무부하 동작 특성

5. 전력계, 교류전압, 전류계를 이용하여 그림 4.41에 주어진 회로를 결선하시오. 모듈은 표준분상전동기로 연결되어 있다.

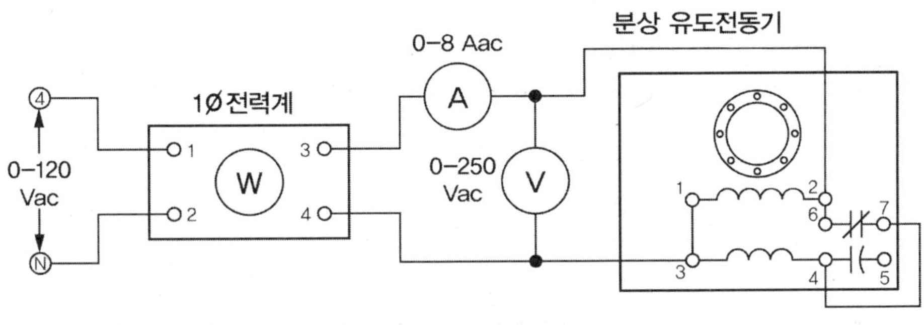

그림 4.41 표준 분상전동기 결선도

6.

(1) 전원장치를 켜고 전동기에 연결된 교류 전압계가 120[V]를 지시할 때까지 조절하시오.

(2) 선전류, 전력, 전동기의 속도를 측정하여 표 4-6에 기록하시오. 전동기의 상대적 진동에도 유의하시오.

(3) 표 4-6에 있는 각각의 입력전압에 대해 (2)를 진행하시오.

(4) 전압을 0으로 만든 다음 전원장치를 끄시오.

표 4-6

전압 E [V]	전류 I [A]	전력 P [W]	속도 v [rpm/min]	진 동
120				
90				
60				
30				

► 전부하 동작 특성

7.

(1) 타이밍벨트를 이용하여 분상전동기와 전기동력계를 커플링하시오.

(2) 전기동력계의 입력단자에 전원장치의 단자 1－N에 교류 120[V]를 연결하시오.

(3) 전기동력계의 제어 손잡이를 시계방향으로 최대한 돌리시오(이것은 분상전동기에 최대의 기동부하를 제공하기 위함이다).

8.

(1) 전원장치를 켜고 교류 120[V]로 조절하시오.

(2) 선전류, 전력, 전동기속도를 측정하여 표 4-7에 기록하시오.

(3) 입력은 교류 120[V]를 유지한 상태에서 표에 주어진 각각의 토크에 대해 (2)를 진행하시오.

(4) 전압을 0으로 만든 다음 전원장치를 끄시오.

표 4-7

토크 τ [lbf.in]	전류 I [A]	전력 P [W]	피상전력 P_A [VA]	속도 v [rpm/min]	마력 [Hp]
0					
3					
6					
9					
12					

9.

(1) 각각의 토크에 대한 전동기 피상전력(VA)을 계산하여 표 4-7에 기록하시오.

(2) 아래 식을 이용하여 각각의 토크에 대한 마력을 계산하여 표 4-7에 기록하시오.

$$\mathrm{Hp} = \frac{1.59(\mathrm{rpm/min})(\text{토크})}{100{,}000}$$

10. 분상전동기에 의해 발생한 최대의 기동토크를 결정하시오.

(1) 회로에서 전력계, 전압, 전류계를 단락(disconnect)시키시오.

(2) 분상전동기의 입력을 전원 단자 2-N에 연결하시오.(고정 120[V])

(3) 전기동력계의 제어 손잡이를 시계방향으로 최대한 돌리시오(이것은 부하를 최대로 하기 위함이다).

(4) 전원 스위치를 닫으시오. 전기동력계의 눈금상에 나타난 토크를 신속히 측정하여 기록하시오.

기동토크: $\tau_s =$ ______________ [lbf·in]

학 습 평 가

1. 표 4-7에서 무부하 상태(0[lbf·in]) 시:
   (1) 피상전력 = ______________[VA]
   (2) 유효전력 = ______________[W]
   (3) 무효전력 = ______________[Var]
   (4) 역　률 = ______________________[%]

2. 표 4-7에서 전부하 상태(9[lbf·in]) 시:
   (1) 피상전력 = ______________[VA]
   (2) 유효전력 = ______________[W]
   (3) 무효전력 = ______________[Var]
   (4) 역　률 = ______________________[%]
   (5) 전달전력 = ______________[Hp]
   (6) (5)의 전기적인 등가 = ____________________[W]
   (7) 전동기손실 = ____________________[W]

3. 분상전동기의 전부하전류는 대략 얼마인가? _____________[A]

4. 기동전류는 전부하전류보다 얼마나 큰가? _______________

5. 실험 1, 2, 3을 기초로 보조권선이 주권선보다 빨리 가열되는 이유는 무엇인가? 설명하시오.

____

____

____

6. 분상전동기의 무부하속도는 공급전압의 변화에 따라 크게 변화하는가?

____

____

____

7. 기동토크는 일반 전부하토크의 몇 배인가? 아래 설명하시오.

4.10 콘덴서기동전동기의 특성

1. 실험의 목적

(1) 콘덴서기동전동기의 기동 및 운전특성을 관찰한다.

(2) 콘덴서기동전동기의 기동 및 운전특성을 분상전동기와 비교한다.

2. 이론적 고찰

분상 회전자계를 설명할 경우 주권선의 전류와 보조권선의 전류 간의 위상차가 90°에 훨씬 못 미친다. 반면에 콘덴서기동전동기의 경우는 90°의 위상차가 가능하다. 전동기에 발생되는 기동토크는 분상고정자를 사용하며, 90°의 위상차를 얻는다. 위상 이동은 90°에 접근하게 되고, 가능한 콘덴서기동시스템을 통해서 고정자 회전자계를 만든다. 이와 같은 시스템은 분상시스템을 변형한 것이며, 분상시스템의 변형인 콘덴서기동시스템은 고정자의 기동권선과 직렬결선한 낮은 리액턴스 콘덴서를 사용하는데, 그 이유는 표준분상시스템보다 더욱 낮은 기동토크를 발생시키기 때문이며, 이는 기동전류에 90°의 위상차 전류를 공급하기 위함이다.

콘덴서 기동전동기는 분상전동기와 동일한 운전특성을 갖는다. 콘덴서와 기동권선은 원심개폐기와 단락되어 있으며, 표준분상전동기와 아주 유사하다. 이는 콘덴서 기동전동기의 회전방향을 역으로 하는 것이며, 즉 운전권선이나 기동권선을 역으로 결선하면 된다.

3. 사용 기자재 및 부품

- 전원공급 장치 (120 [V_{ac}], 0 ~ 120 [V_{ac}]) EMS 8821
- 분상/콘덴서기동전동기 모듈 EMS 8251
- 교류전압계 모듈 (250 [V_{ac}]) EMS 8426
- 교류전류계 모듈 (2.5/8/25 [A_{ac}]) EMS 8425
- 전기동력계 모듈 EMS 8911
- 단상전력계 모듈 (750 [W]) EMS 8431
- 핸드타코미터 EMS 8920
- 결선리드선 EMS 8941

4. 실험 순서

☞ 주 의 : 이 실험에서는 고전압이 유기되므로 전원장치의 스위치를 켠 상태에서 어떤 결선도 하지 마시오. 개개의 실험이 완료된 후 전원공급 장치의 스위치를 끄시오.

1. 분상/콘덴서기동전동기, 전원장치, 교류전류계 모듈을 이용하여 그림 4.42에 주어진 회로를 결선하시오. 전원장치의 교류 120[V] 출력이 단자 1−N에 접속되는 것에 주의하시오.

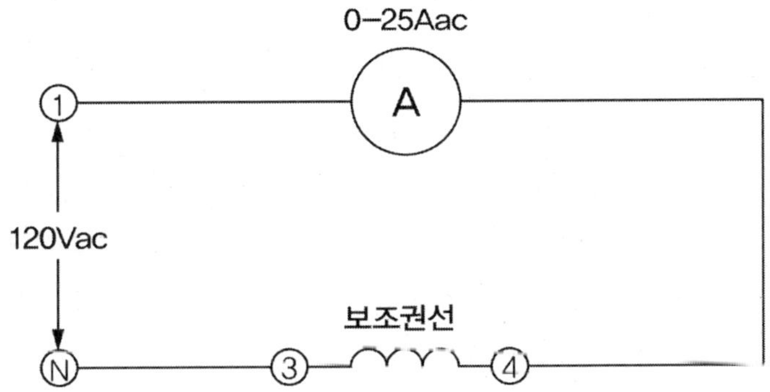

그림 4.42 콘덴서기동전동기의 결선도

2. 전원장치의 스위치를 닫고 가능한 빨리 3초 이내에 주권선에 흐르는 전류를 측정하시오.

I(주권선) = ________________ [A]

3.

(1) 주권선으로부터 리드선을 뽑아 그림 4.43에 주어진 회로와 같이 보조권선과 콘덴서에 연결하시오.

(2) 실험 2를 진행하시오. 가능한 빨리 측정하여 기록해야함을 유의하시오.

I(보조권선) = ________________ [A]

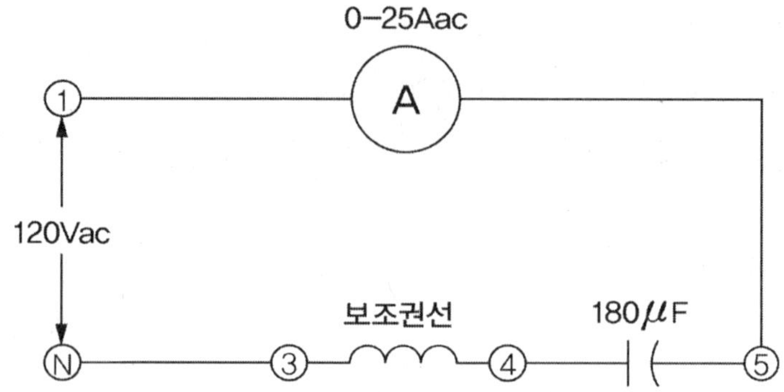

그림 4.43 콘덴서기동전동기의 결선

4.

(1) 그림 4.44에 나타낸 것처럼 단자 1－3과 2－5의 권선은 병렬로 연결되어 있다.

(2) 타이밍벨트를 이용하여 콘덴서기동전동기와 전기동력계를 커플링시키시오.

(3) 전원장치의 단자 1－N을 통해 전기동력계의 입력단자에 교류 120[V]를 공급하시오.

(4) 전기동력계의 제어 손잡이를 최대한 시계방향으로 돌리시오. 이것은 콘덴서기동전동기에 최대 기동부하를 제공하기 위함이다.

(5) 전원장치의 스위치를 닫고 3초 이내에 가능한 빨리 측정하여 기록하시오.

I(기동권선) = ________________ [A]

5. 실험 2, 3, 4의 결과와 분상유도전동기 III의 실험 2, 3, 4의 결과를 서로 비교해보시오.

(1) 주권선 전류에 대한 결과는 어떠한가? 아래에 설명하시오.

(2) 보조권선 전류에 대한 결과는 어떠한가? 아래에 설명하시오.

(3) 전동기 각각의 형태에 따른 기동전류의 결과는 어떠한가? 아래에 설명하시오.

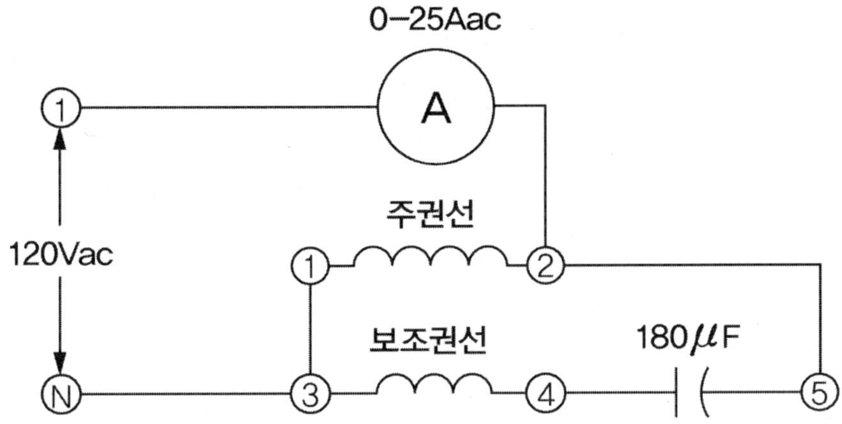

그림 4.44 콘덴서기동전동기

6. 전력계, 전기동력계, 교류전압, 전류계를 이용하여 그림 4.45에 주어진 회로를 결선하시오. 모듈은 표준콘덴서기동전동기로 결선되어 있다.

7. 전기동력계의 제어 손잡이를 반시계방향으로 최대한 돌리시오. 이것은 콘덴서기동전동기에 최소 기동토크를 제공하기 위함이다.

8.
(1) 전원장치를 켜고, 교류 120[V]로 조절하시오.
(2) 선전류, 전력, 전동기 속도를 측정하여 표 4-8에 기록하시오.
(3) 표 4-8에 주어진 개개의 토크에 대하여 실험 (2)를 진행하시오.
(4) 전압을 0으로 만든 다음 전원장치의 스위치를 끄시오.

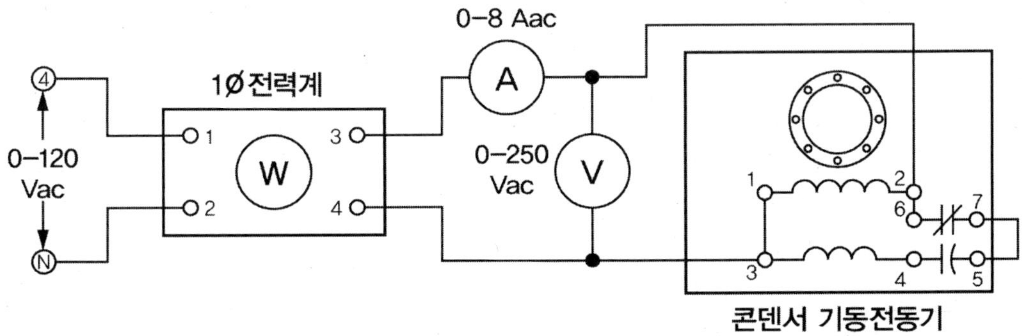

그림 4.45 콘덴서기동전동기 결선도

표 4-8

토크 τ [lbf·in]	전류 I [A]	전력 P [W]	피상전력 P_A [VA]	속도 v [rpm/min]	마력 [Hp]
0					
3					
6					
9					
12					

9.

(1) 주어진 각각의 토크에 대하여 전동기에 공급되는 피상전력을 계산하여 표 4-8에 기록하시오.

(2) 주어진 각각의 토크에 대하여 전동기에 공급되는 마력을 계산하여 표 4-8에 기록하시오.

10. 콘덴서기동전동기에 발생되는 최대 기동토크를 결정하시오.

(1) 회로로부터 전력계, 교류전압계, 교류전류계를 분리하시오.

(2) 콘덴서기동전동기 단자 2－N에 전원장치로부터 교류 120[V]를 연결하시오.

(3) 전기동력계의 제어 손잡이를 시계방향으로 최대한 돌리시오. 이것은 최대부하를 공급하기 위함이다.

(4) 전원장치의 스위치를 닫고, 전기동력계의 눈금에 나타나는 값을 빨리 측정하시오. 전원장치의 스위치를 개방하시오.

I(기동토크) = ________________ [lbf·in]

학 습 평 가

1. 표 4-8에서 무부하 상태(0[lbf.in]) 시:
   (1) 피상전력 = ______________[VA]
   (2) 유효전력 = ______________[W]
   (3) 무효전력 = ______________[Var]
   (4) 역 률 = ________________________[%]

2. 표 4-8에서 전부하 상태(9[lbf.in]) 시:
   (1) 피상전력 = ______________[VA]
   (2) 유효전력 = ______________[W]
   (3) 무효전력 = ______________[Var]
   (4) 역 률 = ________________________[%]
   (5) 전달전력 = ______________[Hp]
   (6) (5)의 전기적인 등가 = ____________________[W]
   (7) 전동기 손실 = ____________________[W]

3. 콘덴서기동전동기에서 전부하전류는 대략 얼마인가? _________[A]

4. 기동전류는 전부하전류보다 얼마나 큰가? ____________________

5. 분상유도전동기 III의 실험에서 알게 된 내용과 이 실험에서 나타난 결과를 비교해보시오.

____

____

____

____

4.11 콘덴서운전전동기의 특성

1. 실험의 목적

(1) 콘덴서운전전동기의 구조를 학습한다.

(2) 콘덴서기동전동기의 기동 및 운전 특성을 학습한다.

(3) 콘덴서운전전동기와 콘덴서기동전동기, 분상기동전동기와 그 특성을 비교해본다.

2. 이론적 고찰

모든 단상전동기들이 소음을 발생하는 이유가 60 [Hz] 전력선에 동작하면 120 [Hz]의 진동을 발생하기 때문이다. 이러한 소음을 줄이기 위해 탄력고무 장착 등 여러 시도들이 있었지만, 효과적으로 진동을 제거하는 방법을 찾지 못했다. 콘덴서운전전동기가 이런 경우에 적용되면 매우 유용할 것이다. 그 이유는 콘덴서운전전동기는 전부하시의 진동이 작게 설계되어 있기 때문이다. 콘덴서는 하나의 권선에서 위상을 이동시켜, 권선을 통한 전압이 나머지 권선으로부터 90°가 되도록 만든다. 이와 같이 콘덴서는 콘덴서운전전동기가 정격부하에서 2상전동기로 되는 역할을 한다. 콘덴서는 회로 내에 있으므로 원심개폐기가 필요하지 않다. 무부하시 전동기운전이 전부하시에 비해서 항상 소음이 많은 이유는 전부하 상태에서만 전동기가 2상전동기로 운전되기 때문이다. 만일 콘덴서 값이 적절하게 선택된다면 전부하시 2개의 동일한 고정자권선을 통한 각각의 전류는 역률이 100 [%]에 가깝도록 설계되어 있다. 그러나 콘덴서운전전동기는 기동토크가 매우 적으므로 심한 기동조건 하에서 사용하는 것은 바람직하지 못하다.

3. 사용 기자재 및 부품

• 전원공급 장치 (120 [V_{ac}], 0 ~ 120 [V_{ac}])	EMS 8821
• 콘덴서운전전동기 모듈	EMS 8253
• 교류전압계 모듈 (250 [V_{ac}])	EMS 8426
• 교류전류계 모듈 (2.5/8/25 [A_{ac}])	EMS 8425
• 전기동력계 모듈	EMS 8911
• 단상전력계 모듈 (750 [W])	EMS 8431
• 핸드타코미터	EMS 8920

• 타이밍벨트 EMS 8942
• 결선리드선 EMS 8941

4. 실험 순서

☞ 주 의 : 이 실험에서는 고전압이 유기되므로 전원장치의 스위치를 켠 상태에서 어떤 결선도 하지 마시오. 개개의 실험이 완료된 후 전원공급 장치의 스위치를 끄시오.

1. 전동기, 콘덴서, 결선단자와 권선에 특별히 주의하면서 콘덴서운전전동기모듈의 구조를 관찰한다.

2. 정면에서 전동기를 관찰하시오.

(1) 고정자는 많은 권선이 감겨있다.

(2) 고정자권선은 동일한가? ______________

(3) 권선은 정확하게 서로 펼쳐져 있는가?

____

____

____

(4) 몇 개의 극이 있는가? ____________________

(5) 이 전동기는 ____________극 전동기인가?

(6) 각 극에 몇 개의 슬롯이 있는지 살펴보시오.

(7) 전동기의 구조를 살펴보시오.

(8) 알루미늄 회전자의 **단락환**(end ring)을 살펴보시오.

(9) 팬(fan)의 구조는 전체적으로 **단락환**(end ring)으로 둘러싸여 있다.

3. 뒷면에서 전동기 구조를 관찰하시오.

(1) 콘덴서와 그것의 정격에 주목하시오.

(2) 이 콘덴서는 전해질인가? 전해질이라면 아래에 설명하시오.

____

____

____

4. 정면에서 전동기를 관찰해보시오.

(1) 2개의 고정자권선에 주목하시오.

(2) 하나의 권선은 단자 __________과 ____________에 연결된다.

(3) 나머지 권선들은 단자 ________과 ___________에 연결된다.
(4) 각 권선의 전압 및 정격전류가 동일함에 주목하시오.
(5) 콘덴서는 단자 ______________과 ___________에 연결된다.

5. 콘덴서운전전동기, 전력계, 전기동력계, 교류전압, 교류전류계를 이용하여 그림 4.46에 주어진 회로를 결선하시오.

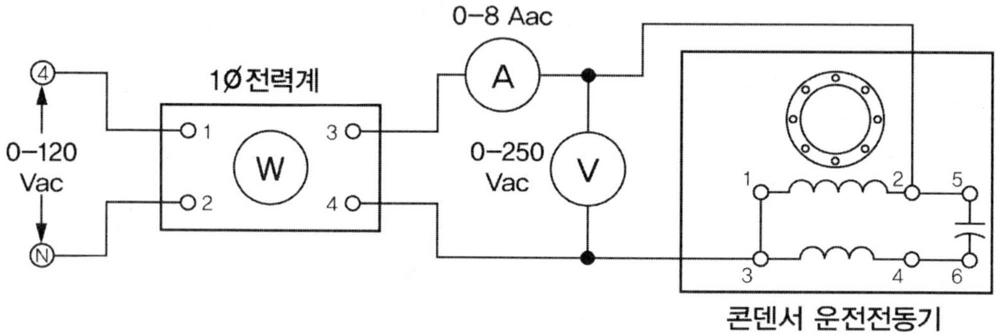

그림 4.46 콘덴서운전전동기의 결선도

6.
(1) 타이밍벨트를 이용하여 콘덴서운전전동기와 전기동력계를 커플링시키시오.
(2) 전원장치의 출력 단자 1－N으로부터 교류 120[V]를 전기동력계의 입력단자에 연결하시오.
(3) 전기동력계의 제어 손잡이를 반시계방향으로 최대한 돌리시오(이것은 콘덴서운전전동기에 최소 기동부하를 제공하기 위함이다).

7.
(1) 전원장치를 켜고 교류 120[V]로 조절하시오.
(2) 선전류, 전력, 전동기속도를 측정하여 표 4-9에 기록하시오.
(3) 입력전압을 교류 120[V]로 유지하고 표 4-9에 주어진 각각의 토크에 대하여 실험 (2)를 진행하시오.
(4) 무부하와 전부하 사이의 전동기 진동상태는 어떠한가? 아래에 설명하시오.

____

____

(5) 전압을 0으로 만든 다음 전원을 끄시오.

표 4-9

토크 τ [lbf·in]	전류 I [A]	전력 P [W]	피상전력 P_A [VA]	속도 v [rpm/min]	마력 [Hp]
0					
3					
6					
9					
12					

8.

(1) 주어진 각각의 토크에 대해 전동기에 공급되는 피상전력을 계산하여 표 4-9에 기록하시오.

(2) 아래 식을 이용하여 주어진 각각의 토크에 대해 전동기에 공급되는 마력을 계산하여 표 4-9에 기록하시오.

$$\mathrm{Hp} = \frac{(1.59\mathrm{rpm/min})(\text{토크})}{100,000}$$

9. 콘덴서운전전동기가 기동전류에 의해 발생되는 최대 기동토크를 결정하시오.

(1) 전력계, 전압계모듈, 회로에서 분리시키고, 전류계 범위를 8−25[A]로 바꾸시오.

(2) 콘덴서운전전동기의 입력단자를 전원장치의 단자 2−N(교류고정 120[V])에 연결시키시오.

(3) 전기동력계의 제어 손잡이를 최대한 시계방향으로 돌리시오(이것은 최대부하를 제공하기 위함이다).

(4) 전원장치의 스위치를 닫고, 전기동력계의 눈금에 지시한 값과 기동전류를 측정하여 기록하시오. 그런 다음 전원장치의 스위치를 개방하시오.

기동토크 τ_s = ________________ [lbf·in]

기동전류 I_s = ________________ [A_{ac}]

학 습 평 가

1. 표 4-9에서 무부하 상태(0[lbf·in]) 시:
   (1) 피상전력 = ______________[VA]
   (2) 유효전력 = ______________[W]
   (3) 무효전력 = ______________[Var]
   (4) 역　률 = ______________________[%]

2. 표 4-9에서 전부하 상태(9[lbf·in]) 시:
   (1) 피상전력 = ______________[VA]
   (2) 유효전력 = ______________[W]
   (3) 무효전력 = ______________[Var]
   (4) 역　률 = ______________________[%]
   (5) 전달전력 = ______________[Hp]
   (6) (5)의 전기적인 등가 = ____________________[W]
   (7) 전동기 효율 = __________[%]
   (8) 전동기 손실 = ___________________[W]

3. 콘덴서운전전동기에서 전부하전류는 대략 얼마인가? ______________________[A]

4. 기동전류는 전부하전류보다 얼마나 큰가? ________________________________

5. 분상전동기와 콘덴서기동전동기 실험에서 알게 된 내용과 이 실험에서 나타난 결과를 비교해보시오.

____

____

____

6. 콘덴서운전전동기의 회전방향을 변화시키는 방법은 무엇인가? 아래에 설명하시오.

7. 경제적인 교류 전해액콘덴서 대신 **유입콘덴서**(oil filled capacitor)를 콘덴서운전전동기에 사용하는 이유는 무엇인가? 아래에 설명하시오.

저자와의
협의에 의해
인지 생략

LAB-VOLT 장비를 이용한

전기기기실험

2판 1쇄 2020년 7월 10일

저 자 김중기 편저

발행인 송광헌
발행처 복두출판사
주 소 서울특별시 영등포구 경인로82길 3-4
센터플러스 807호
(우) 07371
전 화 02-2164-2580
FAX 02-2164-2584
등 록 1993. 11. 22. 제 10-902 호

정가 : 17,000원

ISBN : 979-11-5906-786-0 93560

한국과학기술출판협회 회원사

불법복사는 지적재산을 훔치는 범죄행위입니다.(저작권법 제97조 5항)